零基础学 家电维修

速成一本通

张新德 主编

U0230889

化学工业出版社

·北京·

本书从基础和实用出发，分两篇全面系统介绍家电维修基础和维修技能。第一篇为维修入门篇，主要介绍仪表与工具、元器件的识别与检测、元器件的拆装、维修思路和维修方法；第二篇为维修实战篇，包括电饭煲、电压力锅、电风扇、电磁炉、微波炉、消毒柜、豆浆机、吸油烟机、吸尘器、空气净化器、电动自行车、液晶电视、电视机顶盒、电冰箱（柜）、定频空调器、变频空调器、洗衣机、热水器、电话机、智能手机等的维修技能。

全书突出家电维修从维修基础到维修技能的梯级入门与提高，注重实用性和可操作性。全书采用大量图解说明，并对重要的知识点予以着重提示，方便读者学习。另外，本书还附有一些检测维修操作的小视频（用手机扫描相关二维码即可观看），供读者学习参考。

本书适合家电维修人员学习使用，也可供职业院校、培训学校的师生学习参考。

图书在版编目（CIP）数据

零基础学家电维修速成一本通/张新德主编. —北京：化学工业出版社，2019.11（2025.4 重印）
ISBN 978-7-122-35079-4

Ⅰ.①零… Ⅱ.①张… Ⅲ.①日用电气器具 - 维修
Ⅳ.①TM925.07

中国版本图书馆 CIP 数据核字（2019）第 182748 号

责任编辑：李军亮　徐卿华　　　　　文字编辑：陈　喆
责任校对：张雨彤　　　　　　　　　装帧设计：刘丽华

出版发行：化学工业出版社（北京市东城区青年湖南街13号
　　　　　邮政编码100011）
印　　装：北京云浩印刷有限责任公司
850mm×1168mm　1/32　印张16¾　字数420千字
2025年4月北京第1版第12次印刷

购书咨询：010-64518888　　　售后服务：010-64518899
网　　址：http://www.cip.com.cn
凡购买本书，如有缺损质量问题，本社销售中心负责调换。

定　　价：58.00元　　　　　　　　版权所有　违者必究

我国正在形成"崇尚工匠精神"的良好氛围，为培养大量具有家电维修一技之长的技能型人才提供了良好的机遇。目前家电服务维修行业的从业人数有数十万，但维修人员的水平参差不齐，这种状况与家电服务维修行业急需较高维修技术水平的专业人员的现状有较大差距，而且我国大批维修服务企业仍处于小而散的状态，这些企业急需壮大产业规模，提高家电服务维修水平。为此我们编写了本书，以满足广大读者的需要。希望该书的出版，能够为维修人员提供帮助。

本书体现从入门到提高的梯级教学模式，提炼理论知识，突出实用演练，强化技能训练，以服务技工和技能鉴定为宗旨，全面系统地介绍家用电器维修基础知识和实用技能。内容首先简要介绍家电维修的理论基础、元器件、工具拆装、移机安装与检修思路，再分别介绍各家用电器的结构原理与故障检修技能。书中既有入门级的基础训练，又有高级维修人员的具体维修操作演练，提供与基础理论紧密结合的维修操作指导。另外，本书还附有检测维修操作的小视频（用手机扫描相关二维码即可观看），供读者学习参考。

本书在内容安排上以理论基础、思路方法、维修技巧、操作技能为重点，突出入门引导、技能操作，着重实操实用，做到该详则详、该略则略、内容全面、形式新颖、图文并茂。本书所测数据，如未作特殊说明，均为采用MF47型指针式万用表和DT9205A数字万用表测得。

本书由张新德主编，刘淑华参加了部分内容的编写和文字录入工作，张利平、张云坤、张泽宁、陈金桂、张健梅、袁文初、刘晔、王光玉、刘运和、陈秋玲、罗小姣、刘桂华、张美兰、周志英、刘玉华、刘文初、刘爱兰、王灿、胡红娟、胡清华、张玉兰、张冬生、张芙蓉等在资料收集、实物拍摄、图片处理上做了一些工作。

  由于作者水平有限，书中不足之处在所难免，恳请广大读者批评指正。

编者

目录

第二篇　维修实战篇

第六章　电饭煲维修　224

第七章　电压力锅维修　231

第二十二章　洗衣机维修 433

第二十三章　热水器维修 458

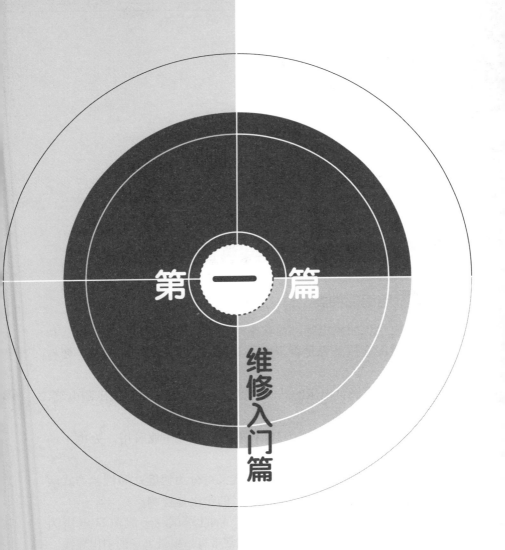

第一篇

维修入门篇

1

第一章 ‹‹‹‹‹‹‹‹
仪表与工具

第一节 电笔

一 电笔的种类

试电笔也叫测电笔，简称电笔，它是用来检测导线、电器和电气设备的金属外壳是否带电的一种电工工具。它的种类主要有以下几种。

（1）按照测量电压的高低　可分为高压测电笔、低压测电笔、弱电测电笔。

① 高压测电笔　用于10kV及以上项目作业时用，为电工的日常检测用具。

② 低压测电笔　按其结构形式又可分为铅笔式和螺丝刀式两种，它用于线电压500V及以下项目的带电体检测。

③ 弱电测电笔　用于电子产品的测试，一般测试电压为6～24V，为了便于使用，电笔尾部常带有一根带夹子的引出导线。

（2）按照接触方式的不同　可分为接触式和感应式两种类型。

① 接触式试电笔　通过接触带电体，获得电信号的检测工具。接触式试电笔又有螺丝刀式试电笔（通常形状为一字螺丝刀式，兼试电笔和一字螺丝刀用）和数显式试电笔（直接在液晶窗

口显示测量数据）。接触式试电笔外形如图1-1所示。

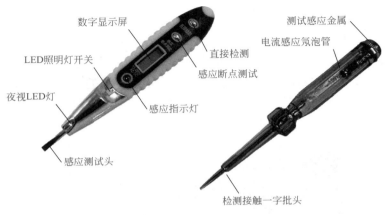

图1-1 接触式试电笔外形

② 感应式试电笔 采用感应式测试，无需物理接触，可检查控制线、导体和插座上的电压或沿导线检查断路位置，因此能够极大限度地保障维修人员的人身安全。感应式试电笔外形如图1-2所示。

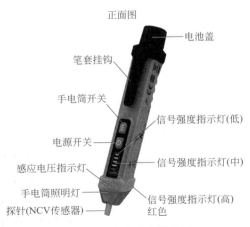

图1-2 感应式试电笔外形

二、电笔的使用

1.火线、零线的检测

试电笔是辨别火线和零线的工具，使用方法如下。

（1）螺丝刀式试电笔的使用（图1-3） 手要接触笔尾金属体，用金属体笔尖接触电线的裸露处（或与电线接通的导体），如果氖管发光，则说明试电笔接触的是火线；如果氖管不发光，则说明试电笔笔尖接触的是零线或没电。

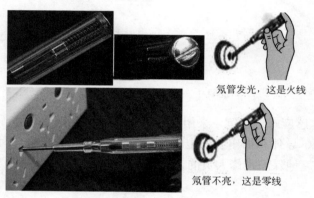

氖管发光，这是火线

氖管不亮，这是零线

图1-3 螺丝刀式试电笔的使用

（2）数显式试电笔的使用（图1-4） 手指碰触直接检测按钮，笔头分别插入地线、火线、零线内铜芯，显示屏显示如下：地线显示"12"（受外界电场影响）或不显示；火线显示"12 36 55 110 220"；零线显示"12"（受外界电场影响）或不显示。

2.线路通断与断点的测试

① 螺丝刀式试电笔线路通断测试：一只手接触插头零线，另外一只手按住电笔笔尾金属体，笔头接触插头火线，若灯亮则表明线路回路正常，没有线路破损现象；若灯不亮，则表明此线路某处有断开，没有接通。断点的测试：用手按住金属体，笔头接触电线，沿着电线检查，灯灭表明此处即为断点。

用测电笔测试展幕蓝屏，灯亮，显示值：12 36 55 110 220

用测电笔测试展幕蓝屏，灯亮，显示值：12(存在外部电场时显示或不显示数值)

图1-4　数显式试电笔的使用

② 数显式试电笔线路通断测试：手指碰触直接检测按钮，笔头一端用来测试，灯亮表示线路通畅，灯不亮表示线路断了，需要用断点检测按钮查出断点。断点的测试：用手按住断点测试按钮，笔头接触电线会出现带电符号，并沿着电线移动笔头，如果带电符号消失，则表明此处即为电线的断点，如图1-5所示。

线路通断测试

线路断点检测

图1-5　线路通断与线路断点的测试

试电笔除能测试物体是否带电、线路通断与断点以外，还有以下几个用途。

① 判断感应电　用一般试电笔测量较长的三相线路时，如果三相交流电源缺一相，则很难判断出是哪一根电源线缺相（原因是线路较长，并行的线与线之间有线间电容存在，使得缺相的某一根导线产生感应电，使电笔氖管发亮）。此时可给试电笔的氖管并接一只1500pF的小电容（耐压应取大于250V），这样在测带电线路时，电笔仍可照常发光；如果测得的是感应电，电笔就不亮或微亮，据此可判断出所测得电源是否为感应电。

② 判别交流电源同相或异相　其方法是：站在一个与大地绝缘的物体上，两只手各持一支试电笔，然后将两支试电笔同时触及待测的两根导线，如果两支试电笔的氖管发光很亮，则说明两条导线是异相；若两支试电笔氖管发光均不太亮，则说明两条导线是同相。

③ 区别交流电和直流电　在测试时如果电笔氖管中的两极（管的两端）同时发亮，则是交流电；如果两极只有一个极发亮，则是直流电。

④ 判断直流电的正负极　把试电笔跨接在直流电路上测试，氖管发亮的一极是负极，不发亮的一极是正极。

⑤ 判断直流是否接地　在对地绝缘的直流系统中，可站在地上用试电笔接触直流电，若试电笔氖管不亮，则没有直流接地；若试电笔氖管发亮，则说明直流电接地存在。其发亮位置如在笔尖一端，则说明是正极接地；如发亮位置在手指一端，则说明是负极接地。

⑥ 检查物体是否有静电　手持试电笔在某物体周围检测，如氖管发亮，则说明该物体已有静电。

3. 使用试电笔时的注意事项

① 使用试电笔之前，首先要检查试电笔里有无安全电阻，再直观检查试电笔是否有损坏（找一个已知电源测试电笔的氖管能否正常发光，以鉴定试电笔是否完好）、有无受潮或进水，检查合

格后才能使用。

② 低压电笔前端应加护套，只能露出10mm左右的一截作测试用，若不加护套，则因低压设备相线之间及相线与地线之间的距离较小，极易引起相线之间及相线对地短路。

③ 使用试电笔时，不能用手触及试电笔前端的金属探头，这样做会造成人身触电事故。

④ 使用试电笔时，应按如图1-6所示握法。对于数显式试电笔，用手掌触压金属夹，用拇指、食指及中指捏住电笔杆中部。对于螺丝刀式试电笔，用食指按尾部金属帽，用拇指、中指、无名指捏紧塑料杆中部。氖管小窗口背光，朝向自己便于观察。若操作不当，则会因带电体、试电笔、人体与大地没有形成回路，试电笔中的氖泡不会发光，造成误判，将有电判断为无电。

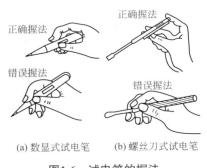

图1-6　试电笔的握法

⑤ 在明亮的光线下测试带电体时，应特别注意氖泡是否真的发光（或不发光），必要时可用另一只手遮挡光线仔细判别，千万不要造成误判。

⑥ 螺丝刀式试电笔的刀体只能承受很小的扭矩，不可作一般的螺丝刀使用。

⑦ 使用试电笔时一定要注意它们的适用范围，绝不能超压使

用，否则会对使用者造成危险。

第二节 万用表

一、万用表的种类

万用表又称三用表、多用表、复用表，是一种多量程和测量多种电量的便携式电子测量仪表。它可以用来测量电阻、交/直流电流、交/直流电压。有的万用表还可以用来测量音频电平、电容量、电感量和晶体管的β值等。

万用表种类很多、外形各异，但基本结构和使用方法是相同的，常见的万用表有指针式和数字式两种（图1-7），其中数字式万用表又可分为以下几种。

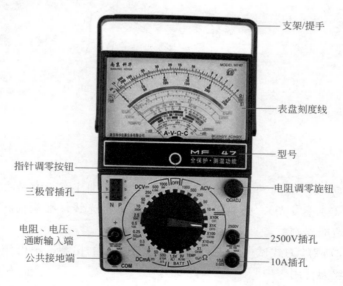

(a) 指针式万用表

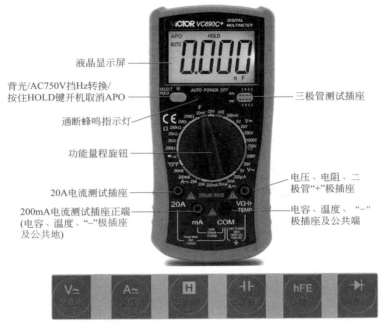

(b) 数字式万用表

图1-7　万用表外形

（1）按照量程转换方式来分　可分为手动量程、自动量程、自动/手动量程。

（2）根据功能、用途及价格来分　可分为低档数字式万用表（亦称普及型数字万用）、中档数字式万用表、中/高档数字式万用表、数字/模拟混合式仪表、数字/模拟图双显示的仪表、万用示波表（将数字式万用表、数字存储示波器等动能集于一身）。普通万用表只具有电阻、电流和三极管放大倍数测量等一般基本测量功能，例如常见MF500型和MF47型等就属于此类。而多功能万用表在普通万用表的功能上增加了欠电压测量、音频电平测量、温度/湿度测量、频率测量、示波器图形显示等特殊功能，例如MS8228、UT81系列等带特殊功能的多功能万用表。

（3）按表头的构成来分　可分为机械式（指针式）万用表和数字显示式（简称数字式）万用表两类。其中数字式万用表按照量程转换方式又可划分成手动量程、自动量程、自动/手动量程三种类型；根据使用环境不同又分为普及型便携式数字万用表、台式数字万用表和笔型数字万用表等。

二、万用表的挡位与读数

1. 指针式万用表

指针式万用表是以表头为核心部件的多功能测量仪表，测量值由表头指针指示读取。其主要由表针、量程选择开关、刻度盘、欧姆调零旋钮、机械调零旋钮、表笔插孔等构成。其各部分的作用如下。

（1）表头　万用表的主要性能指标基本上取决于表头的性能。表头的灵敏度是指表头指针满刻度偏转时流过表头的直流电流值，这个值越小，表头的灵敏度越高。测电压时的内阻越大，其性能就越好。图1-8所示为MF50型万用表表头，表头上的表盘印有多种符号、刻度线及数值。有8条刻度线，它们分别是：第一条刻度线是欧姆刻度线，标有"R"或"Ω"，指示的是电阻值，转换开关在欧姆挡时，即读此条刻度线；第二条刻度线是用于交、直流电压和直流电流读数的共用刻度线，标有"∽"，当转换开关在交、直流电压或直流电流挡，即读此条刻度线；第三条刻度线是测量10V以下交流电压的专用刻度线，标有"10V"，当转换开关在交、直流电压挡，量程在交流10V时，即读此条刻度线；第四条刻度线是测量PNP三极管放大倍数的专用刻度线；第五条刻度线是测量NPN三极管放大倍数的专用刻度线；第六条刻度线标有"LI"，指示的是被测元件的负载电流；第七条刻度线标有"LV"，指示的是被测元件的负载电压；第八条刻度线标有"dB"，指示的是音频电平。

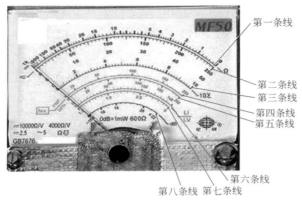

图1-8　MF50型万用表表头刻度线指示

（2）转换开关　其作用是用来选择各种不同的测量线路，以满足不同种类和不同量程的测量要求。一般的万用表测量项目包括直流电流、直流电压、交流电压及电阻等多种物理值，每个测量项目又划分为几个不同的量程以供选择，它们分别如图1-9所示：直流电压有2.5V、10V、50V、250V、1000V五个量程挡位；交流电压有10V、50V、250V、1000V四个量程挡位；直流

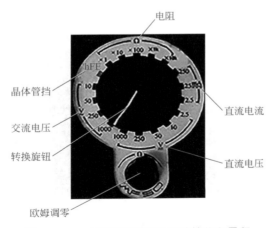

图1-9　MF50型万用表转换开关挡位和量程

电流有2.5mA、25mA、250mA三个常用挡位；电阻有×1、×10、×100、×1k、×10k五个倍率挡位；hFE是测量三极管直流放大倍数的专用挡位。

（3）表笔和表笔插孔　表笔分为红、黑两支，使用时红表笔插入标有正号的插孔、黑表笔插入标有负号的插孔。

2. 数字式万用表

数字式万用表由液晶显示屏、功率量程部分、表笔插孔等部分组成。

（1）液晶显示屏　显示仪表测量的数值。

（2）功率量程部分（图1-10）　直流电压有200mV、2V、20V、200V、1000V五个量程挡位；交流电压有2V、20V、200V、750V四个量程挡位；直流电流有200μA、2mA、20mA、200mA、20A五个量程挡位；交流电流有20mA、200mA、20A三个量程挡位；电阻有200Ω、2kΩ、20kΩ、200kΩ、2MΩ、20MΩ六个量程挡位；电容有20mF量程挡位；还有二极管量程挡位、温度量程挡位（℃/℉）、三极管量程挡位等。有的仪表还具有电感挡、信号挡、AC/DC自动转换功能、电容挡自动转换量程功能。

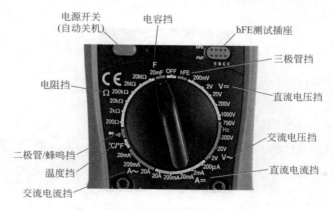

图1-10　功率量程部分

（3）表笔插孔　有正、负测试表笔插孔。当测量交流电压时，红表笔插入"VΩ"插孔、黑表笔插入"COM"插孔，选择开关置于所需的交流电压挡；测量直流电压时，表笔设置同上，选择开关置于所需的直流电压挡；测量交流电流时，红表笔插入"mA"插孔，黑表笔插入"COM"插孔，选择开关置于所需的交流电流挡；测量电阻时，红表笔插入"VΩ"插孔，黑表笔插入"COM"插孔，选择开关置于适当的"Ω"挡。

三、万用表的使用

1. 指针式万用表的使用

万用表（以MF47型为例）可以测量直流电流、直流电压、交流电压、电阻以及音频电平、电容、电感、晶体管放大倍数等。

（1）干电池的测试　测试挡位如图1-11所示，红表笔接正极（+）、黑表笔接负极（-）。

图1-11　干电池的测试

（2）电阻的检测　测量电阻时，将测量选择开关置于适当的"Ω"挡，如图1-12所示。测量前应先将两表笔短接，调节面板右上角的欧姆调零旋钮，使表针准确指向"0"。每次换挡后，均应重新调零。

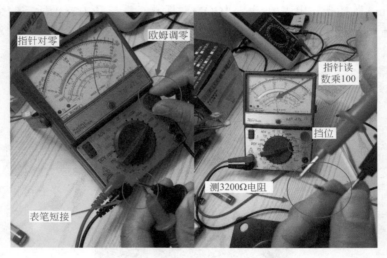

图1-12　电阻的测试

（3）电压的检测　测量1000V以下交流电压时，测量选择开关置于所需的交流电压挡，如图1-13所示。测量1000～2500V的交流电压时，将测量选择开关置于交流1000V挡，红表笔插入"2500V"专用插孔。

测量1000V以下直流电压时，测量选择开关置于所需的直流电压挡；测量1000～2500V的直流电压时，将测量选择开关置于直流1000V挡，红表笔插入"2500V"专用插孔，如图1-14所示。

（4）电流的检测　测量500mA以下直流电流时，将测量选择开关置于所需的直流电流挡。测量500mA～10A的直流电流时，将测量选择开关置于500mA挡，红表笔插入10A专用插孔。如图1-15所示为直流电流的测量。

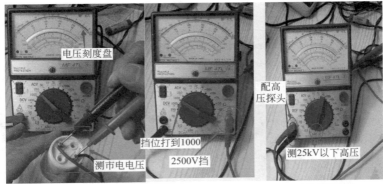

测1000V以下交流电压　　测1000V以上、　　测2500V以上、
　　　　　　　　　　　　2500V以下电压　　25kV以下电压

图1-13　交流电压的检测

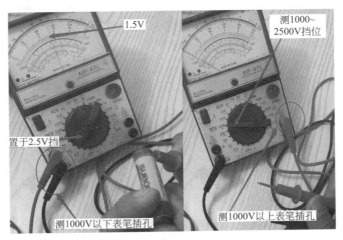

图1-14　直流电压的测量

（5）晶体管的检测　测量晶体管直流放大倍数 β 时，将测量选择开关置于"hFE（$R\times10$）"位（图1-16），将两表笔短接后调节欧姆调零旋钮使表针对准hFE刻度线的"1000"刻度。然后分开两表笔，将测量选择开关置于"hFE"位，即可插入晶体管进行测量。左上角晶体管插孔的"N"供测量NPN管用，"P"供测

15

量PNP管用。

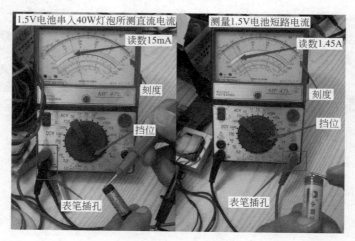

图1-15　直流电流的测量

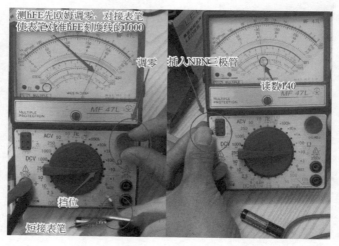

图1-16　晶体管直流放大倍数的测量

（6）测量音频电平　测量音频电平（单位是dB）使用交流10V挡。测量时应在一表笔上串接0.1μF的隔直流电容器，如

图1-17所示。测量电容或电感时，也使用交流10V挡，并采用10V、50Hz的交流电压作为信号源。

2. 数字式万用表的使用

（1）直流电压的测量　首先将红表笔插入"VΩ"插孔，黑表笔插入"COM"插孔；然后将量程旋钮旋转至相应的直流电压（DCV）量程上；再将表笔跨接在被测电路上，红表笔所接的该点电压与极性显示在屏幕上，如图1-18所示。

测量音频电平

注：被测电路有直流成分时，可在"+"插孔上串接一只0.1μF的隔离电容

图1-17　测量音频电平

图1-18　直流电压的测量

提示 -

　　若对被测电压范围没有概念，应将量程旋钮转到最高的挡位，然后根据显示值转至相应挡位上；若屏幕显示"1"（图1-19），则表明已超过量程范围，必须将量程开关转至较高挡位上。

- -

（2）交流电压的测量　首先将红表笔插入"VΩ"插孔，黑表笔插入"COM"插孔；然后将量程旋钮转至相应的"ACV"量程上；最后将测试表笔跨接在被测电路上，读出显示屏上显示的数据，如图1-20所示。

图1-19　超量程测量

图1-20　交流电压的测量

　提示

测试市电时一定要把挡位打到750V位置，测量挡位一定要比要测量的电压高，如不了解要测量的电压是多少，则可先用大的挡位测量，如测量的值太小，再慢慢往小挡位换。

（3）电阻的测量　首先将红表笔插入"VΩ"插孔，黑表笔插入"COM"插孔；然后将量程旋钮旋转至电阻挡；再将两表笔跨接在被测电阻上，万用表的读数就是该电阻的阻值，如图1-21所示。

提示

注意量程的选择和转换。量程选小了显示屏上会显示"1"，此时应换用较大的量程；反之，量程选大了的话，显示屏上会显示一个接近于"0"的数，此时应换用较小的量程。

图1-21 电阻的测量

（4）直流电流的测量 首先将黑表笔插入"COM"插孔，红表笔插入"mA"插孔；然后将量程旋钮打至"A═"（直流）挡，并选择合适的量程；再将万用表串联接入被测电路中，被测电流值及红表笔的电流极性将同时显示在屏幕上。

提示

估计电路中电流的大小。若测量大于200mA的电流，则要将红表笔插入"20A"插孔并将旋钮打到直流"20A"挡（如图1-22所示测量电池短路电流为6.7A）；若测量小于200mA的电流，则将红表笔插入"mA"插孔，将旋钮打到直流200mA以内的合适量程。

（5）交流电流的测量 首先将黑表笔插入"COM"插孔，红表笔插入"mA"插孔；然后将量程旋钮打到"A"（交流）挡，并选择合适的量程；再将万用表串联接入被测电路中，被测电流值及红表笔的电流极性将同时显示在屏幕上。注意事项与直流电流的测量一样。如图1-23所示测量跑步机电脑板空载电流为16.6mA。

图1-22 测量电池短路电流

图1-23 测量跑步机电脑板空载电流

图1-24 测量35μF空调电容器

（6）电容的测量 首先将电容两端短接，对电容进行放电，确保数字式万用表的安全；然后将黑表笔插入"COM"插孔，红表笔插入"mA"插孔；再将量程旋钮打至电容"F"测量挡，并选择合适的量程；最后表笔对应极性（注意红表笔为+极）接入被测电容，读出显示屏上的数据。图1-24所示为测量35μF空调电容器。

提示

测量前电容需要放电，否则容易损坏万用表，测量后也要放电，避免存在安全隐患。

（7）二极管及通断蜂鸣测试 二极管测试：首先将红表笔插入"VΩ"插孔（注意红表笔极性为＋极），黑表笔插入"COM"插孔；然后将量程旋钮转至"➤·))"挡，开始测量二极管，如果显示屏上有"·))"蜂鸣符号显示，则按下"SELECT"转换键转换至二极管，显示屏会显示"➤"二极管符号，即可测量二极管；如果要测量蜂鸣，则再按下转换键转换回蜂鸣测量。

通断蜂鸣测试：首先将红表笔插入"VΩ"插孔（注意红表笔极性为＋极），黑表笔插入"COM"插孔；然后将量程旋钮转至"➤·))"挡，开始测试通断蜂鸣，如果显示屏上显示"➤"二极管符号，则按下"SELECT"转换键转换至蜂鸣挡，显示屏会显示"·))"蜂鸣符号，即可测量通断蜂鸣；如果要测量二极管，则再按下转换键转换回二极管测量。

 提示

二极管好坏判断：将红表笔插入"VΩ"孔，黑表笔插入"COM"孔，量程旋钮打在二极管挡，然后对调表笔再测一次。若两次均发出蜂鸣声，则说明二极管击穿损坏。

（8）三极管的测量 首先将红表笔插入"VΩ"插孔，黑表笔插入"COM"插孔；然后将量程开关打在"hFE"挡；根据类型插入"PNP"或"NPN"插孔测β，读出显示屏中β值。如图1-25所示测量PNP三极管的β值为270。

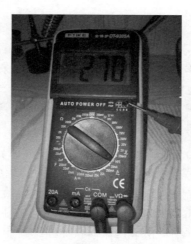

图1-25 测量PNP三极管的β值

三极管E、B、C引脚的判定：先假定A引脚为基极，用黑表笔与该引脚相接，红表笔与其他两引脚分别接触；若两次读数均为0.7V左右，再用红笔接A引脚，黑笔接触其他两引脚，若均显示"1"，则A脚为基极，否则需要重新测量，且此管为PNP管。

（9）温度测量（仅VC890C+型万用表） 测量温度时，将热电偶传感器的冷端（自由端）负极插入"mA"插孔，正极插入"COM"插孔中，热电偶的工作端（测温端）置于待测物上面或内部，可直接从屏幕上读取温度值，读数单位为℃。

四、万用表检测电路的方法

用万用表检测电路，主要是测量电路中电压、电流、电阻的值，从而判断出故障所在。其检测方法如下。

1. 准备工作

断开电源，保证所测量部位不带电；然后将万用表调到200Ω电阻挡或者通断挡位。调到电阻挡位时，测量结果为"1"，说明电路完全断开；若结果为"0"或接近"0"，则说明电路通；调到通断挡位时，万用表蜂鸣器响。

2. 电压值的测量

通过测量被测电路各部分电压（电路输入或输出信号电压等），与正常值进行对照，从而找出故障所在部位。在检修过程中，即使已确定了电路故障部位，也还需要进一步测量相关电路中的晶体管、集成电路等各引脚的电压或电路中主要节点的电压值，看是否正常。

例如，用万用表检测电源电路通断时，可将万用表的挡位调至高于待测电路的电压挡位上（如电路电源电压是交流220V，若使用指针式万用表，挡位应调至AC 250V挡或者是AC 300V挡；若使用的是数字式万用表，可调至AC 750V挡），然后将黑表笔端插进"COM"插孔、红表笔端插入"VΩ"插孔，两表笔插入电源插座或者是开关的输入或输出端，此时万用表显示的就是当前的电压；若测试的电源电压正常，则排除电源部分，否则检查插座与配电盘开关之间的线路包括本路电源开关。

再如，用万用表检测电源电路是否漏电时，断开怀疑漏电的在后级电路，将万用表调到合适的电压挡，然后接在电源输出的两端，再还原断开的电路，看万用表的电压值是否有变化，如果不变或略微上升则表明正常，如果电压降低则表示此处电路有漏电。

 提示

测量电压值时必须是带电测量，主要是测电路中各点电压是否正常。

3. 电阻值的测量

利用万用表欧姆挡，通过检查被测电器的电路与地之间的直流值及有关器件的阻值是否正常，可分析故障所在的方法。电阻测量法有"在线"和"脱焊"两种测量方法。

例如，电路断路的时候电阻是无穷大的，测量时，将万用表调至MΩ挡，然后把两表笔分别置于原本应该导通的一段电路两端，如果是用数字式万用表检测则显示数字"1"，说明是断路了。要判断短路点就要分级检测，在电源侧将供电分路逐个断掉进行排查，如果短路，电阻将显示为"0"。

 提示

测量电阻值时不能带电测量，主要是测电路通断、短路、元件好坏等。

4. 电流值的测量

利用万用表的电流挡，通过检测电路的电流值大小可判断电路故障所在的位置。许多电路都以电流值的大小来确定工作点，因此，测量这些电流值的大小就成为判断电路工作是否正常的重要方法。

例如，断开被测器件与印制电路板铜箔或导线，形成测量口，串接入量程适当的电流表，测出电流与正常值进行比较，确定故障部位。在印制电路板上一般用刀片在铜箔上划一道口子，制造测量口。在晶体三极管电路中，若测得电流值约为零，则说明该管截止；若测得电流很大，则该管可能饱和。

 提示

测量电流值很少用，也不必用，因为不方便，要串联到电路中，还要断开电路。

第三节 电烙铁

一、电烙铁的种类

电烙铁是电子制作和电器维修的必备工具，其作用是用来焊接元件及导线的。电烙铁的种类主要有以下几种。

① 按机械结构可分为：内热式电烙铁和外热式电烙铁（图1-26）。

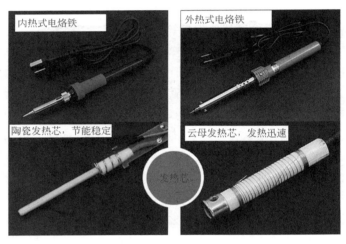

内热式电烙铁

外热式电烙铁

陶瓷发热芯，节能稳定

云母发热芯，发热迅速

发热芯

图1-26　内热式与外热式电烙铁

外热式电烙铁的规格很多，常用的有25W、45W、75W、100W等，功率越大烙铁头的温度也就越高。外热式电烙铁的特点是传热筒内部固定烙铁头，外部缠绕电阻丝，并将热量从外向内传到烙铁头上。

内热式电烙铁的特点是烙铁芯装置于烙铁头空腔内部，热量从里向外传给烙铁头，使得发热快、热效率高，另外体积小、重量轻、省电和价格便宜，最适用于晶体管等小型电子器件和印刷线路板的焊接。常见的普通内热和无铅长寿命内热电烙铁，功率有20W、

25W、35W、50W等，其中35W、50W是最常用的（由于它的热效率高，20W内热式电烙铁就相当于40W左右的外热式电烙铁）。

② 按功能可分为：恒温式、调温式、双温式、带吸锡功能式及无绳式等。

③ 按功率不同可分为：大功率电烙铁和小功率电烙铁。

④ 按温度可分为：低温电烙铁、高温电烙铁和恒温电烙铁。

低温电烙铁通常为30W、40W、60W等规格，主要用于普通焊接。

高温电烙铁通常指60W或60W以上规格的电烙铁，主要用于大面积焊接（例如电源线的焊接等）。

恒温电烙铁又可分为恒温电烙铁（恒温电烙铁是在内热式电烙铁的基础上增加控温电路，使电烙铁的温度在一定范围内保持恒定）和温控电烙铁（温控电烙铁可以调节温度，即在普通的内热式电烙铁的基础上增加一个功率、恒温控制器，常用晶闸管电路调节）。温控电烙铁使用时可以改变供电的输入功率，可调温度范围为100～400℃，主要用于IC或多脚密集元件的焊接；恒温电烙铁则主要用于CHIP元件的焊接。

⑤ 按烙铁头可分为：尖头形电烙铁、刀头形电烙铁、马蹄形电烙铁、一字形电烙铁，如图1-27所示。

⑥ 按电烙铁消耗的功率可分为：20W、30W、50W、100W、300W等多种规格。不论哪种电烙铁，都是在接通电源后，电阻丝绕制的加热器发热，直接通过传热筒加热烙铁头，待达到工作温度后，就可熔化焊锡，进行焊接。

⑦ 按电烙铁的加热方式可分为直热式、燃气式等。直热式又分为内热式、外热式和快热式（或称感应式）三种。

二、 电烙铁的使用

正确地选择、操作和维护电烙铁，能有效地防止失误，避免事故，提高工作效率。

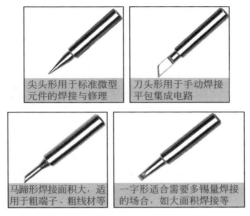

尖头形用于标准微型元件的焊接与修理

刀头形用于手动焊接平包集成电路

马蹄形焊接面积大，适用于粗端子、粗线材等

一字形适合需要多锡量焊接的场合，如大面积焊接等

图1-27　各种形状的烙铁头

1. 选用

① 选用合适的辅料　手工焊接常使用的管状焊锡丝，内部已经装有由松香和活化剂制成的助焊剂。焊锡丝的直径有0.5mm、0.8mm、1.0mm、……、5.0mm多种规格，要根据焊点的大小选用。一般应使焊锡丝的直径略小于焊盘的直径。

② 电烙铁热容量要恰当　烙铁头的温度恢复时间要与被焊件物面的要求相适应。烙铁头的顶端温度要与焊料的熔点相适应，一般要比焊料熔点高30～80℃（不包括在电烙铁头接触焊接点时下降的温度）。

③ 电烙铁功率的选择　焊接集成电路、晶体管及其他受热易损件的元器件时，可选用20W的内热式电烙铁或25W的外热式电烙铁（使用功率过大容易烧坏元件）；焊接较粗导线及同轴电缆时，可选用50W的内热式电烙铁或45～75W的外热式电烙铁；焊接较大元器件时（如金属底盘接地焊片）可选用100W以上的电烙铁。

2. 使用前的准备

① 使用前，认真检查电源插头、电源线有无损坏，并检查烙铁头是否松动。

② 使用电烙铁属于强电操作，一定要注意安全用电。电烙铁最好有三个接线端，其中两个与烙铁芯相接，用于连接220V交流电源；另一个与烙铁外壳相连是接地保护端子，用以连接地线。安全起见，使用前最好用万用表鉴别一下烙铁芯是否断线或者混线。一般20～30W的电烙铁的烙铁芯电阻为1500～2500Ω。

③ 电烙铁使用前要上锡，具体方法是：将电烙铁烧热，待刚刚能熔化焊锡时，将烙铁头在松香上蘸一下，等松香冒烟后再将焊锡均匀地涂在烙铁头上，如此反复进行2～3次，使烙铁头均匀地吃上一层锡。

④ 焊接前，应将元件的引线截去多余部分后挂锡。若元件表面被氧化不易挂锡，则可以使用细砂纸或小刀将引线表面清理干净，用烙铁头蘸适量松香焊锡给引线挂锡。如果还不能挂上锡，则可将元件引线放在松香块上，再用烙铁头轻轻接触引线，同时转动引线，使引线表面都可以均匀挂锡。每根引线的挂锡时间不宜太长，一般以2～3s为宜，以免烫坏元件内部。

⑤ 新电烙铁使用前，应用细砂纸或小刀将烙铁头打光亮，通电烧热，蘸上松香后用烙铁头刃面接触焊锡丝，使烙铁头上均匀地镀上一层锡。这样做，可以便于焊接和防止烙铁头表面氧化。旧的烙铁头如严重氧化而发黑，可用钢锉锉去表层氧化物，使其露出金属光泽后，重新镀锡，才能使用。

3. 电烙铁的正确使用

① 电烙铁的握法。掌握正确的手握电烙铁的姿势，可以保证操作者的健康，减轻劳动伤害。操作时电烙铁的握法有三种，即反握法、正握法和握笔法。反握法就是用五指把电烙铁的柄握在掌内，此法适用于大功率电烙铁，焊接散热量大的被焊件；正

握法适用于中功率烙铁或带弯头烙铁头的操作；握笔法就是用握笔的方法握住电烙铁，此法适用于小功率电烙铁，焊接散热量小的被焊件。一般在操作台上焊接印制电路板等焊件时，多采用握笔法。

② 焊接时，把挂好锡的元件引线置于待焊接位置，如印刷电路板的焊盘孔中或者各种接头、插座和开关的焊片小孔中，用蘸有适量锡的烙铁头在焊接部位停留3s左右，待电烙铁拿走后，焊接处形成一个光滑的焊点。

为了保证焊接的质量，最好在焊接元件引线的位置事先也挂上锡。焊接时要确保引线位置不变动，否则极易产生虚焊。烙铁头停留的时间应适当，过长会烫坏元件，过短会因焊接熔化不充分而造成假焊。

③ 焊接方法。如图1-28所示，用镊子（尖嘴钳）夹持元件或导线（焊接前，电烙铁要充分预热，烙铁头刃面上要吃锡，即带上一定量焊锡），将烙铁头刃面紧贴在焊点处。电烙铁与水平面大约成60°角，以便于熔化的锡从烙铁头上流到焊点上。烙铁头在焊点处停留的时间控制在2～3s。移开烙铁头，手仍持元件不动，待焊点处的锡冷却凝固后，才可松开手。用镊子转动引线，确认不松动，然后可用偏口钳剪去多余的引线。

图1-28　焊接方法

④ 用电烙铁焊接贴片元件时，一般采用30W以下的电烙铁即可，具体的焊接方法如下。

首先拆卸元件，其方法如下：当周围的元件不多时，可用烙铁在元件的两端各加热2～3s后快速在元件两端来回移动，同时握烙铁的手稍用力提向一边轻推，即可拆下元件；当周围的元件较密时，可用左手持尖嘴镊子轻夹元件中部，用电烙铁充分熔化一端的锡后快速移到元件的另一端，同时左手凭感觉向上稍用力提，这样当一端的锡充分熔化尚未凝固而另一端的锡也已熔化时，左手的镊子即可将其拆下。

换新元件之前应确保焊盘清洁，先在焊盘的一端上锡（上锡量不可过多），再将元件用镊子夹住，先焊焊盘上锡的一端，再焊另一端。然后用镊子固定元件，并在元件两端上适量的锡加以修整。

⑤ 用电烙铁焊接贴片IC。

拆卸贴片IC的方法是：用小刀平贴IC引脚顶部，在元件的一边引脚上加足够多的锡，使之形成一锡柱，待其冷却后再用同样的方法连接另三边引脚，使四道锡柱连成一方框围住IC；然后用电烙铁在锡柱上加热，使锡柱变成液态状即可用镊子将IC轻轻取出。

安装贴片IC的方法是：贴片IC引脚与焊盘吻合后，先焊边上的四个引脚固定IC；从任一边开始上足够的锡使烙铁头与IC及焊盘处的锡成一球状，左手持小刀贴住IC引脚顶部帮助散热，右手慢慢向后拖；四边完成后，引脚如有短路现象可多放松香于其处，电烙铁在其附近拖动即可吸去多余的锡。

⑥ 焊接时间不宜过长，否则容易烫坏元件，必要时可用镊子夹住引脚以帮助散热。

⑦ 根据所需点的大小来决定烙铁蘸取的锡量，使焊锡足够包裹住被焊锡物，焊点应呈正弦波峰形状，表面应光亮圆滑，无锡刺，锡量适中，如图1-29所示。若一次上锡不够，可再补上，但必须等前次上的锡一同被熔化后再移开电烙铁。

⑧ 焊接完成后，要用酒精把线路板上残余的助焊剂清洗干净，以防炭化后的助焊剂影响电路正常工作。电烙铁应放在烙铁架上。

| 焊点不光滑 | 焊点有毛刺 | 锡量过少 |
| 合格焊点 | 蜂窝状(虚焊) | 锡量过多 |

图1-29　焊点质量示意图

4. 电烙铁使用注意事项

① 根据焊接对象合理选用不同类型的电烙铁。一般焊接小瓦数的阻容元件、晶体管、集成电路、印制电路板的焊盘或塑料导线时，宜采用30～45W的外热式电烙铁或20W的内热式电烙铁；焊接一般结构产品的焊接点，如线环、线爪、散热片、接地焊片等时，宜采用75～100W的电烙铁；对于大型焊点，如金属机架接片、焊片等，宜采用100～200W的电烙铁。

② 使用过程中不要任意敲击烙铁头以免损坏。要防止跌落。内热式电烙铁连接杆钢管壁厚只有0.2mm，不能用钳子夹以免损坏。

③ 在使用过程中应经常维护，保证烙铁头挂上一层薄锡。烙铁头上焊锡过多时，可用布擦掉。

④ 电烙铁不宜长时间通电而不使用，这样容易使烙铁芯加速氧化而烧断，缩短其寿命，同时也会使烙铁头因长时间加热而氧化，甚至被"烧死"而不再"吃锡"。

⑤ 焊接时间不能太长也不能太短，时间过长容易造成损坏；时间太短焊锡不能充分熔化，造成焊点不光滑不牢固，还可能产生虚焊，一般最恰当的是在1.5～4s内完成。

⑥ 焊接过程中，电烙铁不能到处乱放。不用时电烙铁应放在烙铁架上。注意电源线不可搭在烙铁头上，以防烫坏绝缘层而发生事故。

⑦ 在导电地面（如混凝土）上使用时，电烙铁的金属外壳必须妥善接地，防止漏电时触电。

⑧ 电烙铁用完要拔去电源插头，再稳妥地插放在烙铁架上，并注意导线等其他杂物不要碰到烙铁头，以免烫伤导线，造成漏电等事故。冷却后，再将电烙铁收回工具箱。

第四节 热风枪

一、热风枪的种类

热风枪是维修贴片元器件的重要工具之一，主要是利用发热电阻丝枪芯吹出的热风来对贴片元器件进行焊接与摘取。热风枪主要由气泵、气流稳定器、印制电路板、手柄、外壳等基本组件构成。其种类主要有以下几种。

（1）**按外形分** 可分为手持式热风枪和焊台式热风枪两种，如图1-30所示。

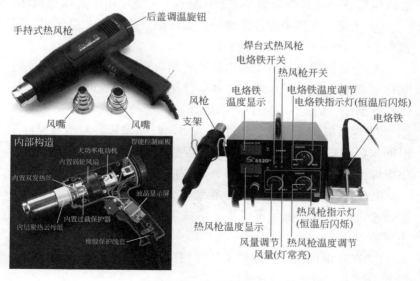

图1-30 热风枪外形

（2）按性能分　可分为普通型热风枪、标准型热风枪、数字温度显示型热风枪、高温热风枪等。

普通型热风枪的价格一般在300元左右。这种热风枪温度不稳，忽高忽低，风量也不稳定。而且这种热风枪的刻度只能够调整功率的大小。

标准型热风枪的价格约为五六百元。这种热风枪是可以调整温度的，开机时升温快，几十秒即可达到工作温度，而且温度不会直线上升，在相差不大的范围内调整，风量也比较稳定，通常在手机维修领域使用得比较多。

数字温度显示型热风枪在性能上与标准型热风枪相差不大，只是多了一个数字温度显示功能。

高温热风枪可达到的温度是非常高的，为 $800 \sim 900℃$。这种热风枪需要固定好连接在高压的风口才可以正常使用。高温热风枪可以自行控制温度，内部装置有防干烧的部件（一两个温度传感器），以避免因为缺风引发发热丝过热烧断情况。

二、热风枪的使用

热风枪是手机维修中用得最多的工具之一，使用的工艺要求也很高。从取下或安装小元件到大片的集成电路都要用到热风枪，如果使用不当，就可能损坏元件和印制电路板。

1. 拆卸前的准备

由于手机广泛采用黏合的多层印制电路板，在焊接和拆卸时要特别注意通路孔，应避免印制电路与通路孔错开。更换元件时，应避免焊接温度过高。有些互补型金属氧化物半导体（CMOS）器件对静电或高压特别敏感，易受损。在拆卸这类元件时，必须将其放在接地的台子上，维修人员戴上导电的手套；在焊接时，应用接地的电烙铁或热风枪。在焊接装卸时，所有电源都要关掉。

需特别注意的是，在用热风枪焊接之前，一定要将手机电路板上的备用电池拆下（特别是备用电池离所焊接的元件较近时），否则备用电池很容易受热爆炸，对人身构成威胁。

2. 拆焊技巧

（1）正确使用热风焊接方法　热风枪、热风焊台的喷嘴可按设定温度对IC等吹出不同温度的热风，以完成焊接。喷嘴的气流出口设计在喷嘴的上方，口径大小可调，不会对焊球阵列封装（BGA）器件邻近的元件造成热损伤。使用热风焊接时，应注意以下两点。

① BGA器件在起拔前，所有焊球均应完全熔化，如果有一部分焊球未完全熔化，则在起拔时容易损坏这些焊球连接的焊盘。同理，在焊接BGA器件时，如果有一部分焊球未完全熔化，也会导致焊接不良。

② 喷嘴内部边缘与BGA器件之间至少应有1mm的间隙，为防止印制电路板单面受热变形，可先对印制电路板反面预热，温度一般控制在150～160℃。

③ 使用热风焊台时，调节温度、风量到需要值（根据不同的喷嘴的形状、工作要求特点调整热风枪的温度和风量），再让风口在需拆的贴片元件附近移动，当元件的锡点熔化时即可取下需拆元件，然后补焊上新元件。

④ 电阻、电容等微小元件的拆焊时间在5s左右，一般的IC拆焊时间在15s左右，小BGA器件的拆焊时间在30s左右，大BGA器件的拆焊时间在50s左右（如白光850B热风枪用A1130的喷嘴时风量调1挡、温度调3.5挡，不用喷嘴时风量调4挡、温度调4挡；数显型ATTEN850D用A1130的喷嘴时风量调3挡、温度调350℃，不用喷嘴时风量调4.5挡、温度调380℃）。

⑤ 打开电源开关时要给热风枪预热至温度稳定后方可进行焊接，使用时热风枪要在元件上方1～2cm处均匀加热，不可触及元件；在拆焊过程中，注意保护周边元器件的安全。

（2）焊接温度的调节方法　热风焊台的最佳焊接参数实际上

是焊接面温度、焊接时间和热风焊台的热风风量三者的最佳组合。焊接温度可分三个区，即预热区、中温区及高温区。

① 预热区　预热的目的是为了加速焊锡熔化和防止印制电路板单面受热变形，对于面积较大的印制电路板，预热更重要。常用1.5mm厚的小尺寸印制电路板，可将温度设定在150 ～ 160℃，时间在90s以内。

② 中温区。印制电路板底部预热温度可以和预热区相同或略高于预热区温度，喷嘴温度要高于预热区温度、低于高温区温度，时间一般在60s左右。

③ 高温区。喷嘴的温度在高温区达到峰值，温度应高于焊锡的熔点，但最好不超过200℃。

除正确选择各区的加热温度和时间外，还应注意升温速度。一般在100℃以下时升温速度最大不超过6℃/s，100℃以上时最大的升温速度不超过3℃/s；在冷却区，最大的冷却速度不超过6℃/s。

3. 应用技能

（1）拆焊贴片集成电路的方法

① 用热风枪吹焊贴片集成电路时，首先应在芯片的表面涂放适量的助焊剂，这样既可防止干吹，又能帮助芯片底部的焊点均匀熔化。

② 调好热风温度和风速。一般情况下，拆卸集成电路时温度开关调至3 ～ 6挡，风速开关调至2 ～ 3挡。

③ 用热风枪喷头沿集成电路周围引脚慢速旋转，均匀加热，且喷头不可触及集成电路及周围的元件。待集成电路的引脚焊锡全部熔化后，再用小螺丝刀轻轻掀起集成电路。

④ 将焊接点用平头电烙铁修理平整，并把更换的集成电路和电路板上的焊接位置对好。先焊四角，以固定集成电路，再用热风焊枪吹焊四周。

⑤ 焊好后应注意冷却，不可立即去动集成电路，以免其发生位移。待充分冷却后，再用放大镜检查集成电路的引脚有无虚焊，

若有，应用尖头电烙铁进行补焊，直至全部正常为止。

（2）吹焊小贴片元件的方法　手机中的小贴片元件主要包括片状电阻、片状电容、片状电感及片状晶体管等。对于这些小型元件，一般使用热风枪进行吹焊。吹焊时一定要掌握好风量、风速和气流的方向。如果操作不当，不但会将小元件吹跑，而且会损坏大的元器件。

吹焊小贴片元件一般采用小嘴喷头，热风枪的温度调至2～3挡，风速调至1～2挡。待温度和气流稳定后，便可用手指钳（镊子）夹住小贴片元件，使热风枪的喷头离欲拆卸的元件2～3cm，并保持垂直，在元件的上方均匀加热，待元件周围的焊锡熔化后，用手指钳将其取下。如果焊接小元件，要将元件放正，若焊点上的锡不足，则可用电烙铁在焊点上加注适量的焊锡；焊接方法与拆卸方法类似，只要注意温度与气流方向即可。

第五节　维修电源

一　维修电源的种类

直流维修电源能给负载提供稳定且可调的稳压直流电。可调电源实际上就是一个变压器，并联了一只电压表和一只电流表，可显示出输出的电压值和电流值；可通过调节电压旋钮调节输出的电压，同时也可以通过调节电流旋钮来限制输出的电流；输出的电流大小是随负载消耗的电流而变化的，电流值为负载电流值。直流维修电源的分类方法有以下几种。

① 根据电流表和电压表显示不同可分为指针式和数显式两种（图1-31）。

a.指针式：指针式可调电源就是用指针指示的形式来显示出具体的电流或电压，它所指的电流或电压有一定误差（如指针指到16V，有可能实际只有15.8 ～ 16V）。维修中较常用的是指针式直流稳压电源，因为这种电源对电流变化的显示非常直观，便于观察电流变化情况，可以根据电流法确定故障的范围，达到速修的目的。

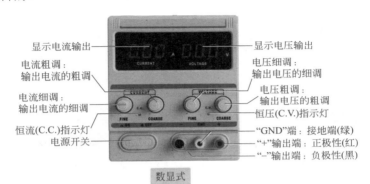

显示电流输出

显示电压输出

电流粗调：
输出电流的粗调

电压细调：
输出电压的细调

电流细调：
输出电流的细调

电压粗调：
输出电压的粗调

恒流(C.C.)指示灯

恒压(C.V.)指示灯

电源开关

"GND"端：接地端(绿)

"+"输出端：正极性(红)

"–"输出端：负极性(黑)

数显式

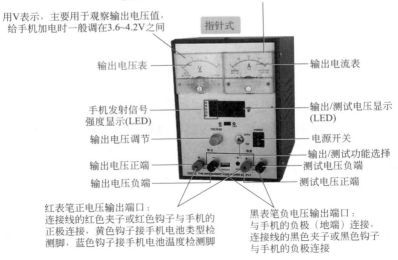

用A/mA表示，在手机维修中，常用于观察电流值的大小，也就是手机维修中常用的方法——电流法，它是通过观察直流电流表盘上指针变化状态来判断手机故障点的所在位置的

用V表示，主要用于观察输出电压值，给手机加电时一般调在3.6~4.2V之间

指针式

输出电压表

输出电流表

手机发射信号强度显示(LED)

输出/测试电压显示(LED)

输出电压调节

电源开关

输出电压正端

输出/测试功能选择

输出电压负端

测试电压负端

测试电压正端

红表笔正电压输出端口：
连接线的红色夹子或红色钩子与手机的正极连接，黄色钩子接手机电池类型检测脚，蓝色钩子接手机电池温度检测脚

黑表笔负电压输出端口：
与手机的负极（地端）连接，连接线的黑色夹子或黑色钩子与手机的负极连接

图1-31 维修电源

　　b.数显式：数显式可调电源就是用数字的形式显示出具体的电流或电压，可以精确到两位小数，这样显示出来的数值就比较精准。数显式电源相比于指针式电源，显示的结果更精确，很多数显式电源都可显示到小数点后3位，而指针式电源只能显示到小数点后1位。

　　② 根据输出的电压和电流不同可分为：30V/10A、30V/5A、30V/3A、20V/3A、10V/2A（这里的电压和电流是指可调电源输出的最大值）。

　　随着电子产品维修技术的发展，数显式电源替代指针式电源是不可阻挡的趋势。因为很多漏电的主板的电流都是在10mA以内的，所以只有用数显式电源才能更准确地判断故障。再者，因为指针式电源是老的设计，所以一般最大的电流都是在2A以内，而现在很多高端的智能手机和平板电脑工作的时候都需要3A的电流才行。

二、维修电源的使用

1. 手机维修中使用直流稳压电源的方法

　　直流稳压电源与智能手机印制电路板的供电连接是通过电池模拟接线和底部插口接线完成的，在维修过程中，不需要使用电池就可以进行试机，为维修提供了便利。使用时，根据电压表显示调整所需的输出直流电压，根据电流表的指示判断手机的故障可能出在哪一部分电路。另外，直流稳压电源都具有大电流保护电路，在智能手机接上电源或接电源开机测试等过程中出现短路等而导致大电流时，稳压电源会自动断电，可以起到保护手机的作用。图1-32所示为手机开机实际测试。

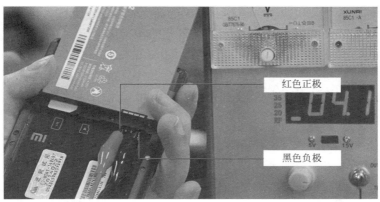

红色正极

黑色负极

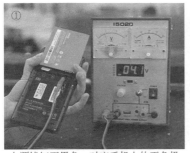

电源线红正黑负，对应手机上的正负极

正确接上后开机

手机开机成功后，检测下有没有异常

正常开机1min，无异常

图1-32 手机开机实际测试

直流稳压电源在维修中还可以作为手机电池临时充电器。将直流稳压电源的电压先打到0V，根据电池的正负极接上模拟电源接线，然后慢慢调高直流稳压电源的输出电压。随着电压的上升，电流也跟着上升，当直流稳压电源的输出电流达到700mA左右时，电压不可再上升了，只需充上几分钟，电池就能使用一段时间。在维修时如果没有充电器，就可以采用这种方法对电池充电。

2. 使用可调电源判断主板故障

插上可调电源，可调电源可能出现以下变化。

① 测试主板通断时（图1-33），若电源蜂鸣，则表示线路是通的；若电源毫无反应，则表示此处已经断裂，需要接上。

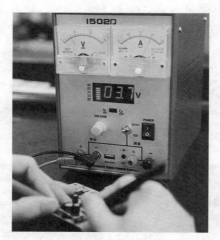

图1-33　测试主板通断

② 可调电源无任何变化，主供电无输出：查待机和保护隔离电路、适配器接口。

③ 可调电源走到1A左右就不停地左右摆动：主供电电容漏电。

④ 可调电源一直打到最大：主供电短路，查电容、二极管和需用主供电的所有芯片、充电单元、CPU供电等。

⑤ 可调电源有轻微上升：说明保护和待机正常。

第六节 编码器

一、编码器的种类

编码器又叫烧录器（图1-34），它实际上是一个把可编程的集成电路写上数据的工具，主要用于单片机（含嵌入式）/存储器（含BIOS）之类的芯片的编程（或称刷写）。编码器的种类大致可分为以下几种。

① 根据其支持编码器件的多少和性能通常可分为：通用编码器和专用编码器两大类。液晶专用编码器（如常见ISP编程器）主要用于驱动板代换时重写驱动板程序；通用编码器针对常用器件，适用面广，它主要用于驱动板软件故障的维修，如读写EEPROM存储器或MCU中的数据等。

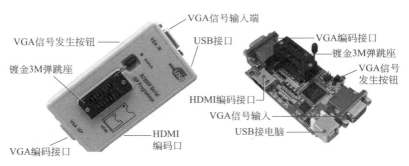

图1-34 编码器

② 根据功能可分万用型编码器、量产型编码器、专用型编码器。全功能通用型编码器一般能够涵盖几乎所有（不是全部）当前需要编程的芯片，由于其设计麻烦、成本较高，限制了销量，因此售价极高，适合需要对很多种芯片进行编程的情况。量产型编码器通常归属到生产设备的范畴，良率高、稳定性好、产能高，售价同样很高。专用型编码器价格最低，适用芯片种类较少，

适合以某一种或者某一类专用芯片编程的需要，例如仅仅需要对PIC系列进行编程。对于小批量IC编写程序或者测试，专用型编码器无疑是最佳选择。

③ 根据编码器的结构可分为：多接口编码器（如上文介绍的万用型编码器）、USB接口编码器（图1-35）。

USB接口

图1-35　USB接口编码器

二、编码器的使用

1. USB编码器（免电脑直接编码芯片）的使用方法

脱机拷贝方法如图1-36所示，先将要量产的数据编码进母片里面，然后将母片放入母片的IC座里面；接通New One Pro电源，并卡好量产编码座；放置目标芯片（图1-37），New One Pro自动完成量产拷贝工作（工作过程中绿灯亮）；量产拷贝完毕，绿灯熄灭，取出编码芯片，并放入下一待编码芯片进行编码。编码结束时，如果绿灯闪烁，则表明编码不成功，可以卡紧芯片重新编码。

2. 多接口编码器的使用方法

多接口编码器可以连接电器的外部接口，不用拆机也不用拆芯片，功能强大，使用更方便，适用性更强，可以编码液晶电视、DVD、电脑等电器。软件介绍及联机方法如图1-38所示。

图1-36　脱机拷贝方法

　　液晶、DVD/DVB工具链软件面板如图1-39所示（也可采用其他工具软件，本书以该软件为例）。

图1-37 芯片放置方向

软件介绍

通过点击 智能识别 SmartID 即可完成弹跳座上的芯片识别与编码工作

通过点击 ISP自动识别 AutoISP 即可完成液晶显示器或液晶电视的识别与编码工作

联机示意图

图1-38 软件介绍及联机方法

图1-39　液晶、DVD/DVB工具链软件面板

第七节 示波器

一、示波器的种类

　　示波器是用来测量交流电或脉冲电流的波形的仪器，通常用于直接观察被测电路的波形，包括形状、幅度、频率、相位，还可以对两条波形进行比较，从而可以迅速、准确地确定故障的原因、位置。示波器一般有以下几种。

（1）按信号分　可分为模拟示波器和数字示波器。

① 模拟示波器（图1-40）以连续方式将被测信号显示出来。模拟示波器采用的是模拟电路（示波管，其基础是电子枪）电子枪向屏幕发射电子，发射的电子经聚焦形成电子束，并打到屏幕上，屏幕的内表面涂有荧光物质，这样电子束打中的点就会发出光来。模拟示波器在显示高频信号时效果是最真实、最好的，但是显示低频信号能力较弱，另外受制于带宽的瓶颈，逐渐被数字示波器取代。

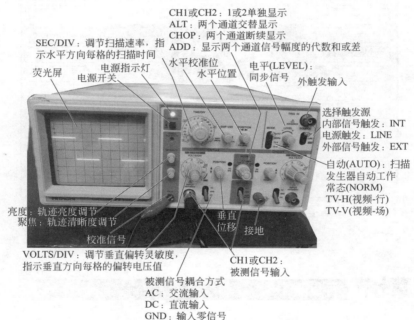

图1-40　模拟示波器

② 数字示波器（图1-41）则是采用数据采集、A/D转换、软件编程等一系列的技术制造出来的高性能示波器。数字示波器首先将被测信号校正和量化，变为二进制信号存储起来，再从存储器中取出信号的离散值，通过算法将离散的被测信号以连续的形

式在屏幕上显示出来。数字示波器一般支持多级菜单，能提供给用户多种选择、多种分析功能。还有一些示波器可以提供存储，实现对波形的保存和处理。

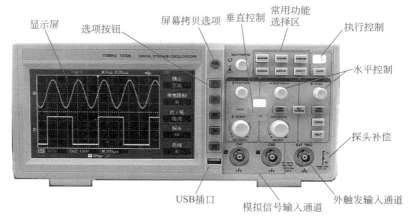

图1-41　数字示波器

（2）按性能与结构特点分　可分为通用示波器、多束示波器、取样示波器、记忆示波器、特性示波器、数字存储示波器、逻辑示波器（逻辑分析仪）等。

① 通用示波器：采用单束示波管的宽带示波器，常见的有单时基单踪或双踪示波器。其采用示波器基本原理进行定性、定量的测量与分析。

② 多束示波器：采用多束示波管或单束示波管加电子转换开关，能同时显示两个以上的波形，并对其进行定性、定量的比较和观测，而且其中的每个波形都是单独的电子束产生的。前者称为多线示波器，后者称为多踪示波器。

③ 取样示波器：采用取样技术，把高频信号转换为低频信号，再用通用示波器的原理显示其波形。

④ 记忆、存储示波器：这种示波器采用记忆示波管，具有通用示波器的功能，而且还可以对信号波形进行存储。记忆示波器

的记忆时间可达数天。存储示波器是利用数字电路的存储技术实现存储功能的，其存数时间是无限的。

⑤ 特性示波器（专用示波器）：能满足特殊要求或采用特殊装置的示波器，如矢量示波器、高压示波器、螺旋扫描示波器、示波表等。

⑥ 数字存储示波器：将被测信号经A/D转换进行数字化，然后写入存储器中，需读出时，再经D/A转换还原为原来的波形，在示波管上显示出来。

⑦ 逻辑示波器（逻辑分析仪）：逻辑分析仪主要用于信号逻辑时间关系的分析，与通用示波器相比具有通道数多、存储容量大、可多通道逻辑信号组合触发、数据处理及多种显示方式等特点。

二 示波器的使用

1. 示波器的正确使用

① 应选用适当带宽和灵敏度的示波器，最好选用具有定量测试功能的示波器，即具有校准的增幅灵敏度、扫描速度、比较电压和时标信号等功能的示波器。

② 使用前必须检查电网电压是否与示波器要求的电源电压相一致。

③ 通电后需预热几分钟后再调整各旋钮（各旋钮不要马上旋到极限位置，应先大致旋在中间位置，以便找到被测信号波形）。另外还要注意亮度不宜开得过亮，且亮度不可长期停留在固定位置上，以免缩短示波管的使用寿命；暂停不用时可将亮度调小，不必切断电源。

④ 示波器应避免在强磁场环境中工作，因为外磁场会引起显示波形失真。

⑤ 开关应由大到小地调节，不能让被测波形扩大到荧光屏

外，以免机内元件因过载而损坏。

⑥ 通常信号引入线使用的是屏蔽电缆。示波器的探头有的带有衰减器，读数时需加以注意。

⑦ 输入信号电压的幅度应控制在示波器的最大允许输入电压范围内。

⑧ 使用两个探头线时，只需一个接地。

⑨ 进行定量测量时，一定要注意校准。

⑩ 测交流电压时，Y 轴耦合开关置于"AC"挡。如果交流电压频率较低或测量缓慢变化的信号，则可用"DC"挡。

⑪ 当 Y 轴输入端接电压值较高的被测信号时，应避免手或人体其他部位触及 Y 轴输入端或探极，以免触电。

⑫ 具有"交替""断续"工作方式的二踪示波器进行二踪显示时，频率较低的情况下用"断续"方式，频率较高的情况下用"交替"方式。

⑬ 为使显示波形稳定，"同步调节"与"扫描微调"可结合调整，但"同步增幅"不能调得太大，只要波形稳定即可，否则会引起扫描线的非线性失真。

⑭ 测量脉冲信号时，为了准确地显示波形，应注意示波器 Y 通道的上升时间是否小于被测信号的前、后沿时间。

⑮ 测量频率时，扫描速度微调旋钮应放在校准位置。测量电压时，Y 轴灵敏度微调旋钮应放在校准位置。

⑯ 使用示波器，从待检修电器的第一级开始，依次向后边的单元电路推移，观察其信号波形是否正常，如哪一级单元电路没有输出波形或波形发生畸变，则可确定故障在这一级。对于复杂的多级电路，可分段检测，以缩小测试范围，加快检测速度。

⑰ 使用示波器观察有疑问电路的输入和输出信号波形时，如有输入信号而无输出信号或信号波形发生畸变，则问题存在于被测电路中。

⑱ 在用波形法检测复杂电路时，掌握正常运行时各部分电路

输入、输出波形或有关节点波形十分重要。检修人员应注意收集相关资料或进行测试记录，并备案存查。

2. 示波器的一般操作方法

（1）示波器使用前的设置和调整　使用前，首先将各控制件置于如表1-1所示位置。

表1-1　示波器各控制件位置

控制件名称	作用位置
Y位移旋钮	居中
扫描速度开关	X输入
Y衰减开关	较大挡
亮度旋钮	适当
显示方式转换开关	交替
触发方式开关	被动
扫描速度开关	1ms/div（水平方向扫描一格所用的时间为1ms）

（2）示波器开机及调整　打开电源开关，指示灯亮。如果荧光屏上未出现水平扫描线，则按下寻迹开关，判断扫描线偏离荧光屏的方向，并以此为依据，微调Y位移旋钮和X位移旋钮，待屏幕上出现两条扫描线后，调整亮度、聚焦旋钮，使两条扫描线亮度适当。然后调节标尺亮度，照亮标尺上的刻度线，并调节Y位移旋钮，使两条扫描线均重合在标尺的水平刻度上。至此，示波器就可以使用了。

（3）信号的接入与测量　被测信号输入示波器观测的连接方法有两种，一种是将被测信号直接送到示波器的信号输入端，另一种是通过示波器的附属探头将信号送到示波器信号输入端。

（4）示波器探头的连接和校正　通常在实际测量时，为了降低外界噪声干扰，应使用高阻抗探头。但是使用高阻抗探头所测量的信号会衰减为原来幅度的1/10。使用探头最大可测峰值为600V的信号电压，该信号电压是指交流电压或交、直流的合成电压。

使用探头测量信号前，应首先将示波器的校正电压加到探头上，即将探头接到校正信号输出端，这样可提高测量精度。当示波器的校正电压加到探头上后，示波管上会出现1kHz的方波脉冲信号。若显示的方波形状不好，可用螺丝刀微调示波器探头上的微调电容，使波形正常。

（5）观测波形

① 被测信号通过示波器探头送到示波器信号输入端　将示波器的探头连接到垂直输入端，并将转换开关拨至AC或DC位置，垂直轴灵敏度转换钮旋至衰减高的位置。再将示波器的探头接到被测电路，在观察波形图像的同时调整垂直灵敏度按钮，使波形大小适当。接着将示波器的时间轴转换钮左右旋转，使示波管上的信号波形显示出比较清楚的波形（一般2～3个周期为宜）。若波形不容易同步，则可微调触发电平钮，使波形稳定。

② 被测信号直接送到示波器的信号输入端

a.交流电压的测量。将显示方式选择开关置Y位置，触发耦合方式及Y输入选择开关置AC位置，被测交流电压信号从Y输入端加入。调节触发电平和扫描速度开关，使屏幕上出现几个周期的稳定波形。然后调节Y衰减开关，使波形幅度合适。如果不知道被测信号幅度，可先放在衰减较大的挡位，然后逐步减少衰减量使幅度便于观察。

b.瞬时电压的测量。瞬时电压的测量与交流电压的测量有一定区别，瞬时电压的测量需要一个参考电平线。具体测量方法是：将AC/DC开关置DC位置，先将Y输入端接地，调Y位移旋钮，根据被测信号的极性和幅度将扫描线移到某一水平坐标线上，在参考电平线确定之后，Y位移旋钮不能再动，后面的测量均以此线为标准。将信号从Y输入端加入，调节Y衰减开关和扫描速度开关及同步调节旋钮，使屏幕上得到稳定而便于读数的波形。

c.频率的测量。将Y输入选择开关置AC位置，被测信号从Y

输入端加入。调节触发电平和扫描速度开关，使屏幕出现具有两个波峰的波形。然后调节 Y 位移旋钮，使波峰位于水平刻度线上。利用扫描速度开关的读数与屏幕上显示波形在水平方向占的格数，即可计算出该交流信号的周期。再根据周期和频率互为倒数的关系，即可得出被测交流信号的频率。

第八节 信号发生器

一、信号发生器的种类

信号发生器又称信号源或振荡器，是一种能够产生一定波形、频率和幅度的振荡器。在测量各种电信系统或电信设备的振幅特性、频率特性、传输特性及其他电参数时，以及测量元器件的特性与参数时，信号发生器用作测试的信号源或激励源。信号发生器的用途很广泛且种类繁多，其常见的分类方法有以下几种。

（1）按信号发生器输出信号频率的高低分 可分为超低频信号发生器（0.0001 ～ 1Hz）、低频信号发生器（1Hz ～ 1MHz）、视频信号发生器（20Hz ～ 10MHz）、高频信号发生器（100Hz ～ 30MHz）、甚高频信号发生器（30 ～ 300MHz）及超高频信号发生器（300MHz 以上）等。

（2）按性能的不同分 可分为标准信号发生器、图像信号发生器及扫描信号发生器等。

（3）按输出信号的波形分 可分为正弦波信号发生器、函数信号发生器、脉冲信号发生器和噪声信号发生器等。

① 正弦波信号发生器主要用于测量电路和系统的频率特性、非线性失真、增益及灵敏度等。其按频率覆盖范围分为低频信号发生器、高频信号发生器和微波信号发生器；按输出电平可调节

范围和稳定度分为简易信号发生器（即信号源）、标准信号发生器（输出功率能准确地衰减到-100dB·mW以下）和功率信号发生器（输出功率达数十毫瓦以上）；按频率改变的方式分为调谐式信号发生器、扫频式信号发生器、程控式信号发生器和频率合成式信号发生器等。实际应用中正弦信号发生器应用最广泛。

② 函数信号发生器又称波形发生器（图1-42），在设计上又可分为模拟式和数字合成式两种。函数信号发生器是一种多波形的信号源，能产生某些特定的周期性时间函数波形（正弦波、方波、三角波、锯齿波和脉冲波，甚至任意波形等）信号，有的函数发生器还具有调制的功能，可以进行调幅、调频、调相、脉宽调制和VCO控制。实际应用中函数信号发生器也比较常用，因为它不但可以输出多种波形，而且信号频率范围（从几微赫兹到几十兆赫兹）也较宽且可调。

③ 脉冲信号发生器分为通用型和专用型两大类。脉冲信号发生器主要用来测量脉冲数字电路的工作性能，适用于电力负荷控制（管理）终端的检测，主要使用单位是各省市电力试验研究院（中试所）、电力表计生产研究部门（生产厂）、电力表计使用验收部门（供电公司）等。

④ 噪声信号发生器的主要用途是：a.在待测系统中引入一个随机信号，以模拟实际工作条件中的噪声而测定系统的性能；b.外加一个已知噪声信号与系统内部噪声相比较以测定噪声系数；c.用随机信号代替正弦或脉冲信号，以测试系统的动态特性。

（4）按用途的不同分　可分为通用信号发生器和专用信号发生器两类。通用信号发生器具有广泛而灵活的应用性。专用信号发生器是为某种特殊用途而设计生产的仪器，能提供特殊的测量信号，如电视信号发生器、调频信号发生器等。

（5）按调制方式不同分　可分为调幅式、调频式、调相式、脉冲式等类型。

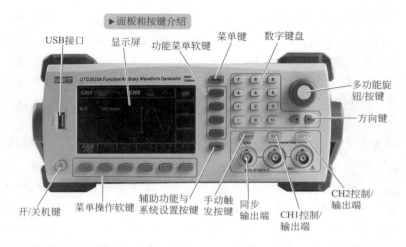

▶面板和按键介绍

USB接口　显示屏　功能菜单软键　菜单键　数字键盘

多功能旋钮/按键

方向键

开/关机键　菜单操作软键　辅助功能与系统设置按键　手动触发按键　同步输出端　CH1控制/输出端　CH2控制/输出端

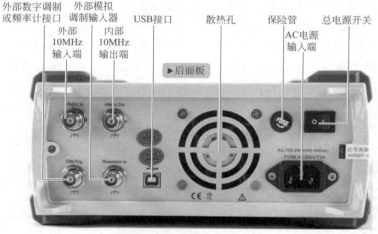

外部数字调制或频率计接口　外部模拟调制输入器　USB接口　散热孔　保险管　总电源开关

外部10MHz输入端　内部10MHz输出端　AC电源输入端

▶后面板

图1-42 函数信号发生器

二、信号发生器的使用

1. 准备工作

① 将电源线接入220V、50Hz交流电源上。应注意三孔电源

插座的地线应与大地妥善接好，避免干扰。

② 开启电源，开关指示灯亮，此时频率输出显示器和电压输出显示器亮。

③ 为了得到足够的频率稳定度，需预热10min左右。

④ 设置频率输出区间，选择合适的信号输出形式（方波或正弦波）。例如，按下输出频率区间设置处的"10k"按钮开关。

⑤ 设置输出波形：根据需要波形的种类，按下相应的波形键位。波形选择键是：正弦波、矩形波、尖脉冲、TTL电平。

⑥ 调节输出频率，按下相应的挡级开关，适当调节微调器，此时微调器所指示数据同挡级数据倍乘为实际输出信号频率，输出频率粗调和细调联合在一起进行调节（使用这两个调节旋钮时，动作要缓）。例如，输出频率调节为1.455kHz。

⑦ 调节输出幅度：正弦波与脉冲波幅度分别由正弦波幅度调节旋钮和脉冲波幅度调节旋钮调节。例如，旋转输出幅度调节旋钮，从而获得所需功率的信号，使输出显示为20V（峰-峰值），此时，该仪器输出正弦波，频率为1.455kHz，输出峰-峰值为20V。

⑧ 输出选择：从输出接线柱连接信号输出插头（注意分清正负插头）。

2.信号发生器的使用

（1）用信号发生器输出信号　波形选择：选择"～"键，输出信号即为正弦波信号。频率选择：选择"kHz"键，输出信号频率即以kHz为单位。

（2）用信号发生器测量电子电路的灵敏度　信号发生器发出与电子电路相同模式的信号，然后逐渐减小输出信号的幅度（强度），同时通过监测电子电路输出信号电平的高低，以此来判断电子电路对信号反应的灵敏度。当电子电路输出有效信号与噪声的比例劣化到一定程度时（一般灵敏度测试信噪比标准$S/N=12\mathrm{dB}$），信号发生器输出的电平数值就等于所测电子电路的灵敏度。在此测试中，信号发生器模拟了信号，而且模拟的信号强度是可以人为控制调节的。用信号发生器测量电子电路的灵敏度时，标准的连接方法是：信号发生器信号输出端通过电缆接到电子电路输入端，电子电路输出端连接示波器输入端。

（3）用信号发生器测量电子电路的通道故障　用信号发生器查找通道故障时，应由前级往后级，逐一测量接收通路中每一级放大电路和滤波电路，找出哪一级放大电路没有达到设计应有的放大量或者哪一级滤波电路衰减过大。信号源在输入端输入一个已知幅度的信号（信号发生器在此输入的是标准信号源），然后通过超高频电压表或者频率足够高的示波器，从输入端口逐级测量增益情况，找出增益异常的单元，再进一步细查，最后确定存在故障的零部件。

信号发生器可以用来调测滤波器，调测滤波器的理想仪器是网络分析仪和扫频仪，其主要功能部件之一就是信号发生器。在没有这些高级仪器的情况下，信号发生器配合高频电压测量工具，如超高频电压表、频率足够高的示波器、测量接收机等，也能勉强调试滤波器，其基本原理是测量滤波器带通频段内外对信号的衰减情况。信号发生器产生一个相对比较强的已知频率和幅度的信号（信号发生器在此时是标准信号源），从滤波器或者双工器的INPUT端输入，测量输出端信号衰减情况。带通滤波器要求带内衰减尽量小，带外衰减尽量大；而陷波器正好相反，陷波频点衰减越大越好。因为普通的信号发生器都是固定单点频率发射的，所以调测滤波器需要采用多个测试点来"统调"。如果有扫频信号源和配套的频谱仪，就能图示化地看到滤波器的全面频率特性，调试起来极为方便。

3.信号发生器使用时的注意事项

① 信号发生器设有电源指示灯，若使用时指示灯不亮，应更

换电池后再使用。

②信号发生器不用时应放在干燥通风处，以免受潮。

③调节信号发生器的测频电路时，按键和旋钮要求缓慢调节；信号发生器本身能显示输出信号的值，当输出电压不符合要求时，需要另配交流电压表测量输出电压，选择不同的衰减再配合调节输出正弦信号的幅度，直到输出电压达到要求。

第九节 手机换屏工具

一、手机换屏工具的种类

手机换屏的工具及耗材有以下几种。

①拆屏分离机一台：用于拆分破裂的玻璃镜面。

②切割线：用于切割破裂的镜面。

③除胶液：用于拆下玻璃盖板后清洗上面的残胶。

④UV胶水：用于贴合分离后的触摸屏功能片与新玻璃盖板。

⑤贴合用的模具：每贴一个型号需要一个模具。

⑥专用固化灯一台。

⑦各品牌智能手机全新玻璃盖板。

⑧电吹风：用于吹触摸屏和侧面外壳连接处的双面胶，使其失去黏性。

⑨螺丝刀：用于拧螺钉。

⑩吸盘：用于吸开触摸屏。

二、手机换屏工具的使用

1.拆屏分离机

拆屏分离机用于拆卸、贴合智能手机破裂的玻璃镜面，是修复爆屏智能手机必备工具，其实物结构如图1-43所示。

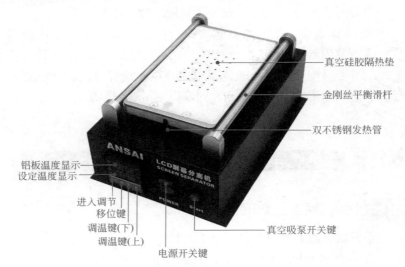

铝板温度显示
设定温度显示

进入调节
移位键
调温键(下)
调温键(上)

真空硅胶隔热垫
金刚丝平衡滑杆
双不锈钢发热管

真空吸泵开关键
电源开关键

图1-43 拆屏分离机实物结构

拆屏分离机操作步骤如下。

① 将增强吸附力的硅胶垫放置在机器上，并对准孔位，如图1-44所示。

硅胶垫

图1-44 硅胶垫

② 打开电源，将机器设置到合适温度（建议80℃，温度太高容易损坏屏幕），如图1-45所示。

图1-45　设置温度

③ 机器进入恒温后，把屏幕放在工作台上，开启真空吸附开关，开始预热5～10min（软化胶水），如图1-46所示。

真空吸附开关

图1-46　将屏幕放入工作台

④ 拿出装置好的分屏棒，把金刚丝在棒上绕几圈；调整好合适的长度，用分屏棒从上至下开始分割，重复来回几次，直到屏幕可以轻松取开，如图1-47所示。

⑤ 分离后，将液晶面使用解胶剂清洗干净，使用屏幕卡具

固定好,用背光密封胶,封边(防止UV胶入内屏)涂上UV贴合胶,新玻璃合上并用手按压后,放入UV贴合固化灯,建议放置30min以上(UV胶水是不留痕的,固化时间长且不产生气泡)。

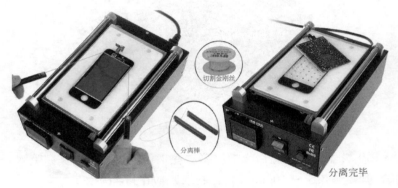

切割金刚丝

分离棒

分离完毕

图1-47 分离屏幕

2.拆机吸屏器的使用方法

拆机吸屏器的特点是拆屏时吸力强、受力均匀,避免在拆机过程中因用力过度而损坏排线头、镜头等零部件。吸屏器的使用方法如图1-48所示:

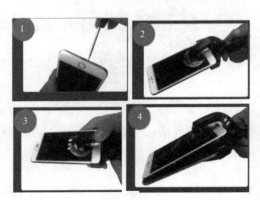

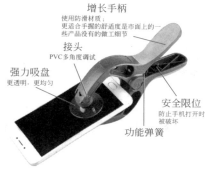

增长手柄
使用防滑材质；
更适合手握的舒适度是市面上的一
些产品没有的微工细节

接头
PVC多角度调试

强力吸盘
更透明，更均匀

安全限位
防止手机打开时
被破坏

功能弹簧

图1-48 吸屏器

①首先用螺丝刀把底部的固定螺钉拆除；②然后把手机放置在固定支架当中（支架可根据所拆卸产品的宽度进行调节）；③对上面和下面的PVC吸盘稍用力按压，使其吸附在液晶屏幕和手机的底部；④稍用力按压手柄，即可拆开液晶屏幕。

第十节 超声波清洗仪

一、超声波清洗仪的种类

超声波清洗仪是用于清除污染物的仪器（图1-49），通过换能器将功率超声频源的声能转换成机械振动来清洗物品。超声波清洗仪的原理是：超声波在液体中传播时的声压剧变使液体发生强烈的空化和乳化现象，每秒产生数百万计的微小空化气泡，这些气泡在声压作用下急速地大量产生，并不断地猛烈爆破，产生强大的冲击力和负压吸力，足以使顽固的污垢剥离，并将细菌、病毒杀死。

其分类方法主要以下几种。

① 按用途可分为：工业用超声波清洗仪、商用超声波清洗

仪、实验室用超声波清洗仪、家用超声波清洗仪等。

图1-49　超声波清洗仪

② 按容量可分为：大型超声波清洗仪、中型超声波清洗仪、小型超声波清洗仪。

③ 按功能可分为：大功率超声波清洗仪、小功率超声波清洗仪和无加热超声波清洗仪。其中，带电加热的超声波清洗仪的加热功率从几十瓦到几千瓦不等。

二、超声波清洗仪的使用

1.超声波清洗仪的使用方法

① 首先调节时间：先按电源键，再根据功率（30W、50W）调节时间（一般设置为5～10min即可），最后再按电源键，设置完毕后，就可以定时清洗了。

② 清洗溶液：清洗一般用清水就可以，清水要漫过需清洗物体；清水中滴几滴洗洁精，搅拌均匀，清洗效果更佳；另外还可放入酒精，但不能放易腐蚀清洗液（如天那水）。

③ 清洗主板：清洗进水手机主板或者其他类型主板时，加入洗板水或无水酒精到淹没主板，根据进水程度设置时间；使用洗板水清洗主板效果更佳。

④ 清洗好物件后，可以用无尘布擦拭物件表面的水珠，或者

风干即可。

⑤ 清洗完物件后，应该将清洗机内的清洗液体倒掉；内胆用无尘布擦干，清洗机外壳用湿布擦干净，放置一旁。

2.超声波清洗时的注意事项

① 槽内无液体时，不要启动机器。

② 清洗液放入要适量，清洗时应保持液面位置不低于槽体总高度的2/3。

③ 勿使用强酸强碱性的清洗液。

④ 适当选择清洗所用时间。

第十一节 液晶点屏器

一、液晶点屏工具的种类

点屏就是将液晶屏取出（原液晶显示器的其他所有配件不需要），再根据液晶屏的型号，用编程器向通用驱动板中写入与此液晶屏对应的驱动程序，然后为通用驱动板搭配好其他点屏配件（高压条、按键板、屏线），将液晶屏点亮，使之能显示图像。若无与此液晶屏对应的驱动程序，则需要找兼容的驱动，用编程器向通用驱动板中分别写入不同的程序，直到把屏点亮为止。能点亮液晶屏的这张通用驱动板，就可以用于代替原液晶显示器损坏的主控板了。

点屏工具套件包括编程器、USB线、并口线、编程软件、液晶屏驱动、通用驱动板、屏线、VGA信号线、按键板及连接线、高压条及连接线、电压接口线等。使用以上套件工具，再依据液晶屏灯管数量及接口大小选择合适的高压条，依据液晶屏信号接口类型（TTL/LVDS）及接口针数选取合适的屏线和驱动板，在驱动板中写入与屏对应的程序，即可将液晶屏点亮。

二、液晶点屏工具的使用

液晶点屏工具可以检修液晶显示器、电视机、笔记本电脑，是维修中不可缺少的好帮手。如图1-50所示为点屏/测屏工具，其使用方法如下。

图1-50　点屏/测屏工具

1. 操作流程

先确认屏幕分辨率、屏电压、背光→测试仪输入12V电源→按S1、S2键设置数码管显示01～60屏参→按住自动转换键5s，开始循环选择屏电压，开机默认3.3V→插入屏线、背光线，连接好屏幕→按电源开关键开机，电源指示灯会亮→按UP（+）、DOWN（-）键转换内置测试画面→测试完成后，按电源开关键关闭电源，换下一张屏幕测试即可。

2. 使用说明

① 使用时，只需根据液晶屏的分辨率和屏线位数，对照屏参列表，按加减键在数码管上选择合适的数值，连接好屏线和背光线，按电源开关键重新上电即可。

② 测试仪具有短路保护报警功能，当数码管显示A1、A2、A3、A4时表示对应接口短路。

③ 画面转换键"+""-"键：可循环转换测试仪内置的多种测试画面。

④ 自动转换键：内置多种测试画面自动循环显示。此时，数码管会显示"AU"。

⑤ VGA INPUT接口：插入电脑VGA信号，自动转换外置VGA信号输入，使屏幕显示电脑画面。

⑥ DEBUG PORT接口：调试端口，开发者用，不开放。

⑦ KEY INPUT接口：用来外接小按键板，小按键板上面有电源开关键、画面转换键，针对工厂用户或屏幕测试数量比较多、需要长时间测试的用户。

第十二节 液晶屏修复仪

一、液晶屏修复仪的种类

液晶屏维修设备，可修黑屏、色带、暗带、干扰、花屏等。液晶屏修复仪有LCD液晶屏激光修复机、热压缩机（压屏机）等。

LCD激光修复机，也称"液晶屏激光镭射修复机""液晶屏激光修线机""激光修复机""镭射激光修复机""液晶屏修补机"等，其功用是：针对液晶显示屏（LCD）的玻璃内部缺陷在生产、组装、返修等过程中，运用激光修复机的激光头将短路缺陷修复，重新投入使用，降低成本。其主要应用于TFT-LCD、IPS、LTPS、OLED等显示面板行业，针对制作过程中发光区域内因异物、短路产生的亮点、灰亮点、亮线不良缺陷进行激光修复，适用于电视屏、数码屏、手机屏等。

热压缩机是液晶屏修复工具（图1-51），它的维修范围为液晶屏的黑屏、白屏、花屏、亮线、亮带、白带、花屏、缺线、缺画、横线、竖线、不显示等故障。液晶显示器维修用热压缩机的工作原理为：利用压力、温度、时间的调整把排线和LCD间的ACF导电胶粒子爆破，使排线和LCD电路导通。

图1-51 热压缩机

二、液晶屏修复仪的使用

1.热压缩机的修屏步骤

① 把不良品的液晶屏上的排线用专用设备拆取下来；

② 用ACF去除液把TAB和LCD上的残留ACF胶清洗干净；

③ 在TAB或LCD上预贴ACF导电胶；

④ 在热压设备上用CCD摄像系统进行产品对位；

⑤ 启动设备进行热压工艺，检测产品。

2.液晶屏激光修复机修补的方式

熔接：在有两层金属相互重叠的跨越之处，以适当能量和波长的激光，可将金属化开而熔接在一起，使两个原本不相连的电极形成短路。在设计时需考虑重叠面积的大小与其和周边其他金属的距离。在单层金属布线之外，以适当能量和波长的激光，可将金属化开而切断原来的布线。在设计时需要考虑宽度的大小与其和周围其他金属的距离。

第十三节　变频检测仪

一、变频检测仪的种类

变频检测仪是维修变频家电不可缺少的重要仪器，它分为变频空调检测仪、变频冰箱检测仪等几种。

变频空调检测仪（以HX05智能测试仪为例，如图1-52所示）可以单独检测室内机，也可以单独驱动室外机，并通过通信协议报故障，并能够显示整机的电流、电压、温度参数；在室外机没有故障的情况下能够直接启动室外机，如果发现不能启动室外机，就可以显示空调器当前的运行状态和故障代码，帮助查找分析导致空调器不能正常启动的具体原因。

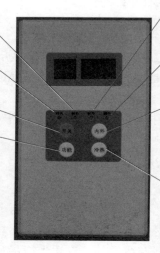

制热—制热状态指示灯：测试室外机并选择制热模式时，该灯亮起

测内—测试室内机指示灯：测试室内机时该灯亮起

"开关"键：智能测试仪的开启和关闭

"功能"键：检测室外机时按此键可使数码管显示电流、电压、频率、室外盘管、环境温度、排气温度；检测室内机时可显示室内环境和盘管传感器温度值

制冷—制冷指示灯：测试室外机并选择制冷模式时，该灯亮起

测外—测试室外机指示灯：测试室外机时，该灯亮起

"内外"键：该键用于选择测试室内机或室外机，默认状态是测试室外机，测外灯亮起，说明此时测试仪可以检测室外机；再按下此键，测内灯亮起，说明此时检测仪可以检测室内机

"冷热"键：按下此键，在驱动室外机时可发送制热和制冷信号；默认状态是制冷，制冷灯亮，再按下此键，是制热灯亮，对于测试仪当测试室外机时，按此键无效，此时以遥控器制冷或制热状态为准

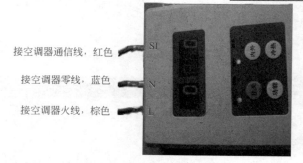

接空调器通信线，红色　SI

接空调器零线，蓝色　N

接空调器火线，棕色　L

图1-52 变频空调检测仪

变频冰箱检测仪可以直接启动变频冰箱压缩机、直接驱动冰箱变频板、直接判断双稳态脉冲阀好坏等（图1-53）。

二、变频检测仪的使用

1. 变频冰箱检测仪的使用方法

（1）变频板检测　把检测仪的变频板检测线连接至冰箱变频

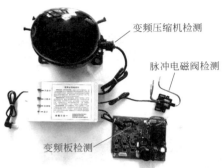

变频压缩机检测

脉冲电磁阀检测

变频板检测

图1-53 变频冰箱检测仪

板通信接口（测试前要确保变频板有220V供电），按下变频板检测键30s，检测仪自动匹配变频板参数，匹配正确后即可直接启动压缩机。如果压缩机启动即可判断压缩机和变频板都正常。如果压缩机不启动，则松开启动键5s后再次检测；如果3次检测均不启动，可用压缩机检测功能检测压缩机（注意：一旦压缩机启动，需等3～5min，待系统压力平衡后再检测）。

（2）变频压缩机检测 把检测仪的压缩机检测线连接至冰箱压缩机，按下压缩机检测键30s，检测仪自动匹配压缩机参数，匹配正确后即可直接启动压缩机。如果压缩机不启动，则松开启动键5s后再次检测；如果3次检测均不启动，即可判断压缩机故障（注意：一旦压缩机启动，需等3～5min，待系统压力平衡后再检测）。

（3）脉冲电磁阀检测 把检测仪的电磁阀检测线连接至电磁阀接口，分别按下电磁阀检测红绿按键，检测电磁阀两次换向情况即可判断好坏（注意：检测仪输出DC220V脉冲电压，使用时勿触摸；通电后输出端禁止短路以免烧坏检测仪；测量前用万用表检测电磁阀是否短路，以免烧坏检测仪）。

2.变频空调检测仪的使用

以HX05智能测试仪为例介绍，其使用方法如下。

（1）当室内机正常使用时测试室外机

① 室外机单独与测试仪 L、N、SI 对应端子连接（内机断开）；室外机端子 L、N 导线接通电源，如图 1-54 所示。

图1-54　连接导线端子

② 按下测试仪上的"内外"键，此时室外机灯亮；按下测试仪上的"冷热"键，此时冷/热灯亮。

③ 按"开关"键，启动室外机。如果通信正常，测试仪显示屏前面功能区显示通信次数（1～99），后面数据区的3位数码管显示压缩机频率（如显示通信次数为46、压缩机频率为75Hz）。如果连续30s收不到外机数据，则直接显示故障代码"OU"+"代码"（"OU"表示室外的意思），如显示"OU"+"7"表示通信故障（如果显示通信故障，则其他故障均不显示），如图1-55所示。

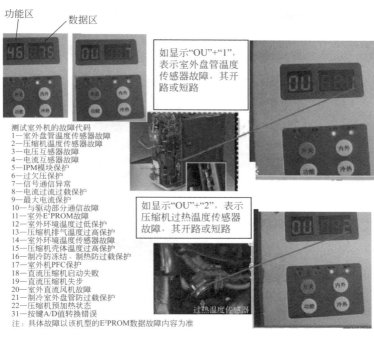

功能区　数据区

如显示"OU"+"1"，表示室外盘管温度传感器故障，其开路或短路

测试室外机的故障代码
1—室外盘管温度传感器故障
2—压缩机温度传感器故障
3—电压互感器故障
4—电流互感器故障
5—IPM模块保护
6—过欠压保护
7—信号通信异常
8—电流过流过载保护
9—最大电流保护
10—与驱动部分通信故障
11—室外E²PROM故障
12—室外环境温度过低保护
13—压缩机排气温度过高保护
14—室外环境温度传感器故障
15—压缩机壳体温度过高保护
16—制冷防冻结、制热防过载保护
17—室外机PFC保护
18—直流压缩机启动失败
19—直流压缩机失步
20—室外直流风机故障
21—制冷室外盘管防过载保护
22—压缩机预加热状态
31—按键A/D值转换错误
注：具体故障以该机型的E²PROM数据故障内容为准

如显示"OU"+"2"，表示压缩机过热温度传感器故障，其开路或短路

过热温度传感器

图1-55　测试仪显示屏显示代码

在通信正常的情况下，按"功能"键时，数码管显示室外机电流、直流母线电压、压缩机频率、室外盘管传感器温度值、室外环境温度传感器温度值、排气温度传感器温度值，如此循环。此时显示参数代码，如"0"表示压缩机频率、"1"表示直流母线电压（图1-56）；如果5s内没有按下功能键，则功能区重新显示通信次数，数据区显示当前的参数值。

④ 进行以上测试步骤后，最后按开关键，关闭测试仪，断开电源，关机。

（2）当室外机正常使用时测试室内机

① 室内机单独与测试仪L、N、SI对应端子连接（与外机断开）。将室内机空调器L、N接入220V电源；由于室内机端子板输

出火线是继电器吸合后才有电源，如果存在通信故障，该继电器会在30s内断开，因此强调室内机和工装必须并接电源，且L、N保持一致。

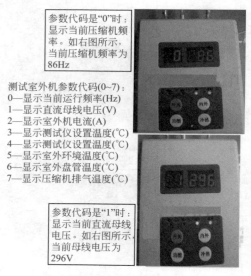

参数代码是"0"时：显示当前压缩机频率。如右图所示，当前压缩机频率为86Hz

测试室外机参数代码(0~7)：
0—显示当前运行频率(Hz)
1—显示直流母线电压(V)
2—显示室外机电流(A)
3—显示测试仪设置温度(℃)
4—显示测试仪设置温度(℃)
5—显示室外环境温度(℃)
6—显示室外盘管温度(℃)
7—显示压缩机排气温度(℃)

参数代码是"1"时：显示当前直流母线电压。如右图所示，当前母线电压为296V

图1-56 显示正常代码

② 按下测试仪上的"内外"键，此时测试室内机灯亮；按测试仪上"开关"键，遥控器开机，显示"00"。如没有通信故障，则功能区显示通信次数（1～99），表示室内机与测试仪通信的次数，数据区默认显示室内温度。按"功能"键显示盘管温度传感器的温度，再按则显示环境温度，如此循环。

③ 如果连续30s收不到室内机通信数据，测试仪则直接显示故障代码"IN"＋"故障代码"（图1-57），如显示"IN"＋"33"表示室内环境温度故障；如果室内机通信电路有故障，则直接显示"IN"＋"36"，此时按"功能"键读不出温度参数。

④ 进行以上测试步骤后，最后按"开关"键，关闭测试仪，断开电源，关机。

测试室内机的故障代码:

33—室内环境温度传感器故障
34—室内热交换器温度传感器故障
35—室内排水泵故障(特定机型)
36—通信故障(室内机-室外机)
37—通信故障(室内机-线控器)
38—室内E^{2}PROM故障
39—室内风机运转故障
40—格栅保护状态报警(柜机)
41—室内过零检测电路故障(挂机)

图1-57　显示故障代码

第十四节　压力表

一、压力表的种类

压力表（又称真空气压联合表、压力真空联程表）是以大气压力为基准，用于测量压力小于或大于大气压力的值的仪表，它是通过表内的敏感元件产生弹性形变，再由表内的转换机构将压力形变传导至指针，引起指针转动来显示压力。压力表的分类方法如下：

① 按其测量精确度可分为：精密压力表、一般压力表。精密压力表的测量精确度等级分别为0.1、0.16、0.25、0.4级；一般压力表的测量精确度等级分别为1.0、1.6、2.5、4.0级。

② 按其指示压力的基准不同可分为：一般压力表、绝对压力表、差压表。一般压力表以大气压力为基准；绝对压力表以绝对压力零位为基准；差压表测量两个被测压力之差。

③ 按其测量范围可分为：真空表、真空压力表和低压表（图1-58）、微压表、中压表及高压表。真空表用于测量小于大气压力的压力值；真空压力表用于测量小于和大于大气压力的压力

值；微压表用于测量小于60000Pa的压力值；低压表用于测量0～6MPa的压力值；中压表用于测量10～60MPa的压力值；高压表用于测量100MPa以上的压力值。

真空压力表　　低压表

图1-58　真空压力表与低压表

④ 按其显示方式可分为：指针压力表、数字压力表。

⑤ 按测量介质特性不同可分为：一般型压力表、耐腐蚀型压力表、防爆型压力表、专用型压力表。

二　压力表的使用

压力表主要是用来显示管路系统中充入制冷剂的多少或用来测量真空度，是维修空调器必备的工具，它有高压表、低压表（复合式压力表）和真空表几种。当空调器停止工作时，可以用压力表来测量空调器的均衡压力；当空调器正常运转时，可以用压力表来检测空调器的运行压力。通过测量压力的大小来判断制冷剂的多少从而作出正确的判断。

图1-59　压力表外形

在制冷技术中，常使用兆帕（MPa）为单位，而在压力表表盘上由里向外共有两圈数值刻度值（图1-59），指出两种压力数值，一种是用英制单位表示（以psi表示）的，一种是用国际单位制表示（以kgf/cm^{2}表示）的，它们之间的关系为：1kgf/cm^2=9.8×10^{4}Pa=

$0.098MPa \approx 14psi$。

（1）空调压力的测试　空调器有高、低压两个测试压力的工艺口，这两个工艺口和压力表高低压表口相对应。连接方法如图1-60所示，压力表蓝色表管（低压表/真空表）接在空调器的大管工艺口（低压管）上，压力表红色表管（高压表）接在空调器的小管工艺口（高压管）上。接好后待空调器压缩机启动，观看压力表的压力变化，低压压力在5～6kgf/cm²（70～85psi）、高压压力在16～20kgf/cm²（225～285psi）是正常的，若压力过低则说明制冷剂缺少，若压力过高则说明制冷剂充得过多。

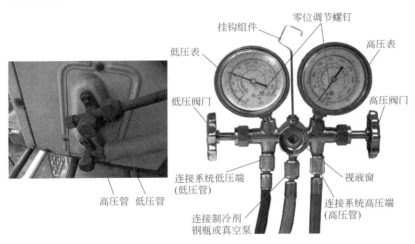

图1-60　压力表连接

（2）制冷管路测压查漏时的使用　对制冷管路测压查漏时，真空压力表的作用有三个：一是对制冷管路加注氮气；二是判断制冷管路有无漏点；三是放掉制冷管路中的氮气。

通过真空压力表对制冷管路加压时，先打开氮气瓶上的总阀门，再把氮气瓶连接到真空压力表管口上。然后依次打开真空压力表的阀门和氮气瓶带管的阀门，开始对制冷系统加注氮气，同时观察真空压力表的读数。当真空压力表读数达到要求值时（一般低压值为0.78MPa，高压值为1.176MPa），先关闭真空压力表上的阀门，再关闭氮气瓶带管的阀门，以切断氮气瓶与空调器制冷系统的管路。

通过真空压力表指示制冷管路的压力，即可判断制冷管路是否漏气。如果观察真空压力表24h后读数下降，则说明制冷管路有泄漏点。反之，如果读数没有下降，则说明制冷管路密封良好。

通过真空压力表放掉制冷管路中的氮气时，只需打开真空压力表的阀门即可。

（3）抽真空时的使用　在抽真空时，将真空压力表与真空泵连接好；打开真空压力表阀门，插上真空泵电源，这时真空泵开始抽真空，其具体步骤如下。

① 低压单侧抽真空：直接将压力表蓝色表管（低压表/真空表）接在空调的低压管上，再关闭红色表管（高压表）的高压阀门，再启动真空泵，随即打开低压阀门进行抽真空，同时要观察低压压力表的指针变化；当指针指在-0.06MPa位置（一般抽30min左右），将低压表的阀门关闭，切断真空泵电源。

② 高低压双侧抽真空：在空调高、低压管上分别接上管，然后进行抽真空。

③ 复式抽真空：对整个制冷系统进行两次以上的抽真空，以获得理想的真空度，经过一次抽真空后，制冷系统内部保持了一定的真空度。此时关闭高、低压表的阀门，去掉真空泵接上制冷剂钢瓶向系统内充注制冷剂（一般充1～2kg即可）；启动压缩机运转几分钟后，使系统内残存的气与制冷剂混合，再开启真空泵进行第二次抽真空，时间至少在半个小时以上，使系统内的气体减少，以达到规定的真空度。

（4）加注制冷剂时的使用　先将加液管与制冷剂储存瓶、真空压力表连接好（注意加液管与真空压力表的连接口不能拧紧），再打开制冷剂储存瓶阀门，在听到加液管口有气体吹出后，再拧紧加液管与真空压力表的连接口。然后打开压力表阀门，对制冷管路加注制冷剂。制冷剂加注完毕后，依次关闭真空压力表阀门和制冷剂储存瓶的阀门，然后才能插上空调器电源使压缩机工作。

 提示

在维修空调器的过程中选用压力表时，应根据被测压力范围选择合适的量程（适合空调器制冷系统使用的真空压力表量程为-0.1～2.5MPa），如测量制冷系统的高压排气压力应选用量程为0～2.4MPa的高压表；测量制冷剂系统的低压回气压力时一般选用量程为-0.1～1.0MPa的低压表（复合式压力表）；在测量制冷系统的真空度时，则应选用量程为-0.1MPa～0的真空压力表。

第十五节 真空泵

一 真空泵的种类

把气体从设备内抽吸出来，从而使设备内的压力低于一个大气压的机器叫真空泵。实际上，真空泵是一种气体输送机械，它把气体从低于一个大气压的环境中输送到大气中或与大气压力相同的环境中。

真空按压力范围可分为：粗真空、低真空、中真空、高真空、超高真空。粗真空压力范围为$133.322 \times 10 \sim 101.323 \times 10^3 Pa$（$10 \sim 760$mmHg）；低真空压力范围为$133.322 \times 10^{-2} \sim 133.322 \times 10$Pa（$10^{-2} \sim 10$mmHg）；中真空压力范围为$133.322 \times 10^{-4} \sim 133.322 \times 10^{-2}$Pa（$10^{-4} \sim 10^{-2}$mmHg）；高真空压力范围为$133.322 \times 10^{-7} \sim 133.322 \times$

$10^{-4}Pa$（$10^{-7} \sim 10^{-4}mmHg$）；超高真空压力范围为低于$133.322 \times 10^{-7}Pa$（$10^{-7}mmHg$）。

二、真空泵的使用

真空泵（图1-61）是用来抽去制冷系统内的空气和水分的。由于系统真空度的高低直接影响到空调器的质量，因此，在充注制冷剂之前，都必须对制冷系统进行抽真空处理。反之，当系统中含有水蒸气时，系统中高、低压的压力就会升高，在膨胀阀的通道上结冰，不但会妨碍制冷剂的流动，降低制冷效果，而且增加了压缩机的负荷，甚至还会导致制冷系统不工作，使冷凝器压力急剧升高，造成系统管道爆裂。

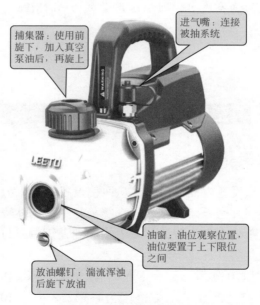

捕集器：使用前旋下，加入真空泵油后，再旋上

进气嘴：连接被抽系统

油窗：油位观察位置，油位要置于上下限位之间

放油螺钉：湍流浑浊后旋下放油

图1-61　真空泵外形结构

真空泵上有吸气口和排气口，使用时，吸气口通过真空管与三通修理阀压力表连接。抽真空的步骤如下。

① 将连接内外机的管道接好，上紧。

② 在气管（粗管）三通阀修理口处接上压力表连接真空泵（图1-62），先启动泵后再打开压力表阀门，抽真空开始后将压力抽到-0.1MPa，再抽15 ～ 20min，以压力表负压值为准。

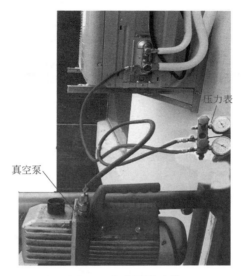

图1-62　真空泵的连接

③ 先关闭压力表阀门，再停止真空泵运行。观察压力表压力是否回升。

④ 用内六角扳手打开液管阀（细管二通阀1/4圈），约10s后关闭，用检漏枪或者肥皂水检测连接头等位置是否连接完好、有没有漏气现象。

⑤ 拆除压力表，把空调液管/气管阀门全部打开，开空调试机。

提示 -

新手使用真空泵时要注意油位变化，油位太低会降低泵的性能，油位太高则会造成油雾喷出。当油窗内油位降至单线油位线以下5mm或双线油位线下限以下时，应及时补加真空泵油。在安装或维修空调器时，一般选用排气量为2L/s且带有R410接头的变频空调专用真空泵。

第十六节 其他工具

一、胀管器

胀管器又称为扩管器，主要用来制作铜管的喇叭口和圆柱形口，胀管器的夹具分成对称的两半，夹具的一端使用销子连接，另一端用紧固螺母和螺栓紧固。两半对合后形成的孔按不同的管径制成螺纹状，目的是便于更紧地夹住铜管。

胀管器的使用方法如图1-63所示，首先将退火的铜管放入管钳相应的孔径内，铜管伸出夹管钳的长度随管径的不同而有所不同，管径大的铜管，胀管长度应大一点；管径小的铜管，胀管长度则小一点。对于ϕ8mm的铜管，一般胀管长度为10mm左右。

胀管器

图1-63　胀管器

拧紧夹管钳两端的螺母，使铜管被牢固地夹紧，插入所需口径的胀管头，顺时针缓缓旋转胀管器的螺杆，胀到所需长度为止。

二、割管刀

割管刀也称为割管器，是专门切断紫铜管、铝管等金属管的工具。在修理安装空调时，经常需要使用割管刀切割不同长度和直径的铜管。割管刀有不同的规格。

切割铜管时，需将铜管放到割管刀的两个滚轮之间，顺时针旋转进刀钮，将铜管卡在割刀与滑轮之间，然后边旋转进刀钮，边绕铜管旋转割管刀，如图1-64所示。

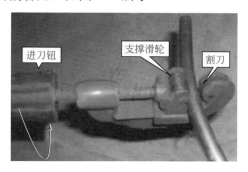

进刀钮　　支撑滑轮　　割刀

图1-64　割管刀

提示

旋转进刀钮时，用力一定要均匀柔和，否则可能会将铜管挤压变形；铜管切断后，还要用铰刀将管口边缘上的毛刺去掉，以防止铜屑进入制冷系统。

三、扭力扳手

扭力扳手是用来直接显示扭转力的扳手（图1-65）。

图1-65　扭力扳手

　　旋下手柄后盖的电池盖，装入电池，然后旋紧电池盖。短按"O/C"键，开启电源，液晶显示屏显示全部信息，扳手开始自检，数秒后自动复位归零。按"▼"键选择测量所用的单位，按"M"键选择测量所用的方式，然后进行测量。

第二章 «««««
元器件的识别与检测

第一节 熔断器件

一、熔断器件的识别

熔断器件在电子设备中为过电流保护元件，主要有普通保险管（熔断器）、高压保险管（熔断器）、贴片保险管（熔断器）、普通熔断电阻（保护电阻）、高温熔断电阻等几种，它们一般是串接在电路中的，在电路中出现过电流或过热等异常现象时，会立即切断电路而起到保护的作用，以防止故障进一步扩大。

1.保险管的识别

保险管也被称为熔断器（俗称保险丝），是一种安装在电路中保证电路安全运行的电气元件。当电路中电流异常升高到一定的值时，保险管自身熔断切断电流，从而起到保护电路安全运行的作用。熔断器常用符号"F"表示，其外形及在电路图中的电气符号如图2-1所示。

普通熔断器属于熔断后不可恢复型熔断器，在电路中起短路保护的作用，熔断后只能更换新的熔断器。它在电路中的文字符号为"F"或"FU"。

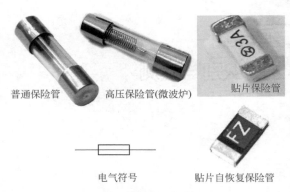

普通保险管　　高压保险管(微波炉)　　贴片保险管

电气符号　　　　贴片自恢复保险管

图2-1　熔断器电气符号

　　高压熔断器（热熔断器）也是一种不可恢复式过热保险元件，广泛应用于各类电炊具（如微波炉高压电路中的高压保险管）、电动机、电源变压器等电子产品中作超温保护。它由熔丝、弹簧、玻璃管、镀镍铜帽、焊锡等构成。

　　自恢复熔断器是一种限流型的保护元件，具有过电流、过热保护的功能，可以多次重复使用，也称为热保护器。

　　熔断型贴片保险管（贴片熔断器）与通常使用的熔断器功能基本相同，它在额定的电流下（电路正常时）能正常工作，当电路出现故障达到或超过熔断电流值时熔断，避免故障进一步扩大，从而保护电路。随着电子元器件的小型化和贴片化，熔断器也随之走向小型贴片化，贴片式熔断器的应用愈来愈广，它们在电脑及外设接口、平板电视、手机、汽车电子电路及电池组等的过流保护中已大显身手。与贴片二极管、贴片三极管和贴片IC等元件一样，贴片熔断器目前还没有统一标定方法，所以各生产厂家采用的代码各异。有时甚至还出现同厂家用同一种代码（在不同系列中）代表不同额定电流的现象。

2.熔断电阻器的识别

　　熔断电阻器是一种具有电阻器和熔断器双重作用的特殊元件，

当电路正常工作时，它起一个电阻的作用；当电路出现故障时，流过熔断电阻器的电流大到一定程度时，熔断电阻器迅速地熔断，起到过流熔断器的作用。它在电路中用字母"RF"或"R"表示，其外形及在电路图中的电气符号如图2-2所示。熔断电阻器可分为可恢复式熔断电阻器和一次性熔断电阻器两种。

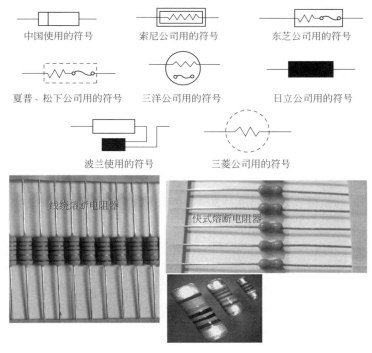

中国使用的符号　　　　索尼公司用的符号　　　　东芝公司用的符号

夏普、松下公司用的符号　　三洋公司用的符号　　　日立公司用的符号

波兰使用的符号　　　　三菱公司用的符号

线绕熔断电阻器

快式熔断电阻器

图2-2　熔断电阻器

可恢复式熔断电阻器是将普通电阻器（或电阻丝）用低熔点焊料与弹簧式金属片（或弹性金属片）串联焊接在一起后，再密封在一个圆柱形或方形外壳中。

一次性熔断电阻器也称不可恢复型熔断电阻器，按电阻体使用材料可分为线绕式熔断电阻器和膜式熔断电阻器。它在电路正常工作时起固定电阻器的作用，当其工作电流超过额定电流时，熔断电阻器将会像熔断器一样熔断，对电路进行保护。一次性熔断电阻器熔断后，无法进行修复，只能更换新的熔断电阻器。

二、熔断器件的检测

（一）熔断器的检测

1. 普通熔断器与热熔断器的检测

普通熔断器和热熔断器是否熔断，可以通过直接检查和万用表测量来判断。普通熔断器熔断后，一般从玻璃管外面可以看到其内部熔丝已熔断的痕迹，而热熔断器从外观上很难判断其是否熔断，只能用万用表来测量。测量时，可用万用表的 $R×1$ 挡，两表笔分别接触熔断器的两端。正常的普通熔断器和热熔断器，电阻值均接近0。若测的电阻值为无穷大，则说明该熔断器已熔断。

2. 可恢复式熔断器的检测

正常的可恢复式熔断器在常温下电阻值较小。阻抗值范围为 $0.02 \sim 5.5\Omega$（阻抗值与触发电流成反比）。在过电流保护动作后，其阻值变为无穷大，电流恢复正常后，熔断器也会自动由高阻状态变为低阻状态。检测时，在常温下可以用万用表的 $R×1$ 挡测量可恢复式熔断器的电阻值，若测得熔断器的阻值增大或为无穷大，则说明该熔断器已损坏。

（二）熔断电阻器的检测

熔断电阻器好坏的判定方法有很多种，常用的有以下几种。

1. 观察法

在电路中，当熔断电阻器熔断开路后，可根据经验作出判断：若发现熔断电阻器表面发黑或烧焦，则可断定是其负荷过大，通过它的电流超过额定值很多倍所致；如果其表面无任何痕迹而开路，则表明流过的电流刚好等于或稍大于其额定熔断值。

2. 指针式万用表检测法

将万用表置于 R×1 挡，然后将两支表笔分别接在电阻器的两端引脚上，若测得的阻值为无穷大，则说明此熔断电阻器已失效开路；若测得的阻值与标称值相差甚远，则表明电阻变值，也不宜再使用。在维修实践中发现，也有少数熔断电阻器在电路中被击穿短路的现象，检测时也应予以注意。

3. 数字式万用表检测法

如图 2-3 所示，将万用表的挡位旋钮置于电阻挡（Ω挡），再按被测电阻标称的大小选择量程，然后将两表笔分别搭在待测熔断电阻器两端的引脚上，若测得的阻值为无穷大或远大于它的标称阻值，则说明该熔断电阻器损坏；若测得的阻值等于或接近它的标称阻值，则说明所测熔断电阻器正常。

图2-3　数字式万用表检测熔断电阻器

第二节　电阻器

一、电阻器的识别

1. 电阻器的作用

电阻器简称电阻，是一种在电路中对电流产生阻力和功耗的元器件，是电气、电子设备中使用最广泛的基本元器件之一。在电路中，电阻器的主要作用是控制电压和电流（即起降压、分压、分流、隔离、匹配和信号幅度调节的作用）及与其他元器件配合，组成耦合、滤波、反馈、补偿等各种不同功能的电路。

2.电阻器图形符号及单位

电阻器在电路图中用字母R表示,常用的图形符号如图2-4所示。电阻的单位为欧姆(Ω),还有较大的单位为千欧(kΩ)和兆欧(MΩ)等,其之间的换算关系为:1mΩ(毫欧)= 0.001Ω,1kΩ = 1000Ω,1MΩ = 1000kΩ,1GΩ(吉欧)= 10^9Ω,1TΩ(太欧)= 10^{12}Ω。

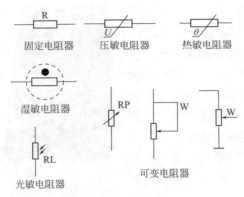

图2-4　电阻器电路符号

3.电阻器的种类

电阻器根据电阻体的阻值特性可分为三大类,即固定电阻器、特殊电阻器、可变电阻器,如图2-5所示。固定电阻器是指阻值不能调节的电阻器。可变电阻器是指阻值能够调节的电阻器。

4.电阻器阻值的标识

电阻器的阻值标法通常有色标法和数字法两种。

(1)数字表示法　辨认时数字的前两位为有效数字,而第三位为倍率。例如:101表示100Ω的电阻;102表示1kΩ的电阻;103表示10kΩ的电阻;104表示100kΩ的电阻;106表示10MΩ的电阻;107表示100MΩ的电阻;334表示33×10^4Ω = 330kΩ;275

表示27×10⁵Ω =2.7 MΩ；223 表示22×10³Ω = 22kΩ。

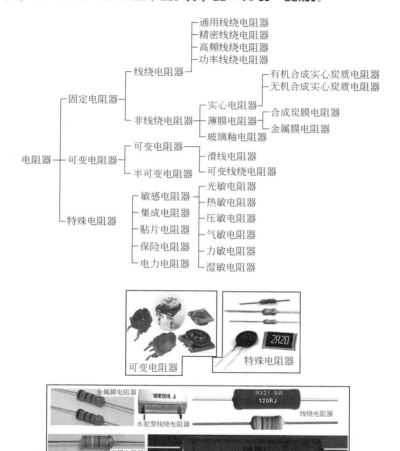

图2-5 电阻器的外形与分类

（2）色标表示法 色标法是用不同颜色的带或点在电阻体上标出标称阻值和允许偏差，可分为色环法与色点法，其中最常用的是色环法。色环法在一般的电阻上比较常见，如表2-1所示为各种色环代表的数值。

表 2-1　各种色环代表的数值

颜色	数值	倍率	误差/%	温度系数/10⁻⁶℃⁻¹
棕	1	10	±1	100
红	2	10^2	±2	50
橙	3	10^3	—	15
黄	4	10^4	—	25
绿	5	10^5	±0.5	—
蓝	6	10^6	±0.25	10
紫	7	10^7	±0.1	5
灰	8	10^8	±0.05	—
白	9	10^9		1
黑	0	1		
金	—	10^{-1}	±5	
银		10^{-2}	±10	
无色	—	—	±20	—

其中，根据色环的环数多少，又分为四色环表示法与五色环表示法（图2-6）。当电阻为四环时，最后一环必为金色或银色，前两位为有效数字，第三位为倍率，第四位为偏差；当电阻为五环时，最后一环与前面四环距离较大，前三位为有效数字，第四位为倍率，第五位为偏差。

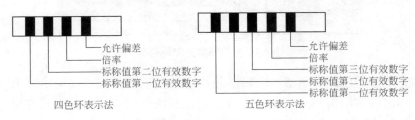

图2-6　四色环表示法与五色环表示法

色环电阻是固定电阻的一种，它目前可采用手机APP自动识别，比实物识别更加简单方便。从手机应用商店中下载色环电阻APP，如图2-7所示。打开APP，输入相应的颜色即可查到参数，如图2-8所示。

图2-7 从手机应用商店中下载APP

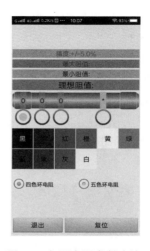

图2-8 色环电阻参数查询

电阻器的检测

（一）固定电阻器的检测

用指针式万用表检测固定电阻时，首先将挡位旋钮置于电阻挡（Ω挡），然后按被测电阻标称的大小选择量程（一般100Ω以下的电阻器可选"$R×1$"挡，100Ω ～ 1kΩ的电阻器可选"$R×10$"挡，1 ～ 10kΩ的电阻器可选"$R×100$"挡，10 ～ 100kΩ的电阻器可选"$R×1k$"挡，100kΩ以上的电阻器可选"$R×10k$"挡），再接着对万用表电阻挡位进行欧姆调零，最后再将万用表两支表笔

（不分正负）分别和电阻器的两端相接，表针应指在相应的阻值刻度上，如果表针不动和指示不稳定或指示值与电阻器上的标示值相差很大，则说明该电阻器已变值。

用数字式万用表检测固定电阻器：如图2-9所示，将万用表的挡位旋钮置于电阻挡（Ω挡），然后按被测电阻标称的大小选择量程（一般200Ω以下的电阻器可选"200"挡，200Ω～2kΩ的电阻器可选"2k"挡，2～20kΩ的电阻器可选"20k"挡，20～200kΩ的电阻器可选"200k"挡，200kΩ～2MΩ的电阻器选择"2M"挡，2～20MΩ的电阻器选择"20M"挡，20MΩ以上的电阻器选择"200M"挡），再将万用表的两个表笔分别和电阻器的两端相接，显示屏上显示一个数字，然后交换万用表表笔再测，第一次测得的值与第二次测得的值应相同，若相差很大则说明该电阻器已损坏；另外若测试时显示屏上显示"0"或显示屏上显示的数字在不停地变动，也说明该电阻器已损坏。

第一次测试值　　　　第二次测试值

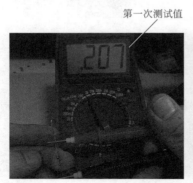

图2-9　数字式万用表检测电阻器

检测电阻器的操作方法一般有观察法和万用表法，其具体操作方法如下。

（1）观察法　直接观看引线是否存在折断、电阻体是否烧焦

等作出判断。

（2）万用表法

① 指针式万用表检测电阻器　用指针式万用表检测电阻器的方法分为四个步骤，即：初步估计性测量，选择合适的倍率挡→欧姆调零→测量→读数。具体操作方法如图2-10、图2-11所示。

② 数字式万用表检测电阻器　采用数字式万用表测量电阻的方法如图2-12所示。测量之前先断开电路电源并将所有高压电容器放电，以防止在测试时损坏万用表或设备。

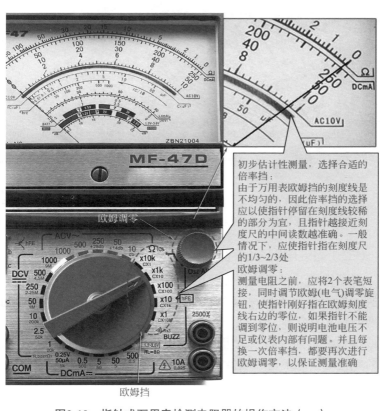

初步估计性测量，选择合适的倍率挡：
由于万用表欧姆挡的刻度线是不均匀的，因此倍率挡的选择应以使指针停留在刻度线较稀的部分为宜，且指针越接近刻度尺的中间读数越准确。一般情况下，应使指针指在刻度尺的1/3~2/3处

欧姆调零：
测量电阻之前，应将2个表笔短接，同时调节欧姆（电气）调零旋钮，使指针刚好指在欧姆刻度线右边的零位，如果指针不能调到零位，则说明电池电压不足或仪表内部有问题。并且每换一次倍率挡，都要再次进行欧姆调零，以保证测量准确

欧姆调零

欧姆挡

图2-10　指针式万用表检测电阻器的操作方法（一）

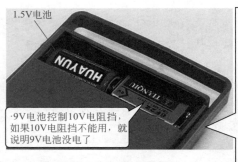

1.5V电池

·9V电池控制10V电阻挡，如果10V电阻挡不能用，就说明9V电池没电了

测量：
- 将万用表的两个表笔(不分正、负)分别接被测电阻器的两端，或跨接于被测电路的两端进行测量
- 测量电路板上的在路电阻器时，应将被测电阻器的一端从电路板上焊开，然后再进行测量。否则由于电路中其他元器件的影响，测得的电阻值误差很大。应该注意的是，测量电路中的电阻器时应先切断电源，如电路中有电容应先行放电
- 由于万用表的电阻挡必须使用直流电源，因此，使用前应给万用表装上电池读数：
- 表头的读数乘以倍率，就是所测电阻器的电阻值
- 若量程转换开关置于"×1"挡，则电阻读数为：6×1=6Ω
- 若量程转换开关置于"×10"挡，则读数为：6×10=60Ω
- 若量程转换开关置于"×100"挡，则读数为：6×100=600Ω
- 若量程转换开关置于"×1k"挡，则读数为：6×1k=6kΩ
- 若量程转换开关置于"×10k"挡，则读数为：6×10k=60kΩ

图2-11 指针式万用表检测电阻器的操作方法（二）

（二）可变电阻器的检测

用指针式万用表检测可变电阻器时，应先用万用表测两个固定脚间的阻值等于标称值，再分别测固定脚与可调脚间的阻值，若两阻值之和等于标称值，则说明该电阻正常；若阻值大于标称值或不稳定，则说明该电阻变值或接触不良。实际中，可变电阻器的氧化是接触不良和阻值不稳定的主要原因。

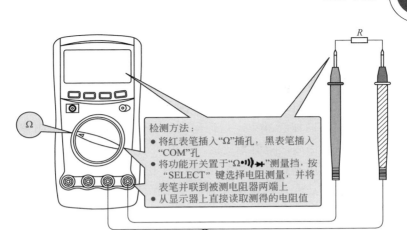

检测方法：
● 将红表笔插入"Ω"插孔，黑表笔插入 "COM"孔
● 将功能开关置于"Ω•))→+"测量挡，按 "SELECT"键选择电阻测量，并将 表笔并联到被测电阻器两端上
● 从显示器上直接读取测得的电阻值

检测技巧及注意事项：
● 如果被测电阻器开路或阻值超过仪表 最大量程时，显示器将显示"OL"或数 字"1"
● 当测量在线电阻器时，在测量前必须 先将被测电路内所有电源关断，并将 所有电容器放尽残余电荷，才能保证 测量正确
● 在低阻测量时，表笔会带来约0.1~0.2Ω 的测量误差。为获得精确读数可以利 用相对测量功能，首先短路输入表笔 再按"REL△"键，待仪表自动减去表 笔短路显示值后再进行低阻测量
● 如果表笔短路时的电阻值不小于0.5Ω， 应检查表笔是否有松脱现象或其他原 因
● 测量1MΩ以上的电阻时，可能需要等 几秒钟后读数才会稳定。这对于高阻 的测量来说是正常的。为了获得稳定 读数尽量选用短的测试线
● 不要输入高于直流60V或交流30V以上 的电压，避免人身伤害
● 在完成所有的测量操作后，要断开表 笔与被测电路的连接

图2-12　数字式万用表检测电阻器的操作方法

（三）热敏电阻器的检测

检测热敏电阻器时，可采用人体加温检测和电烙铁加温检测 两种方法进行。

1. 人体加温检测

使用万用表电阻挡，根据被检测电阻器的标称值定挡位，为 了防止万用表的工作电流过大，流过热敏电阻时发热而使阻值改 变，可采用鳄鱼夹代替表笔分别夹住热敏电阻器两引脚，测量出 电阻值，然后捏住热敏电阻器，此时指针会随着温度的升高而向

右摆动，表明电阻在逐渐减小，当减小到一定数值时，指针摆动。这种现象说明被测热敏电阻器是好的。

2.电烙铁加温检测

检测方法如图2-13所示，将加热后的电烙铁靠近热敏电阻器，温度升高阻值同样会减小，指针向右移，说明被测热敏电阻器是好的。如果加热后，阻值无变化，则说明该热敏电阻器性能不良，不能再使用。用指针式万用表检测热敏电阻器时不仅需要在室温状态下测量，还要在确认室温阻值正常后为其加热，检测它的热敏性能是否正常。

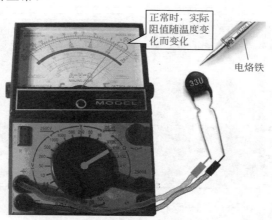

正常时，实际阻值随温度变化而变化

电烙铁

图2-13　电烙铁加温检测热敏电阻器

用万用表检测负温度系数热敏电阻器时应注意以下几点：①使用电烙铁加温时，电烙铁与电阻器不要靠得太近，防止电阻器因过热而损坏；②使用的万用表内的电池必须是新换不久的，而且在测量前应调好欧姆零点；③如果测量电阻值，注意不要用手捏住电阻体，以防止人体温度对测试产生影响；④电阻器上的标称值与所测得的阻值有一定的误差。

（四）贴片电阻器的检测

1. 在路检测贴片电阻器

测量前需要将电路板上的电源断开，用毛刷清洁贴片电阻器两端焊点，这样可以使测量的值更加准确；根据电阻值的标注阻值调整数字式万用表的挡位（例如贴片电阻器标注为221，它的阻值应为220Ω，此时可将万用表置于 $R \times 10$ 欧姆挡）；然后用万用表的红、黑笔分别搭接在电阻器的两端焊点上，记下所测的阻值；接下来将红、黑表笔互换位置再次测量，同样记下所测阻值；测量完后取两次测量值中较大的阻值作为参考值，然后与电阻器的标称值进行比较；若所测的电阻值接近正常值，则说明该贴片电阻器正常，反之则说明该贴片电阻器损坏，如图2-14所示。

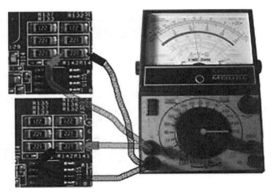

图2-14　在路检测贴片电阻器

2. 开路检测贴片电阻器

将贴片电阻器先从电路中卸下，然后清洁电阻器的焊点；根据电阻器的标注，读出电阻器的阻值；接着将万用表的红、黑表笔分别接在电阻器的两端焊点上观察其阻值，然后与标称值进行比较；若阻值接近正常值，则说明该电阻器正常，反之则说明该贴片电阻器损坏，如图2-15所示。

图2-15　开路检测贴片电阻器

第三节　电容器

一、电容器的识别

1. 电容器的作用

电容器也称电容（图2-16），是以储存电荷为特征、能隔断直流而允许交流通过的电子元件。电容是各类电子设备大量使用的基本元件之一，在电子设备中充当整流器的平滑滤波、电源和退耦、交流信号的旁路、交直流电路的交流耦合等的电子元件。

图2-16　电容器

提示

微波炉中的高压电容器的作用是与高压二极管组成半波倍压整流电路，为磁控管提供直流阳极高压。风扇电动机中的电容器的作用是在不增加启动电流的情况下增加电动机的启动转矩，使

电动机转子顺利转动。启动电容是让单相电动机的启动线圈在启动时通电、启动后切断；运行电容是让电动机在运行中起到电容补偿，所以启动电容不能少，而运行电容可以不用。

-----

2. 电容器的电路图形符号及单位

电容器在电路图中用字母C表示，其常用的电路图形符号如图2-17所示。电容量是电容器的基本参数之一，用来表示储存电荷能力的大小，单位为法拉，用符号"F"表示。由于1法拉（1F）电容量较大，通常小容量时采用毫法（mF）、微法（μF）、纳法（nF）、皮法（pF）表示。其之间的换算关系：$1F = 10^3mF = 10^6μF$，$1μF = 10^3nF = 10^6pF$。

固定电容器　　可变电容器　　微调电容器　　电解电容器

图2-17　电容器的电路图形符号

3. 电容器的种类

电容器按其可调节性可分为固定电容器、可变电容器及微调电容器三类，其中使用最多的是固定电容器。电容量固定的电容器叫作固定电容器，根据介质的不同可分为陶瓷电容器、云母电容器、纸质电容器、薄膜电容器、电解电容器等几种。可变电容器常见的有空气介质电容器和塑料薄膜电容器。微调电容器又叫作半可变电容器，常用的有空气介质微调电容器、陶瓷介质微调电容器及有机薄膜介质微调电容器等。图2-18所示为电容器的种类及外形。

4. 电容器容量的标示法

在使用电容器时，其主要参数（容量、耐压值等）均标注在电容器上，以供识别。以下为几种电容器参数的标示方法。

（1）直标法 用数字和单位符号直接标出，是将电容器的容量、耐压值及误差直接标注在电容器的电容体上，其误差通常用字母表示。如"01μF"表示0.01μF，有些电容用"R"表示小数点，如"R56"表示0.56μF。另外，还有不标容量单位的直标法，当用1～4位大于1的数表示电容量时，单位为pF；用零点几的数字表示电容量时，其单位是μF，如图2-19所示。

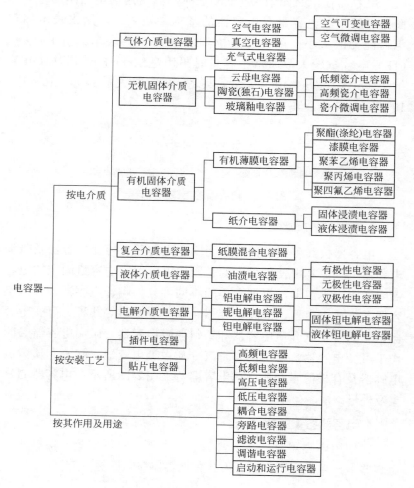

半可调电容器

可变电容器

电动机启动电容器

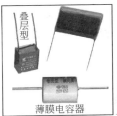

叠层型

薄膜电容器

双极性固体电解质钽电容器

非固体电解质钽电容器

云母电容器

军用微型固体电解质钽电容器

电解电容器

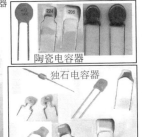

陶瓷电容器

独石电容器

高压电容器

图2-18 电容器的种类与外形

6.2
6.2pF

82
82pF

0.01
0.01μF

0.022
0.022μF

图2-19 直标法

提示 -

当电容器所标容量无单位时，其容量在 $1 \sim 10^4$ 之间时，单位为pF；其容量大于 10^4 时，单位为μF。

（2）文字符号法（也称数字符号法） 用数字和文字符号有规律的组合来表示容量，其具体方法是：容量的整数部分、容量的单位符号、容量的小数部分。容量的单位用符号F（法）、m（毫法）、μ（微法）、n（纳法）、p（皮法）表示。例如：p10表示0.1pF，1p0表示1pF，6p8表示6.8pF，2μ2表示2.2μF，2n2表示2.2nF（2200pF），4m7表示4.7mF（4700μF）。

（3）色标法 用色环或色点表示电容器的主要参数。电容器的色标法与电阻器色标法类似，第一、二环表示电容量的有效数字，第三环表示10的倍率，第四、五环表示误差及耐压值等，其具体色标含义如表2-2所示。

表2-2 色标电容的色标含义

颜色	数值	倍率	误差/%	工作电压/V
棕	1	10	±1	6.3
红	2	10^2	±2	10
橙	3	10^3	—	16
黄	4	10^4	—	25
绿	5	10^5	±0.5	32
蓝	6	10^6	±0.25	40
紫	7	10^7	±0.1	50
灰	8	10^8	±0.05	63
白	9	10^9	—	
黑	0	1	—	4
金	—	10^{-1}	±5	—
银	—	10^{-2}	±10	—
无色	—	—	±20	

（4）数码法 数码法是用三位数字在电容器上标注容量的大小的方法，单位为pF。其中，前两位是容量的有效数值，第三位是倍率，举例如图2-20所示。

图2-20 数码法

 提示

如果第三位是 "9"，则表示倍率为 10^{-1}，例如：229表示电容量为 $22 \times 10^{-1} = 2.2pF$。

二、电容器的检测

（一）固定电容器的检测

对于容量在 $0.01\mu F$ 以上的固定电容器，可用指针式万用表 $R \times 10k$ 挡直接测试电容器有无充电过程以及有无内部短路或漏电，并可根据指针向右摆动的幅度大小估计出电容器的容量。测试方法如图2-21所示。

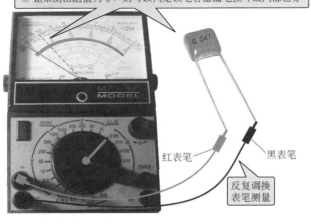

图2-21 容量在 $0.01\mu F$ 以上固定电容器的检测

对于容量在10pF以下的小电容器，因电容器容量太小，故用万用表进行测量，只能检查其是否有漏电、内部短路或击穿现象。测试方法如图2-22所示。

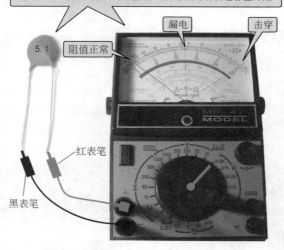

检测方法：
① 若表笔接通瞬间，万用表的指针向右微小摆动，然后又回到无穷大处，调换表笔后，再次测量，指针也向右摆动后返回无穷大处，则可以判断该电容正常
② 若表笔接通瞬间，万用表的指针摆动至"0"附近，则可以判断该电容被击穿或严重漏电
③ 若表笔接通瞬间，指针摆动后不再回至无穷大处，则可判断该电容器漏电
④ 若两次万用表指针均不摆动，则可以判断该电容已开路

漏电

击穿

阻值正常

红表笔

黑表笔

图2-22 容量在10pF以下电容器的检测

 提示

数字式万用表检测电容器的操作方法如下：对于普通数字式万用表来说，并不是所有电容器都可测量，要依据数字式万用表的测量挡位来确定。数字式万用表的电容挡一般只能测量容量在20μF或200μF以内的电容器，容量超过20μF或200μF的电容器应采用电容表或指针式万用表进行检测。测量大容量电容器时，读数

时要注意，显示屏显示稳定的数值需要一定的时间；另外，检测电容器时应尽可能使用短连接线，以减少分布电容带来的测量误差。

新型数字万用表测量电容器的容量时，无需将电容器插入专用的插孔内，直接用表笔接电容的引脚就可以测量，使测量电容值和测量电阻值一样简单，如图2-23所示。

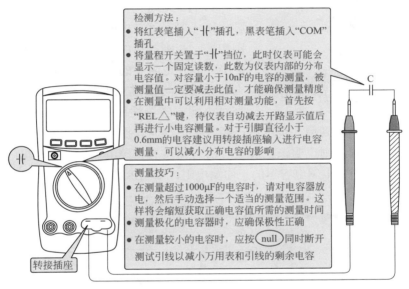

检测方法：
- 将红表笔插入"╫"插孔，黑表笔插入"COM"插孔
- 将量程开关置于"╫"挡位，此时仪表可能会显示一个固定读数，此数为仪表内部的分布电容值。对容量小于10nF的电容的测量，被测量值一定要减去此值，才能确保测量精度
- 在测量中可以利用相对测量功能，首先按"REL△"键，待仪表自动减去开路显示值后再进行小电容测量。对于引脚直径小于0.6mm的电容建议用转接插座输入进行电容测量，可以减小分布电容的影响

测量技巧：
- 在测量超过1000μF的电容时，请对电容器放电，然后手动选择一个适当的测量范围。这样将会缩短获取正确电容值所需的测量时间
- 测量极化的电容器时，应确保极性正确
- 在测量较小的电容时，应按 (null) 同时断开测试引线以减小万用表和引线的剩余电容

C

转接插座

图2-23　数字式万用表检测电容器的操作方法

（二）电解电容器的检测

检测电解电容器可分开路和在路两种方法。对电解电容器进行开路检测，主要是通过指针式万用表对其漏电阻值的检测来判断电解电容器性能的好坏。开路检测电解电容器的具体操作方法及步骤如下。

① 将电解电容器从电路板上卸下，并对其引脚进行清洁，观察电解电容器是否完好、引脚有无烧焦或折断等迹象。

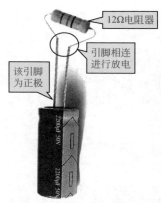

图2-24 使用电阻对电解电容器进行放电操作

② 在检测之前，要对待测电解电容器进行放电，以免电解电容器中存有残留电荷而影响检测结果。对电解电容器放电可选用阻值较小的电阻，将电阻的引脚与电容器的引脚相连即可，如图2-24所示。

③ 将红表笔与电解电容器的负极引脚相接，黑表笔与电解电容器的正极引脚相接。在刚接通的瞬间，万用表的指针会向右（电阻小的方向）摆动一个较大的角度，可通过观察以下几种情况，来对电解电容器性能的好坏加以判断。

若指针摆动到最大角度后，接着又逐渐向左摆，然后停止在一个固定位置，则说明该电解电容器有明显的充放电过程，所测得的阻值即为该电解电容器的正向漏电阻，如图2-25所示。

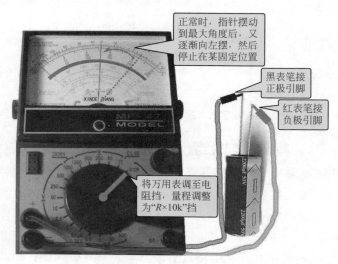

图2-25 检测电解电容器的操作方法（一）

④ 若指针的最大摆动幅度与最终停止位置间的角度小，则说明该电解电容器漏电，如图2-26所示。

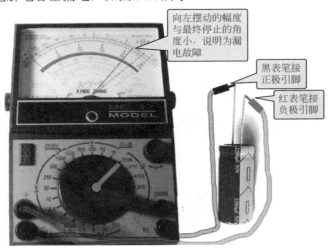

向左摆动的幅度与最终停止的角度小，说明为漏电故障

黑表笔接正极引脚

红表笔接负极引脚

图2-26 检测电解电容器的操作方法（二）

⑤ 若指针无摆动，万用表读数趋于零，则说明该被测电解电容器已被击穿或短路，如图2-27所示。

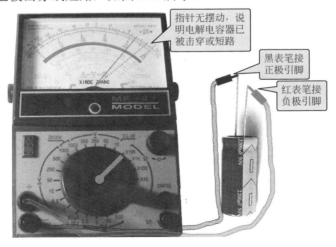

指针无摆动，说明电解电容器已被击穿或短路

黑表笔接正极引脚

红表笔接负极引脚

图2-27 检测电解电容器的操作方法（三）

⑥ 若表笔接触引脚后，指针未摆动，则说明该电容器的电解液已干涸，失去电容量，如图2-28所示。

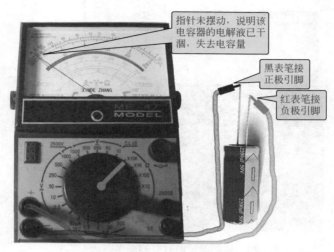

图2-28　检测电解电容器的操作方法（四）

　　电解电容器的容量较一般固定电容器大得多，当被测电容器存储电荷时，应先将存储的电荷放掉，以免损坏万用表或电击伤人。被测电容器存储电荷较多时，可用电烙铁的插头碰触电容器的引脚，利用电烙铁的内阻将电压释放掉，这样可减小放电电流；若电容器存储的电荷较少，可用万用表表笔或螺丝刀的金属部位短接电容器的两个引脚，将存储的电荷直接放掉。

（三）可变电容器的检测

　　可变电容器的容量通常都较小，主要是检测电容器动片和定片之间是否有短路情况。检测方法如图2-29所示。

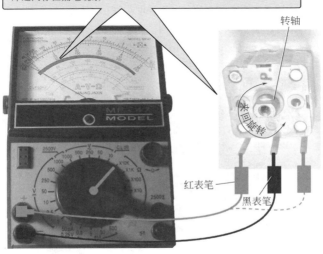

检测方法：
(1) 用手缓慢旋转转轴，应感觉十分平滑，不应有时松时紧甚至卡滞现象。将转轴向前、后、上、下、左、右各方向推动时，转轴不应有摇动
(2) 转轴与动片之间接触不良的可变电容器，不能继续使用
(3) 将万用表置于 $R×10k$ 挡，一只手将两个表笔分别接可变电容器的动片和定片的引出端，另一只手将转轴缓慢来回转动，万用表的指针都应在无穷大位置不动。如果指针有时指向零，则说明可变电容器的动片和定片之间存在短路点；如果旋至某一角度，万用表读数不是无穷大而是有限阻值，则说明可变电容器动片和定片之间存在漏电现象

转轴

红表笔

黑表笔

来回旋转

图2-29 可变电容器的检测

（四）空调压缩机电容器的检测

空调压缩机电容器的损坏，主要是被击穿或容量变小，检测时可按以下方法进行。

1.外观检查

若发现外壳变形、凸包、开裂、漏液等，则说明该电容器已损坏，不能再使用。更换电容器尽可能用原规格型号，不可随意取低。

2.容量检查

电容器容量会因使用环境恶劣和随着时间的延长而衰减，一般衰减量大于20%就会出现启动困难、启动电流大、启动时间长等现象；特别是当电源电压低于20%时，就会出现启动跳停、过流保护，甚至烧坏压缩机。因此，当出现启动困难、启动时间过长、瞬间跳停等现象时，首先检查电容器。

3.测量方法

用数字式万用表电容挡或专用电容器测量仪测量。用指针式万用表电阻挡粗略测量充放电时间：红、黑表笔分别接触电容器两极（图2-30），若表针迅速上升又缓慢降回原位，则说明电容器良好；若表针不上升或上升后回不到原位则说明该电容器损坏。

图2-30　检测压缩机电容器

（五）风扇电动机电容器的检测

检查风扇电动机电容器是否损坏，可按如下操作方法进行：首先将电容器一端断开；用万用表的 $R×100$ 或 $R×1k$ 挡，将表笔接触到电容器的两极；若万用表的指针先指到低阻值，然后返回到高阻值，则说明电容器有充、放电能力；若表针不能回到无穷大值，则说明电容器已漏电或短路，应更换电容器。

（六）高压电容器的检测

高压电容器（图2-31）就是耐高电压的电容器。高压电容器的常见故障有：电容器极间短路、电容器极壳短路、电容器烧毁或击穿。判断高压电容器的好坏可借助于万用表，方法是测量电容器的电阻值，其具体步骤如下。

如图2-32所示，将万用表置于 $R×10k$ 挡，两表笔接在电容器两极上，测其阻值。电容器正常时，指针可在短时间内连续变化，最后读数为 9 ～ 12MΩ（即刚接上电容器时，由于电容器无电作用，瞬间万用表读数会为零或阻值很小，之后万用表指针又慢慢增大至 9MΩ）；然后将两表笔反接，指针又从零慢慢指向9MΩ左右。若电容器短路，则表的读数为0；若电容器开路，指针不摆

图2-31　高压电容器

动，则表的读数为 9 ～ 12MΩ。将万用表置于 $R×10k$ 挡，两表笔接电容器任一极与外壳，测其绝缘电阻值，正常应为无穷大，反之应更换电容器。

图2-32　高压电容器的检测

第四节 电感器

一、电感器的识别

1.电感器的作用

电感器也称电感线圈或扼流器，简称电感，即用绝缘导线在绝缘骨架上单层或多层绕制的各种线圈，是一种非线性元件，是将电能转换成磁能并储存起来的元件。电感器是组成电路的基本元件之一，在交流电路中作阻流、降压、耦合及负载用；电感器与其他元件（如电容器）配合时，可以作调谐、滤波、选频、退耦等用。

2.电感器的图形符号及单位

电感器在电路图中常用字母符号"L"后面再加数字来表示，例如"L3"表示其编号为"3"的电感器。电感的单位亨利，简称亨，用字母H表示。比亨小的单位有毫亨（mH）和微亨（μH）等，其换算公式：$1H = 10^3 mH = 10^6 \mu H$。电感器的电路符号如图2-33所示。

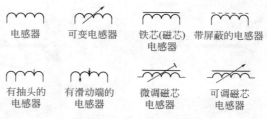

电感器　　可变电感器　　铁芯(磁芯)　　带屏蔽的电感器
　　　　　　　　　　　　电感器

有抽头的　　有滑动端的　　微调磁芯　　可调磁芯
电感器　　　电感器　　　电感器　　　电感器

图2-33　电感器的电路符号

3.电感器的种类

电感是用线圈制作的，它的外形有很多种（图2-34）：有的像电阻，有的像晶体二极管，有的一看上去就是线圈。电感器件的种类繁多，如根据电感器封装形式可分为普通电感器、色码电感器、环氧树脂电感器、贴片电感器；按应用在具体电器上可分为液晶彩电的升压变压器、微波炉的高压变压器、电磁炉的线盘等。

直插电感器　　　　环形电感器　　　可调电感器　　微波炉高压变压器

贴片电感器

液晶电视升压变压器

色码电感器　　　　　　共模电感滤波器　　　　　电磁炉线圈盘

图2-34　电感器外形

4.电感器电感量的标识

大体积的电感器，其标称电流、电感量均标注在电感器外体上。电感量大小与线圈的圈数、绕制方式及磁芯材料等因素有关，与电流大小无关；一般情况下，圈数越多，绕制的线圈越集中，电感量越大；线圈内有磁芯的比无磁芯的电感量大。通常来说，类似电阻器的色码电感器能直接读出电感值，因为这种有色环（表2-3），其他类型的电感器则没有色环；还有贴片电感器的外形和数字标识型贴片电阻器是一样的。

表2-3　色码电感器上的色环颜色代表的数值

颜色	第一色环	第二色环	第三色环	第四色环
黑	0	0	$\times 10^0$（1）	M：±20%
棕	1	1	$\times 10^1$（10）	
红	2	2	$\times 10^2$（100）	
橙	3	3	$\times 10^3$（1000）	

颜色	第一色环	第二色环	第三色环	第四色环
黄	4	4	$\times 10^4$（10000）	
绿	5	5	$\times 10^5$（100000）	
蓝	6	6	$\times 10^6$	
紫	7	7	$\times 10^7$	
灰	8	8	$\times 10^8$	
白	9	9	$\times 10^9$	
金	—	—	$\times 10^{-1}$（0.1）	J：$\pm 5\%$
银	—	—	$\times 10^{-2}$（0.01）	K：$\pm 10\%$

二、电感器的检测

（一）普通电感器的检测

电感器的电感量通常是用电感电容表或具有电感测量功能的专用万用表来测量，普通万用表无法测出电感器的电感量。用指针式万用表和数字式万用表分别检测电感器的方法如下。

1.指针式万用表检测电感器

普通的指针式万用表不具备专门测试电感器的挡位，用这种万用表只能大致测量电感器的好坏。具体检测方法如图2-35所示。

对于具有金属外壳的电感器（如中周），若检测其振荡线圈的外壳（屏蔽罩）与各引脚之间的阻值，不是无穷大，而是有一定电阻值或为零，则说明该电感器存在问题。

2.数字式万用表检测电感器

采用数字式万用表检测电感器的方法如图2-36所示。在检测电路板上的电感器时，可先采用在路检测法进行检测，若发现异常，则再焊开一个引脚进一步检测，确认它是否正常。目前部分数字式万用表有专门的电感检测功能，检测电感器时，量程选择很重要，最好选择接近标称电感量的量程去测量，否则，测试的结果将会与实际值有很大的误差。

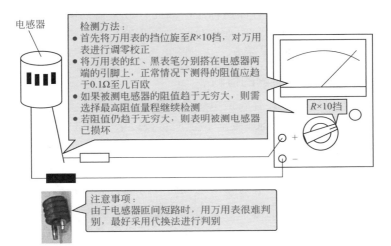

电感器

检测方法：
- 首先将万用表的挡位旋至R×10挡，对万用表进行调零校正
- 将万用表的红、黑表笔分别搭在电感器两端的引脚上，正常情况下测得的阻值应趋于0.1Ω至几百欧
- 如果被测电感器的阻值趋于无穷大，则需选择最高阻值量程继续检测
- 若阻值仍趋于无穷大，则表明被测电感器已损坏

R×10挡

注意事项：
由于电感器匝间短路时，用万用表很难判别，最好采用代换法进行判别

图2-35　指针式万用表检测电感器的操作方法

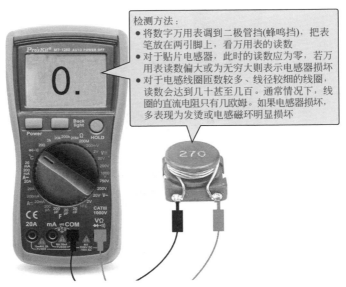

检测方法：
- 将数字万用表调到二极管挡(蜂鸣挡)，把表笔放在两引脚上，看万用表的读数
- 对于贴片电感器，此时的读数应为零，若万用表读数偏大或为无穷大则表示电感器损坏
- 对于电感线圈匝数较多、线径较细的线圈，读数会达到几十甚至几百。通常情况下，线圈的直流电阻只有几欧姆。如果电感器损坏，多表现为发烫或电感磁环明显损坏

图2-36　数字式万用表检测电感器的操作方法

由于电感器属于非标准件，不像电阻器那样可以方便地检测，且在有些电感器上没有任何标注，因此一般要借助图纸上的参数标注来识别其电感量。在维修时，一定要用与原来规格相同、参数相近的电感器进行代换。

（二）色码电感器的检测

色码电感器是具有固定电感量的电感器，其电感量标志方法同电阻器一样以色环来标记，检测时可按以下方法进行。

如图2-37所示，首先将万用表置于$R×1$挡，然后将万用表黑、红两表笔与分别与电感器的两引脚相接，正常时指针应向右摆动。若指针指示阻值为零，则说明其内部有短路性故障。一般色码电感器的直流电阻值的大小与绕制电感器线圈所用的漆包线径、绕制圈数有直接关系，只要能测出色码电感器的电阻值，就可认为被测色码电感器是正常的。

图2-37　色码电感器的检测

（三）升压变压器的检测——液晶电视

升压变压器是液晶电视机的易损件之一。若开机1 ～ 2s立即出现保护关机现象，则可先对比测量各升压变压器的一、二次绕组（如图2-38所示，图中所示圆圈为一次绕组引脚，方框为二次绕组引脚）阻值。将绕组阻值异常的变压器换掉。升压变压器的一次绕组阻值一般为0.5Ω左右，有的机型是将升压变压器的两个绕组串起来的，这时测得的阻值应为1Ω左右。二次绕组阻值一般为500～1000Ω。若阻值相差较大，则可焊下变压器进行测量。损坏的变压器直接更换同型号的新变压器即可。

图2-38 升压变压器的一、二次绕组

不同型号的升压变压器的引脚排列有时是一样的，但参数会有一些差别，应急修理时，也可临时代用，但代用后的灯管亮度会有一定的差别。

（四）高压变压器的检测——微波炉

微波炉中的高压变压器的作用是给磁控管提供工作电压，其检测方法如下：先断开高压变压器的一次绕组引线，断开灯丝和高压绕组与其他高压电路的引线，用万用表$R \times 1$挡测量高压变压器的一次绕组、二次绕组（又称高压绕组）和灯丝绕组是否断路。正常情况下，一次绕组的直流电阻值为1.5～3Ω，如偏差太大，则说明一次绕组不良；二次绕组的直流电阻值一般应为100～200Ω，若偏差太大，则说明二次绕组不良；测量灯丝绕组的直流电阻值应小于1Ω，反之，说明灯丝绕组不良。如图2-39所示为一次绕组检测，如图2-40所示为二次绕组检测，如图2-41所示为灯丝绕组检测。

图2-39　一次绕组检测

图2-40　二次绕组检测

图2-41　灯丝绕组检测

　　同时检测一次绕组、二次绕组和灯丝绕组与铁芯之间的直流电阻应为无穷大，否则说明铁芯已被击穿短路，如图2-42所示。

图2-42　绕组与铁芯之间的检测

第五节　晶体二极管

一　晶体二极管的识别

1.晶体二极管的作用

　　晶体二极管又称半导体晶体二极管，是由半导体组成的器件，具有单向导电功能（就是在正向电压的作用下导通电阻较小，但在反向电压作用下导通电阻极大或无穷大）。晶体二极管是半导体设备中的一种最常见的器件，在电路中常用于整流、开关、限幅、稳压、变容、发光、调制和放大等。

2.晶体二极管的图形符号及参数

　　晶体二极管在电路中的符号为VD（D），稳压二极管的符号为VS（ZD），发光二极管的符号为VL（LED）。二极管的电路图形符号如图2-43所示。二极管的主要参数有I_F（最大整流电流）、U_{RM}（最大反向工作电压）、I_R（反向电流）、f_M（最高工作频率）。

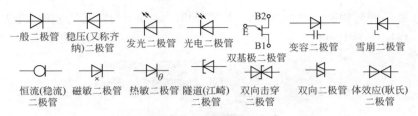

图2-43　电路图形符号

　　晶体二极管的种类很多，它们的电路图形符号是不一样的，但是差异并不太大，看电路图时应特别注意。二极管无单位，只有电阻、电容、电感才有单位。

3.晶体二极管的种类

　　晶体二极管种类繁多，大致可按用途、结构材料、制作工艺等进行分类，如图2-44所示。

4.晶体二极管的标识

　　二极管的识别很简单，小功率二极管的N极（负极），在二极管外表大多采用一种色圈标出来，有些二极管也用二极管专用符号来表示P极（正极）或N极（负极），也有采用符号标志"P""N"来确定二极管极性的。发光二极管的正、负极可从引脚长短来识别，长脚为正，短脚为负，如图2-45所示。

　　贴片二极管的标注法，有字母、数字代码或字母+数字代码标注法和颜色（代码）标识法两种。如印有"A3"的贴片二极管的电气参数如下：PD-0.15W、IF-0.1A、VBR-80V、Trr-4ns。颜色标注法，则主要由负极侧标注的颜色查得型号，再由型号查出参数值来。对于玻璃管贴片二极管，红色一端为正极，黑色一端为负极；对于矩形贴片二极管，有白色横线一端为负极。

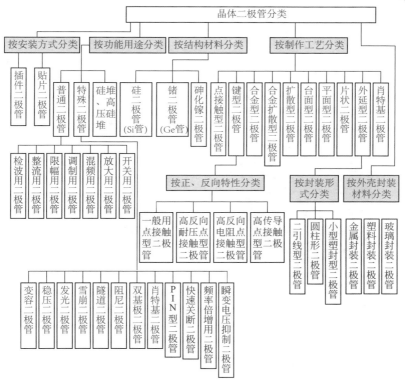

图2-44　晶体二极管的种类

二　晶体二极管的检测

（一）普通二极管的检测

1.极性的判断方法

二极管的正、负极一般可通过观察外壳上的符号（带有三角形箭头的一端为正极，另一端为负极；或标有色点的一端为正极，标有色环的一端为负极）或玻璃壳内

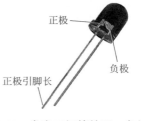

图2-45　发光二极管的正、负极

的触针（有金属触针的一端为正极）加以判别。

2.用指针式万用表检测二极管

也可以通过指针式万用表测量二极管的正、反电阻鉴别普通
二极管好坏，检测方法如图2-46所示。

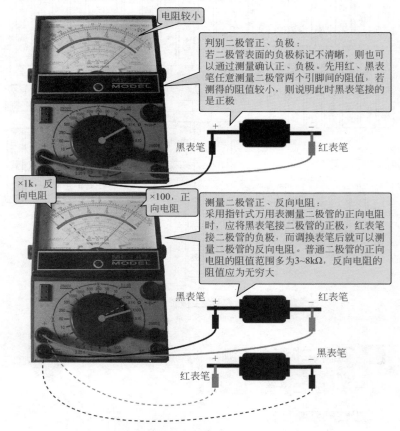

电阻较小

判别二极管正、负极：
若二极管表面的负极标记不清晰，则也可以通过测量确认正、负极。先用红、黑表笔任意测量二极管两个引脚间的阻值，若测得的阻值较小，则说明此时黑表笔接的是正极

黑表笔   +   —   红表笔

×1k，反向电阻

×100，正向电阻

测量二极管正、反向电阻：
采用指针式万用表测量二极管的正向电阻时，应将黑表笔接二极管的正极，红表笔接二极管的负极，而调换表笔后就可以测量二极管的反向电阻。普通二极管的正向电阻的阻值范围多为3~8kΩ，反向电阻的阻值应为无穷大

黑表笔   +   —   红表笔

红表笔   +   —   黑表笔

图2-46　普通二极管的检测方法

采用指针式万用表检测二极管，有非在路检测和在路检测两
种方法。非在路检测就是将被测二极管从电路板上取下或悬空一
个引脚后进行检测，判断它是否正常的方法；在路检测就是在电

路板上直接对二极管进行检测，判断它是否正常的方法。如测得正向阻值过大或为无穷大，则说明二极管导通电阻大或开路；如测得反向电阻值过小或为0，则说明二极管漏电或击穿。

3.用绝缘电阻表测量二极管反向击穿电压的方法

测量时将二极管的负极与绝缘电阻表的正极相接，二极管的正极与绝缘电阻表的负极相接，如图2-47所示。摇动绝缘电阻表手柄（应由慢逐渐加快），待二极管两端电压稳定而不再上升时，此电压值即为二极管的反向击穿电压。

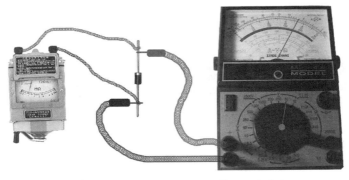

图2-47　用绝缘电阻表测量二极管反向击穿电压

4.数字式万用表检测二极管

采用数字式万用表检测二极管时应先采用二极管挡，将红表笔接二极管的正极，黑表笔接二极管的负极，所测的数值为它的正向导通压降；调换表笔后就可以测量二极管的反向导通压降，一般为无穷大。数字式万用表检测二极管的方法如图2-48所示。

采用数字式万用表检测二极管也有在路检测和非在路检测两种方法，无论哪种检测方法，都应将万用表置于二极管挡。

（二）稳压二极管的检测

稳压二极管常见的故障现象是开路、击穿和稳压值不稳定，可用指针式万用表电阻挡进行测量，如图2-49所示。

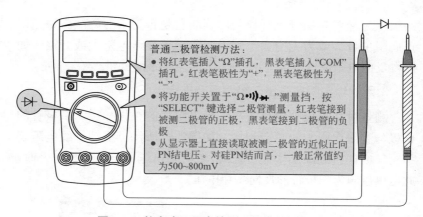

普通二极管检测方法：
- 将红表笔插入"Ω"插孔，黑表笔插入"COM"插孔。红表笔极性为"+"，黑表笔极性为"-"
- 将功能开关置于"Ω•))⊶➤"测量挡，按"SELECT"键选择二极管测量，红表笔接到被测二极管的正极，黑表笔接到二极管的负极
- 从显示器上直接读取被测二极管的近似正向PN结电压。对硅PN结而言，一般正常值约为500~800mV

图2-48　数字式万用表检测二极管的操作方法

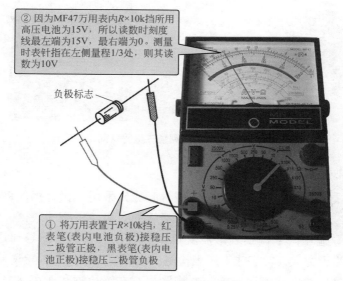

② 因为MF47万用表内R×10k挡所用高压电池为15V，所以读数时刻度线最左端为15V，最右端为0。测量时表针指在左侧量程1/3处，则其读数为10V

负极标志

① 将万用表置于R×10k挡，红表笔(表内电池负极)接稳压二极管正极，黑表笔(表内电池正极)接稳压二极管负极

图2-49　用指针式万用表检测稳压二极管

　　若被测稳压二极管的稳压值高于万用表R×10k挡电池电压值（9V或15V），则实测的稳压二极管不能被反向击穿导通，也就无法测出该稳压二极管的反向电阻值。

 提示

目前市面上的新式万用表已具有直接测量稳压二极管稳压值的功能（例如MF47L型），采用新式万用表可直接测量稳压二极管的稳压值。

（三）红外发光二极管的检测

测试红外发光二极管的好坏，可以按照测试普通硅二极管正、反向电阻的方法测试。如图2-50所示，将万用表置于$R\times10k$挡，

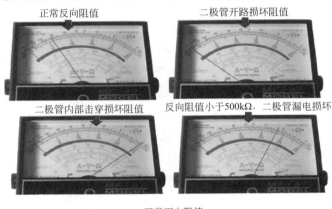

正常反向阻值　　二极管开路损坏阻值

二极管内部击穿损坏阻值　反向阻值小于500kΩ，二极管漏电损坏

正常正向阻值

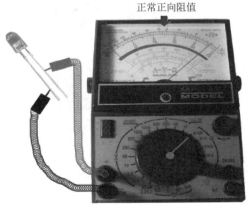

图2-50　红外发光二极管的检测

125

黑表笔接红外发光二极管正极，红表笔接负极，测量红外发光二极管的正、反向电阻。正常时，正向电阻值为15～40kΩ（此值越小越好），反向电阻大于500kΩ。若测得正、反向电阻值均接近零，则说明该红外发光二极管内部击穿损坏；若测得正、反向电阻值均为无穷大，则说明该红外发光二极管开路损坏；若测得反向电阻值远远小于500kΩ，则说明该红外发光二极管漏电损坏。

新型的指针式万用表具有红外发光二极管检测功能，如图2-51所示，可利用红外接收功能检测红外发光二极管。具体操作方法如下：将该表置于红外发光二极管检测挡位上；将红外发光二极管对准表头上的红外检测管；把另一块指针式万用表置于"$R\times1k$"挡，用黑表笔接红外发光二极管的正极，用红表笔接它的负极，正常时表头上的红外检测管会闪烁发光。

红外信号测试指示灯

红外发光二极管挡

图2-51　利用红外接收功能检测二极管

（四）红外接收二极管的检测

将万用表置于$R\times1k$挡，测量红外接收二极管正、反向电阻，根据正、反向电阻值的大小，即可初步判定红外接收二极管的好坏。若正向电阻为 3 ~ 4kΩ，反向电阻大于 500kΩ 以上，表明被测红外接收二极管是好的；如果被测红外接收二极管的正、反向电阻值均为零或无穷大，表明被测红外接收二极管已被击穿或开路。

如图 2-52 所示，将万用表的挡位置于 DC50μA（或 0.1mA）位置上，让红表笔接红外接收二极管的正极，黑表笔接负极，然后让被测管的受光窗口对准灯光或阳光，此时万用表的指针应向右摆动，而且向右摆动的幅度越大，表明被测红外接收二极管的性能越好。如果万用表的指针根本就不摆动，则说明该红外接收二极管性能不良。

灯光

图2-52 红外接收二极管性能好坏的判别

（五）高压二极管的检测

微波炉用高压二极管的检测方法如下：从高压电容器上卸下高压二极管，再将万用表置于 R×10k 挡检测，红表笔接二极管负极、黑表笔接二极管正极（或相反连接），然后测其正、反向电阻值来进行判断。若正向导通（正向电阻正常值为 20 ~ 300kΩ），反向阻值为无穷大，则被测高压二极管正常；若正、反向电阻值均为无穷大或 0Ω，则被测高压二极管断路或短路；若正、反向电阻值偏离正常值较大，则被测高压二极管性能变差。图 2-53 所示

为高压二极管正向阻值检测，图2-54所示为高压二极管反向阻值
检测。

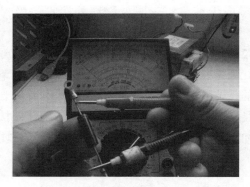

图2-53　高压二极管正向阻值检测

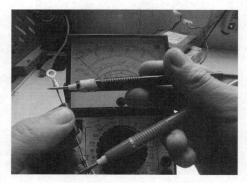

图2-54　高压二极管反向阻值检测

提示　--

　　高压二极管的导通阈值电压较高，若用内电池电压为1.5V的
普通万用表测其正向电阻，测出阻值可能很大，表针大多不动，
这就无法判断其好坏，所以要用内电池大于6V，最好为9～15V
的万用表的$R×10k$挡测量。若用普通万用表的$R×1k$挡测量，需在

一支表笔上串接6～9V电池后再行测量，串接电池时将红表笔接电池正极，电池负极则作为原红表笔用于测量。测量时不可短路两测量端，也不要去测量已知内阻不正常（过小）的高压二极管或其他元件，以免表针打过头而受损。微波炉的高压二极管在电路图上的文字符号为HVC，有正、负极之分。高压二极管负极有圆环，可接微波炉的底板；正极有套脚，可插在微波炉的高压电容器上。

（六）整流桥的检测

整流桥的作用是将开关变压器次级感应的交流电通过单向半波整流电路形成单向脉动直流电压。整流桥电路如图2-55所示，是由4只晶体二极管接成一个电桥而形成的。VD1、VD2、VD3、VD4构成电桥的4个桥臂，电桥的一条对角线接电源变压器的次级线圈，另一对角线接负载电阻R。

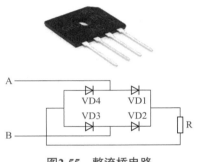

图2-55　整流桥电路

当输入电压为上正下负时，整流桥中VD1和VD3因加正向电压而导通，VD2和VD4因加反向电压而截止。这时，电流从次级输入电压的上端，按流向A→VD1→R→VD3→B端，回到电源的B端，得到一个半波整流电路。

当输入电压为下正上负时，整流桥中VD2和VD4正向导通，VD1和VD3反向截止。这时，电流从次级输入电压的下端B，按B→VD2→R→VD4→A，回到输入电压的A端。同样，在负载电阻R上得到一个半波整流电路，如此反复进行，负载上就得到了一个全波整流电路。

用数字式万用表检测整流桥选择量程为$R×1$挡，测二极管的两端（在二极管上的银色一端为负极），正、负极阻值正向应为500Ω左右，反向为无穷大，如不是则更换。

（七）贴片二极管的检测

贴片二极管的检测与普通二极管的检测方法基本相同。对贴片二极管的检测通常采用万用表的 $R\times100$ 挡或 $R\times1k$ 挡进行测量。

1.普通贴片二极管检测

（1）普通贴片二极管正、负极判别 一般观察贴片二极管的外壳标示即可分辨出正、负极，当遇到外壳标示磨损严重时，则可利用万用表进行判别。如图2-56所示，先将万用表置于 $R\times100$（或 $R\times1k$）挡，然后用红、黑表笔任意测量贴片二极管两引脚间的电阻值，然后对调表笔再测一次。在两次测量结果中，选择阻值较小的一次为准，黑表笔所接的一端为贴片二极管的正极，红表笔所接的另一端为贴片二极管的负极；所测阻值为贴片二极管正向电阻（一般为几百欧至几千欧），另一组阻值为贴片二极管反向电阻（一般为几十千欧至几百千欧）。

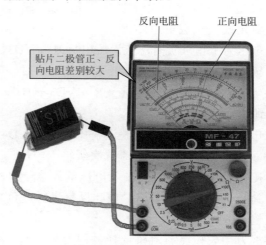

图2-56　贴片电阻阻值的检测

（2）普通贴片二极管性能好坏的检测　检测普通贴片二极管性能好坏时一般在开路状态（脱离电路板）下进行，其方法如下：将万用表置于 $R \times 100$ 挡（或 $R \times 1k$ 挡），然后测量二极管的正、反向电阻（二极管正、反向电阻相差越大，说明其单向导电性越好）；若测得正、反向电阻相差不大，则说明贴片二极管单向导电性能变差；若正、反向电阻都很大，则说明贴片二极管已开路失效；若正、反向电阻都很小，则说明贴片二极管已击穿失效。当贴片二极管出现上述三种情况时，需更换二极管。

2.常用特殊贴片二极管检测

（1）稳压贴片二极管的检测　稳压贴片二极管性能好坏的检测：稳压贴片二极管性能好坏判别方法与普通贴片二极管相同；正常时一般正向电阻为10kΩ左右，反向电阻为无穷大。

稳压贴片二极管稳压值的检测方法是：将万用表置于 $R \times 10k$ 挡，红表笔接稳压贴片二极管正极，黑表笔接稳压贴片二极管负极，待万用表指针偏转到一稳定值后，读出万用表的直流电压挡DC10V刻度线上指针所指示的数值（图2-57），然后按下列经验公式计算出稳压二极管的稳定值：

图2-57　稳压贴片二极管的稳压值测量

稳压值 $U_z = （10 - 读数）\times 15（V）$

提示 --------------------------------

　　用此法测量稳压贴片二极管的稳压值要受万用表高阻挡所用电池电压大小的限制，即只能测量稳压值在高阻挡所用电池电压以下的稳压贴片二极管。

（2）发光贴片二极管的检测　发光贴片二极管正、负极的判别：用高倍放大镜观察发光贴片二极管上的线条，有横线的那一端为负极，另一端则为正极（图2-58）。也可用万用表欧姆挡检测识别，其方法是：将数字式万用表置于二极管挡，红、黑表笔分别接二极管的两根引脚，发现二极管能发出微弱的光，此时红表笔所接即为发光贴片二极管的正极，黑表笔所接为负极（图2-59）。若用指针式万用表检测，则引脚正、负极相反，即黑表笔接的引脚为正极，红表笔接的引脚为负极。

有横线是负极

图2-58　用高倍放大镜观察发光贴片二极管的正、负极

图2-59　用数字式万用表检测发光贴片二极管正、负极

提示

发光贴片二极管的开启电压为2V，若用欧姆挡检测只有处于 $R×10k$ 挡时才能使其导通。

第六节 晶体三极管

一、晶体三极管的识别

1.晶体三极管的作用

晶体三极管通常简称为晶体管或三极管，是一种具有三个控制电子运动功能电极的半导体器件，它具有放大和开关等作用，能将基极电流微小的变化转化为集电极电流较大的变化。晶体三极管可作电子开关用，配合其他元器件还可以构成振荡器。

2.晶体三极管的图形符号

三极管由两个PN结构成，共用的一个电极称为三极管的基极（用字母B表示），其他的两个电极称为集电极（用字母C表示）和发射极（用字母E表示）。由于不同的组合方式，形成了一种NPN型的三极管和另一种是PNP型的三极管。三极管在电路中常用Q（或V、VT）加数字表示，在电路图中晶体三极管的电路符号如图2-60所示。

3.晶体三极管的种类

晶体三极管的种类繁多，并且不同型号各有不同的用途，根据其用途一般可分为带阻三极管、带阻尼三极管、恒流三极管、差分对管、达林顿三极管、光敏三极管等。其具体分类方法及外形如图2-61所示。

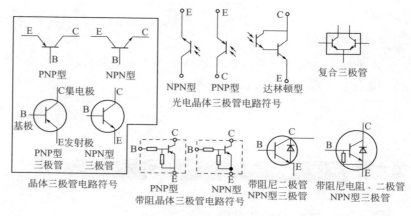

图2-60　三极管电路符号

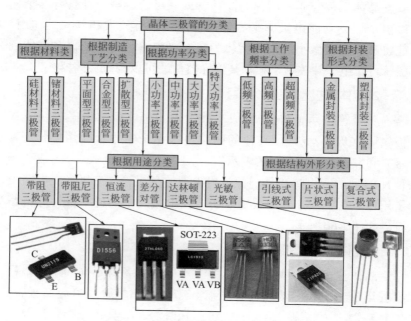

图2-61　晶体三极管的种类及外形

二、晶体三极管的检测

（一）普通三极管的检测

现在许多万用表均设有三极管测试挡（孔），可直接粗略测出管子hFE值及判断出B、E、C极。如图2-62所示，在测出B极后，将三极管随意插到插孔中去，测一下hFE值，然后将三极管倒过来再测一遍，测得hFE值比较大的一次，各引脚插入的位置是正确的。

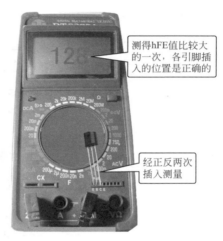

测得hFE值比较大的一次，各引脚插入的位置是正确的

经正反两次插入测量

图2-62　用三极管测试孔检测三极管

也可通过对三极管I_{ceo}（基极开路，集电极和发射极正向额定电流）进行检测，从而判断出三极管性能的好坏。操作方法如图2-63、图2-64所示。

一般锗中、小功率管实测阻值应在10 ～ 20kΩ以上，硅管实测阻值应在100kΩ以上。实际上绝大多数三极管均看不出表针摆动（指针式万用表），即显示值为无穷大。若实测阻值太小，则表明I_{ceo}很大，这种三极管不能使用；若阻值近于零，则说明三极管C、E极已击穿。

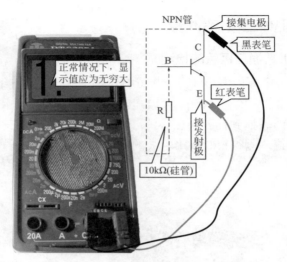

图2-63 判断三极管（NPN管）性能好坏

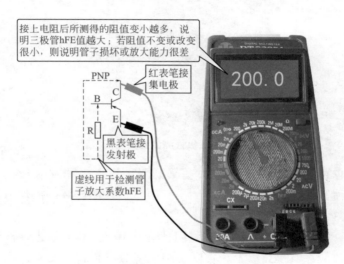

图2-64 判断三极管（PNP管）性能好坏

用同样方法可检查I_{cbo}（发射极开路，集电极和基极正向额定电流），只需将表笔改接B、C极，并注意测其反向电阻即可。

在测I_{ceo}的基础上，再接一个10kΩ（硅管）或20kΩ（锗管）电阻（如图2-63、图2-64中虚线所示），便可检测三极管放大系数hFE。接上电阻后所测得的阻值变小越多，说明三极管hFE值越大；若阻值不变或改变很小，则说明三极管损坏或放大能力很差。

（二）光电晶体三极管的检测

1. 引脚极性的判别

光电晶体三极管只有集电极C和发射极E两个引脚，基极B为受光窗口。如图2-65所示，从外观上看，一般来说，光电晶体三极管较长（或靠近管键）的引脚是发射极E，离管键较远或较短的引脚为集电极C。另外，对于达林顿型光电晶体三极管，封装缺圆的一侧一般为集电极C。

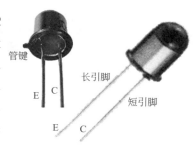

图2-65 光电晶体三极管外观

2. 性能好坏的判别

用一块黑布遮住光电晶体三极管外壳上的透明窗口，将万用表置于$R\times1k$挡，两表笔任意接两引脚检测光电晶体三极管的正、反向电阻值，如图2-66所示。正常时，正、反向电阻值均为无穷大。交换万用表表笔再测量一次，阻值也应为无穷大。若测出一定阻值或阻值接近0，则说明该晶体三极管已漏电或已击穿短路。

如图2-67所示，将万用表置于$R\times1k$挡，红表笔接发射极E，黑表笔接集电极C，然后使受光窗口朝向某一光源（如白炽灯泡），同时注意观察万用表指针的指示情况，正常时指针向右偏转至15～35kΩ（一般来说，偏转角度越大，则说明其灵敏度越高）。如果受光后，光电晶体三极管的阻值较大，即万用表指针向右摆动的幅度很小，则说明其灵敏度低或已经损坏。

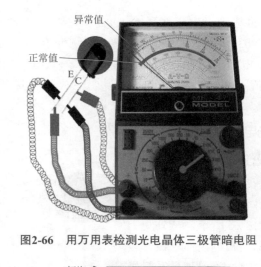

图2-66 用万用表检测光电晶体三极管暗电阻

图2-67 用万用表检测光电晶体三极管亮电阻

3.判别光电晶体二极管与光电晶体三极管

用黑布遮住管子外壳上的透明窗口，选用万用表 $R×1k$ 挡，测试两引脚引线之间的正、反向电阻。若测出的正、反向电阻值均为无穷大，则说明被测管为光电晶体三极管；若测出的正、反向电阻值一大一小，则说明该被测管为光电晶体二极管。

（三）带阻晶体三极管的检测

带阻晶体三极管内部含有1只或2只电阻器，故检测的方法与普通晶体三极管略有不同。检测之前应先了解管内电阻器的阻值，不同型号的带阻晶体三极管测量值也不同。一般B-E、B-C、C-E极之间正、反向电阻相对普通晶体三极管均要大得多，具体大多少视电阻的不同而不同。带阻晶体三极管的检测方法如下。

（1）将万用表置 $R\times1\mathrm{k}$ 挡（图2-68），测带阻晶体三极管各电极之间的电阻值。

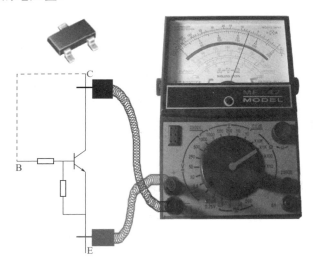

图2-68　用万用表检测带阻晶体三极管

（2）测集电极C、基极E之间的正向电阻值，万用表表笔与集电极、基极的连接方法是：测NPN型三极管，黑表笔接C极、红表笔接E极；对于PNP型三极管，黑表笔接E极、红表笔接C极。正常时，C、E极之间的正向电阻值应为无穷大。然后用导线短接被测管的B、C极，此时阻值应变小，表明被测管是好的。如果短接后所测阻值没有变化，则说明该晶体管不良。

（3）测量B-C和B-E极间电阻时，红、黑表笔分别接B、C极和B、E极测出一组数字，然后对调表笔测出第二组数字，若其数值均较大，则表明该管正常。具体电阻值大小受管内 R_B、R_E 影响而不完全相同。

（四）带阻尼晶体三极管的检测

带阻尼晶体三极管是其内部集成了阻尼晶体二极管的晶体三极管，常见的有带阻尼行输出晶体三极管。带阻尼行输出晶体三极管是电视机与显示器行输出电路中的重要元件，要求耐高反压，所以在结构上与普通大功率晶体三极管有所不同。

带阻尼行输出三极管的好坏，可以通过检测其各极间电阻值来进行判断。检测时，将万用表置于 $R×1$ 挡，测量带阻尼行输出晶体三极管各电极之间的电阻值。具体测试方式及步骤如下。

（1）如图2-69所示，将红表笔接E、黑表笔接B，测发射结（基极B与发射极E之间）的正、反向电阻值（此时相当于测量大功率管B-E结的正向电阻值与保护电阻R并联后的阻值），正常时行输出管发射结的正、反向电阻值均较小（为 $20 \sim 50\Omega$）。将红、黑表笔对调（此时则相当于测量大功率管B-E结的反向电阻值与保护电阻R的并联阻值），正、反向电阻值仍然较小。

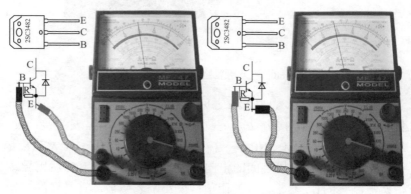

图2-69　用万用表检测E、B极间正、反向电阻值

（2）如图2-70所示，将红表笔接C极、黑表笔接B极，测集电结（基极B与集电极C之间）的正、反向电阻值。正常时，正向电阻值为 $3 \sim 10k\Omega$，反向电阻值为无穷大。若测得正、反向电阻值均为0或均为无穷大，则说明该管的集电结已击穿损坏或开路损坏。

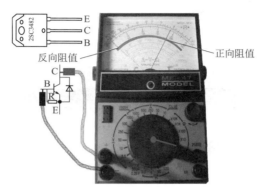

图2-70 用万用表检测C、B极间正、反向电阻值

（3）如图2-71所示，将黑表笔接E极、红表笔接C极，测量行输出管C、E极内部阻尼晶体二极管的正向电阻，测得的阻值一般都较小（几欧至几十欧）；将红、黑表笔对调，测得行输出管C、E极内部阻尼晶体二极管的反向电阻，测得的阻值一般较大（在 $300k\Omega$ 以上）。若测得C、E极之间的正、反向电阻值均很小，则是行输

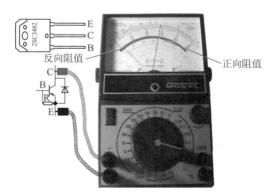

图2-71 用万用表检测C、E极间正、反向电阻值

出管C、E极之间短路或阻尼晶体二极管击穿损坏；若测得C、E极之间的正、反向电阻值均为无穷大，则是阻尼晶体二极管开路损坏。

按上述方法测出被测三极管的各极间电阻值，若阻值读数符合上述规律，即可大致判断它的好坏。这种方法也可用来识别行管中是否带有内置阻尼晶体二极管和保护电阻。

第七节 场效应管

一、场效应管的识别

1.场效应管的作用

场效应晶体管（英文名称为field effect transistor，缩写为FET）简称场效应管，由多数载流子参与导电，也称单极型晶体管，是一种利用电场效应来控制电流大小的半导体器件。场效应晶体管具有输入电阻高、噪声功耗低、动态范围大、易于集成、没有二次击穿和安全工作区域宽等优点，其作用是：①应用于放大；②可用作可变电阻；③可用作恒流源；④可用作电子开关；⑤场效应管很高的输入阻抗非常适合作阻抗变换。

2.场效应管的电路图形符号

场效应管有三个电极，即栅极G（Gate，相当于双极型三极管的基极）、漏极D（Drain，相当于双极型三极管的集电极）、源极S（Source，相当于双极型三极管的发射极），其电路图形符号如图2-72所示。

3.场效应管的种类

场效应管有结型、绝缘栅型（MOS）两种，结型场效应管均为耗尽型，绝缘栅型场效应管既有耗尽型也有增强型，其具体分类方法及外形如图2-73所示。

绝缘栅增强型N沟道-MOS　　　绝缘栅增强型P沟道-MOS

绝缘栅耗尽型N沟道-MOS　　　绝缘栅耗尽型P沟道-MOS

结型场效应管P沟道-JFET　　　结型场效应管N沟道-JFET

图2-72　场效应管的电路图形符号

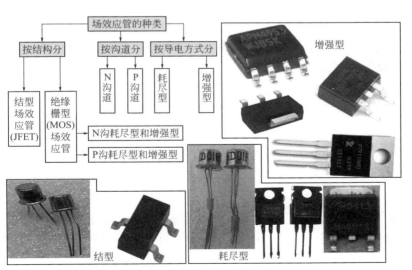

图2-73　场效应管的种类及外形

143

目前在绝缘栅型场效应管中，应用最为广泛的是MOS场效应管，简称MOS管（即金属-氧化物-半导体场效应管MOSFET），此外还有PMOS管、NMOS管和VMOS管功率场效应管等。

二、场效应管的检测

（一）结型场效应晶体管（JFET）的检测

1. 判别电极

根据场效应晶体管的PN结正、反向电阻值不一样的现象，可以判别出结型场效应晶体管的三个电极。对于有4个引脚的结型场效应晶体管，另外一极是屏蔽极（使用中接地）。

（1）栅极G与沟道类型的判定

① 方法一　将万用表置于$R×1k$挡，任选两个电极，分别测出其正、反向电阻值。当某两个电极的正、反向电阻值相等，且为几千欧时，则这两个电极分别是漏极D和源极S。对结型场效应晶体管而言，D极和S极可互换，剩下的电极肯定是G极。

② 方法二　将万用表置于$R×100$挡，用黑表笔（或红表笔）任意接触一个电极，另一支表笔依次去接触其余的两个电极，测其电阻值。当出现两次测得的电阻值近似相等时，且为低阻值（几百欧至$1000Ω$），则说明所测的是JFET的正向电阻，此时黑表笔所接触的电极为栅极G，其余两电极分别为漏极D和源极S，判定为N沟道场效应晶体管；若两次测出的电阻值均很大，则说明均为JEFT的反向电阻，黑表笔所接的也是G极，但被测JFET不是N沟道类型，而是P沟道类型；若不出现上述情况，则可以调换黑、红表笔按上述方法进行测试，直到判别出G极为止。

（2）D极、S极的判定　结型场效应晶体管的三个引脚一般是呈G、D、S排列（商标面向上，引脚正对自己）；金属封装的结型场效应晶体管的引脚排列则以管键为定位点，一般按逆时针G、D、S排列，如图2-74所示。实际使用时应以测试为准。由于结型场效应晶体管的源极和漏极在结构上具有对称性，因此一般可以互换使用，通常两个电极不必再进一步区分。在需要区分D、S极的场合下，也可以利用万用表测量两个电极之间的电阻值进行判定，具体方法如下。

3DJ系列场效应管　　　　　普通结型场效应管

图2-74　金属封装的结型场效应晶体管的引脚排列

将万用表置于$R×10$挡，用红、黑表笔分别接在D、S极上，测量D、S极间的正、反向电阻值。当测得阻值为较大值时，用黑表笔与G极接触一下，然后再恢复原状。在此过程中，红、黑表笔应始终与原引脚相接触，此时万用表的读数会出现两种情况：若读数由大变小，则万用表黑表笔所接的引脚为D极，红表笔所接的引脚为S极；若万用表读数没有明显变化，仍为较大值，就应把黑表笔与引脚保持接触，然后移动红表笔与G极触碰一下，此时若阻值由大变小，则黑表笔所接的引脚为S极，红表笔所接的引脚为D极。

2. 检测放大能力

（1）方法一　将万用表置于$R×100$挡，红表笔接S极，黑表笔接D极，测出漏源极间的电阻值，如图2-75所示。然后用手捏住JFET的G极，将人体的感应电压信号加到G极上，由此可以观察到万用表的表针有较大幅度的摆动。无论表针摆动方向如何，只要表针摆动幅度较大，就说明管子有较大的放大能力。如果手捏G极时，表针摆动较小，则说明管子的放大能力较差；若表针根本不摆动，则说明管子已经失去放大能力。要注意的是，每次测量完毕后应将G-S极间短路一下。这是因为G-S结电容上会充有少量电荷，建立起U_{GS}电压，造成再次进行测量时表针可能不动，只有将G-S极间电荷短路放掉才行。

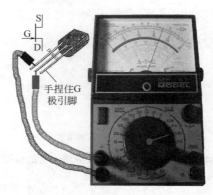

手捏住G
极引脚

图2-75　检测场效应晶体管的放大能力

（2）方法二　以N沟道型JFET为例，将万用表置于直流10V挡，红、黑表笔分别接D、S极，如图2-76所示（图中R_1为4kΩ电阻、R_2为10kΩ电阻、RP为1kΩ电位器、E_G和E_D分别为10V直流电源）。测试时，调节电位器RP，同时观察万用表指示电压值的变化情况。对于一只有放大能力的JFET，当RP向上调时，万用表指示电压值升高；当RP向下调时，万用表指示电压值降低。在调节RP过程中，万用表指示的电压值变化越大，说明管子的放大能力越强。如果在调节RP时，万用表指示变化不明显，则说明管子放大能力很小；若万用表指示根本无变化，则说明管子已经失去放大能力。

3. 判别质量好坏

将万用表置于$R×10$或$R×100$挡，测量源极S与漏极D之间的电阻，通常在几十欧到几千欧范围（在手册中可知，各种不同型号的场效应管，其电阻值是各不相同的）。若测出的阻值大于正常值，则可能是由于内部接触不良；若测出的阻值为无穷大，则说明内部断极。然后将万用表置于 $R×10k$ 挡，再测栅极与源极、栅极与漏极之间的电阻值，若测得其各项电阻值均为无穷大，则说明管子是正常的；若测得上述各阻值太小或为通路，则说明管子是坏的。

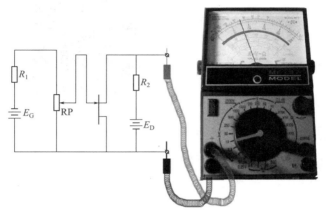

图2-76 检测结型场效应晶体管的放大能力

4. 测量夹断电压 U_p

以测试N沟道JFET为例，测试方法主要有以下两种。

① 将万用表置于 $R×10k$ 挡，黑表笔接电解电容器正极，红表笔接其负极，对电容充电8 ～ 10s后脱开表笔。再将万用表拨至直流50V挡，迅速测出电解电容器上的电压。然后将万用表拨回 $R×10k$ 挡，黑表笔接漏极D、红表笔接源极S，此时指针应向右偏转。接着将已充好电的电解电容器正极接源极S，并用负极去接触栅极G，此时指针应向左回转，当指针退回至10 ～ 200kΩ时，电解电容器上所充的电压值即为JFET的夹断电压 U_p。测试中，如果电容上所充的电压太高，会使JFET完全夹断，万用表指针可能

退回至无穷大。对于此类情况，可用直流电压10V挡将电解电容器适当进行放电，直到使电解电容器接至栅极G和源极S后测出的电阻值在10～200kΩ范围内为止，如图2-77所示。

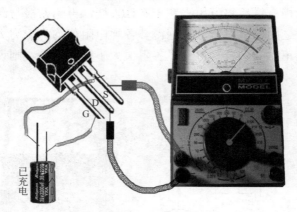

图2-77　测量场效应晶体管夹断电压U_P

② 采用P1、P2两只万用表，量程开关均拨至$R\times10k$挡。按如图2-78所示，将万用表P1的黑表笔接源极S，红表笔通过电位器（阻值取100kΩ）滑动头接栅极G；万用表P2的黑表笔接漏极D，红表笔接源极S。测试时，调节电位器，同时观察P2指针的偏转情况。当P2指针向左偏转到1格左右时，停止调节RP，并将RP取下，分别测出R_1、R_2（电位器中间引脚到两边引脚的电阻值）的阻值，然后按下列公式计算夹断电压U_P：

$$U_P = \frac{R_1}{R_1+R_2} \times \frac{E_1}{2}$$

式中，E_1为万用表表内电池的输出电压值。

（二）绝缘栅型（MOS）场效应晶体管的检测

首先从外形和型号上确定是不是场效应晶体管。绝缘栅型场效应晶体管通常有四个电极，即栅极（G）、漏极（D）、源极（S）和衬底（B），通常将衬底（又称衬极）与源极（S）相连，所以，

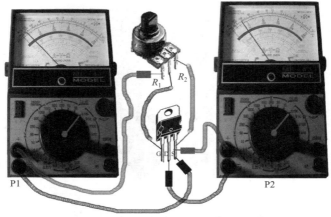

图2-78 测量结型场效应晶体管的夹断电压

从场效应晶体管的外形来看还是一个三端电路组件。绝缘栅型场效应晶体管的引脚排列与结型场效应晶体管的引脚排列类似，一般采用G、D、S的排列形式；对于金属封装的绝缘栅型场效应晶体管，其引脚的排序也是以管键为定位点，按顺时针方向依次为D、G、S，如图2-79所示。

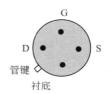

图2-79 金属封装的绝缘栅型场效应晶体管的引脚排序

以上的判断方法只是大致的经验识别法，实际使用时应通过万用表检测进行判断，如图2-80所示。具体方法是：将数字式万用表拨于晶体二极管挡，首先确定栅极，若某引脚与其他引脚的电阻都是无穷大，则表明此脚就是栅极G。交换表笔重新测量，S-D之间的电阻值应为几百欧至几千欧，其中阻值较小的那一次，红表笔接的是D极，黑表笔接的是S极。日本生产的3SK系列产品，S极与管壳接通，据此很容易确定S极。

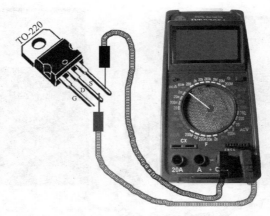

图2-80 判别绝缘栅场效应晶体管引脚

本方法也适用于测绝缘栅场效应晶体管中的MOS场效应晶体管。由于MOS场效应晶体管容易被击穿，在测量之前，先把人体对地短路后，才能触摸MOSFET的引脚。焊接用的电烙铁也必须良好接地，最好在手腕上接一条导线与大地连通，使人体与大地保持等电位，再把引脚分开，然后拆掉导线。MOS管每次测量完毕，G-S结电容上会充有少量电荷，建立起电压U_{GS}，再接着测时表针可能不动，此时需将G-S极间短路一下。

（三）VMOS场效应晶体管的检测

VMOS场效应晶体管是一种功率型场效应晶体管，通常简称为VMOS管，全称为V形槽MOS场效应晶体管。VMOS场效应晶体管的检测方法如下。

1. 引脚极性的判别

（1）栅极G的判定 如图2-81所示，将万用表置于$R \times 1k$挡，然后将万用表红、黑表笔接在场效应晶体管的三个引脚上，然后分别测量三个引脚之间的电阻。若检测某脚与其余两脚的电阻值均呈无穷大，并且交换表笔后仍为无穷大，则说明此脚为G极。

图2-81　VMOS场效应晶体管栅极G的判定

注意：此种测法只限于VMOS场效管内无保护晶体二极管的情况。

（2）源极S、漏极D的判定　如图2-82所示，将万用表置于 $R\times 1k$ 挡，先用表笔将被测VMOS管三个电极短接一下，然后交换表笔测两次电阻（正常时有一大一小的阻值），其中阻值较大的一次测量中，黑表笔所接的是漏极D，红表笔所接的是源极S；而阻值较小的一次测量中，红表笔所接的是漏极D，黑表笔所接的是源极S。同时说明所测的VMOS管为N沟道型管，若被测管为P沟道型管，则所测阻值的大小正好相反。

2. 性能好坏的检测

① 如图2-83所示，将万用表置于 $R\times 10k$ 挡，测量 R_{GD} 和 R_{GS}，将万用表红、黑表笔接VMOS管的G极引脚与另外任意一个引脚上，所测的电阻值应均为无穷大。若所测的值不为无穷大，则说明栅极G与另外两电极间存在漏电现象。

② 对于采用N沟道的VMOS管可按以下方法判断其性能好坏。

a.将被测VMOS管的栅极G与源极S用镊子短接一下，然后将万用表于 $R\times 1k$ 挡，红表笔接漏极D、黑表笔接源极S测阻值。正常时阻值应为数千欧。

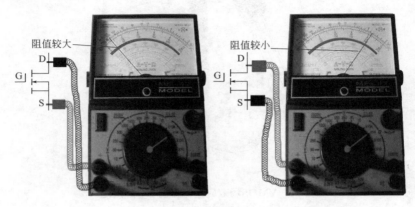

图2-82　VMOS场效应晶体管源极S、漏极D的判定

图2-83　VMSO场效应晶体管的R_{GD}和R_{GS}的检测

b.用导线短接被测VMOS管的栅极G与源极S，然后将万用表置于$R\times10k$挡，黑表笔接漏极D、红表笔接源极S测阻值。正常时阻值应接近无穷大，若不是则说明VMOS管内部PN结的反向特性比较差。

提示

VMOS管亦分N沟道管与P沟道管，但绝大多数产品属于N沟道管。对于P沟道管，测量时应交换表笔的位置。

第八节 晶闸管

一、晶闸管的识别

1.晶闸管的作用

晶闸管又称可控硅，全称为可控硅整流元件，是由硅半导体材料做成的一种大功率开关型半导体器件，它的外形封装多酷似三极管。晶闸管具有硅整流器件的特性，能在高电压、大电流状态下工作，且其工作过程可以控制，被广泛应用于可控整流、交流调压、无触点电子开关、逆变及变频等电子电路中。

2. 晶闸管的电路图形符号

晶闸管也有三个引脚电极，即阳极（A）、阴极（K）和门极（G），它在电路中常用符号"V""VT"表示，其电路图形符号如图2-84所示。

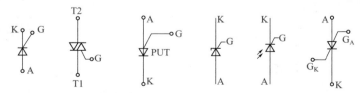

| 单向晶闸管 | 双向晶闸管 | 程控单结晶体管 | 逆导晶闸管 | 光控晶闸管 | 四极晶闸管 |

图2-84　晶闸管的电路图形符号

3.晶闸管的种类

晶闸管按结构可分为单向晶闸管和双向晶闸管。其分类方法及外形如图2-85所示。

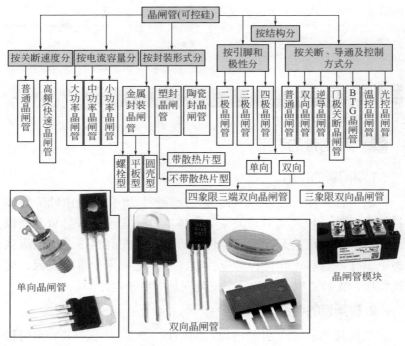

图2-85　晶闸管种类及外形

二、晶闸管的检测

（一）单向晶闸管的检测

1.单向晶闸管三个引脚极性的判别

判定方法如图2-86所示，将万用表置于$R×100$挡，黑表笔任接单向晶闸管某一引脚，红表笔依次去触碰另外两个引脚，如测量中有一次阻值为几百欧，而另一次阻值为几千欧，则可判定黑表笔所接的为控制极G。阻值为几百欧的那次测量中，红表笔接的便是阴极K；而阻值为几千欧的那次测量中，红表笔接的是阳极A。如果两次测出的阻值都很大，则说明黑表笔接的不是控制极G。

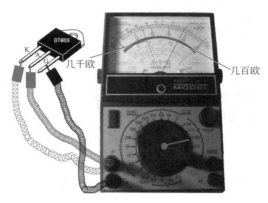

图2-86　单向晶闸管三个引脚极性的判别

2.单向晶闸管性能的判别

将万用表置于$R \times 10$挡，黑表笔接A端、红表笔接K端，此时万用表指针应不动，如有偏转，则说明晶闸管已被击穿。用短线瞬间短接阳极（A）和控制极（G），若万用表指针向右偏转，阻值读数为10Ω左右，则说明晶闸管性能良好。

3.晶闸管触发能力的检测

（1）晶闸管触发电流大小的判别　将万用表分别置于$R \times 10$、$R \times 100$、$R \times 1k$等挡，用黑表笔接A端、红表笔接K端，用导线在A、G之间接通一下，万用表指针立即偏转，说明晶闸管导通能力正常。如果在使用高阻挡（如$R \times 1k$挡）时，晶闸管仍能触发导通，则表明该晶闸管所需的触发电流较小。

（2）小功率晶闸管触发能力的判别　图2-87所示是一种检测小功率晶闸管触发能力的电路。使用指针式万用表，将表笔置于$R \times 1$或$R \times 10$挡，检测步骤如下。

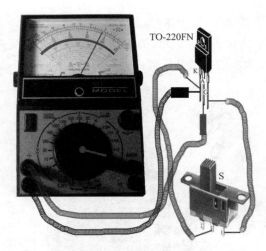

图2-87　检测小功率晶闸管触发能力的电路

按图2-87中所示，先断开开关S，此时晶闸管尚未导通，测出的电阻值较大，表针应停在无穷大处；然后合上开关S，将控制极与阴极接通，使控制极电位升高，这相当于加上正向触发信号，因此晶闸管应导通，万用表的读数应为几欧至十几欧；此时，再把开关S断开，若读数不变，则表明此晶闸管触发性能良好。注意：图中所示开关可用一根导线代替，导线的一端接于阳极上，用另一端接触控制极时相当于开关闭合。

（3）大功率晶闸管触发能力的判别　由于大功率晶闸管的导通压降较大，加之 $R \times 1$ 挡对图2-87所示电路进行检测时，晶闸管不能完全导通，同时在开关断开时晶闸管还会随之关断，因此，在检测大功率晶闸管时，应采用双表法，即在两块万用表的 $R \times 1$ 挡上面串联两节1.5V电池，再把表内电池电压提升到4.5V左右。

（二）双向晶闸管的检测

1.双向晶闸管引脚极性的判别

双向晶闸管的引脚一般情况下是按T1、T2、G的顺序排列的，但并不能以此作为确认依据，实际使用时应根据检测结果进行确定，其方法如下。

用万用表的 $R\times100$ 挡分别测量晶闸管的任意两引脚之间的电阻值，正常时一组为几十欧，另两组为无穷大，阻值为几十欧时表笔所接的两引脚为T1极和G极，剩余的一个引脚为T2极，如图2-88所示。然后再判别T1极和G极。假定T1和G两引脚中的任意一个为T1极，用黑表笔接T1极、红表笔接T2极，将T2极与假定的G极瞬间短路，如果万用表的读数由无穷大变为几十欧，则说明晶闸管能被触发并维持导通。再调换两表笔重复上述操作，若结果相同，则说明假定正确。如果调换表笔操作时，万用表瞬间指示为几十欧，随即又指示为无穷大，则说明原来的假定是错误的，因为调换表笔后，晶闸管没有维持导通，原假定的T1极实际上是G极，而假定的G极实际上是T1极。

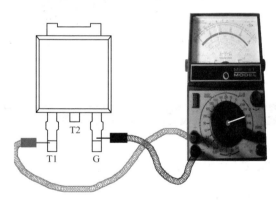

图2-88 双向晶闸管引脚极性的判别

2.双向晶闸管性能好坏的判断

（1）使用万用表 $R\times1$ 挡，将红表笔接T1极、黑表笔接T2极，此时万用表指针不动。用导线将晶闸管G极与T2极短接一下，若万用表指针偏转，则说明此晶闸管性能良好。

（2）使用万用表 $R×1$ 挡，将红表笔接T2极、黑表笔接T1极，用导线将T2极与G极短接一下，若万用表指针发生偏转，则说明此双向晶闸管双向控制性能完好，如果只有某一方向良好，则说明该晶闸管只具有单向控制性能，而另一方向的控制性能已失效，如图2-89所示。

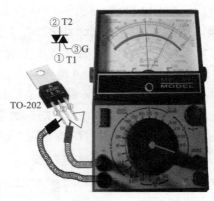

图2-89　双向晶闸管性能好坏的判断

第九节 集成电路

一、集成电路的识别

1.集成电路的作用

集成电路（英文为Integrated Circuit，缩写为IC）是在电子管、晶体管的基础上发展起来的一种电子器件，其作用是在电路中减少元器件的个数和提高性能，方便应用，即在同一块半导体材料上，采用一定的工艺，将一个电路中所需的晶体管、二极管、电阻、电容和电感等组件及布线互相连在一起，制作在一块半导体单晶片（如硅或砷化镓）上，然后封装在一个管壳内，成为具有所需电路功能的微型结构，形成一个完整的电路，且整个电路的体积大大缩小，引出线和焊接点的数目也大为减少，从而使电子组件向着微型化、小型化、低功耗和高可靠性方面迈进了一大步。

2. 集成电路图形符号

集成电路在电路中用字母"IC"（或用字母"N"）表示，如图2-90所示为集成电路的图形符号及外形。

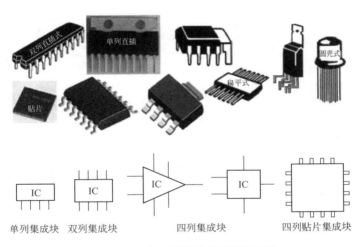

图2-90 集成电路的图形符号及外形

3. 集成电路的种类

集成电路有数字集成电路、模拟集成电路两大类。数字集成电路用来产生、放大和处理各种数字信号，指在时间上和幅度上离散取值的信号，如VCD、DVD重放的音频信号和视频信号；模拟集成电路是用来产生、放大和处理各种模拟信号，指幅度随时间连续变化的信号，如半导体收音机的音频信号、录放机的磁带信号等。集成电路的具体分类方法如图2-91所示。

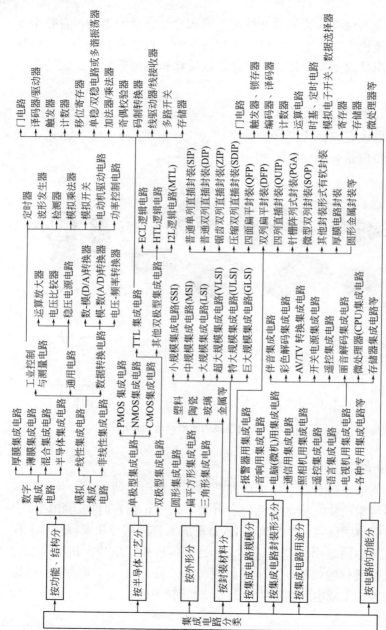

图2-91 集成电路的分类

二、集成电路的检测

（一）集成电路的检测方法

对集成电路的测量主要在被测器件输入、输出和电源引脚上进行，用以确定被测器件输出引脚的直流驱动特性、输入引脚的直流负载特性和电源特性。集成电路常用的检测方法有在线测量法、非在线测量法和代换法。

（1）非在线测量法　非在线测量法是在集成电路未焊入电路时，通过测量其各引脚之间的直流电阻值并与已知正常同型号集成电路各引脚之间的直流电阻值进行对比，以确定其是否正常，其检测方法是：将万用表置于电阻挡（如$R×1k$或$R×100$挡），红、黑表笔分别接集成电路的接地脚，然后用另一表笔检测集成电路各引脚对应于接地引脚之间的正、反向电阻值（图2-92），并将检测到的数据与正常值对照，若所测值与正常值相差不多，则说明被测集成电路是好的，否则说明集成电路性能不良或损坏。

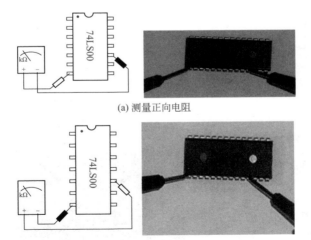

(a) 测量正向电阻

(b) 测量反向电阻

图2-92　检测集成电路各引脚对应于接地引脚之间的正、反向电阻值

（2）在线测量法　在线测量法是利用电压测量法、电阻测量法及电流测量法等，通过在电路上测量集成电路的各引脚电压值、电阻值和电流值是否正常，来判断该集成电路是否损坏。

（3）代换法　代换法是用已知完好的同型号、同规格集成电路来代换被测集成电路，可以判断出该集成电路是否损坏。采用代换法时应注意：若因负载短路使大电流流过集成电路造成损坏，且在没有排除故障短路的情况下，用相同型号的集成电路进行替换，其结果会造成集成电路的又一次损坏，因此替换的前提是必须保证负载不短路。

（二）微处理器集成电路的检测

微处理器集成电路的关键测试点主要是电源（V_{CC}/V_{DD}）端、RESET复位端、X_{IN}晶振信号输入端、X_{OUT}晶振信号输出端及其他线路输入、输出端。可在线进行检测，其方法是：将万用表置于电阻挡（图2-93）或电压挡（图2-94），红、黑表笔分别接集成电路的接地脚，再用另一表笔检测上述关键点的对地电阻值和电压值，然后与正常值对照，即可判断该集成电路是否正常。

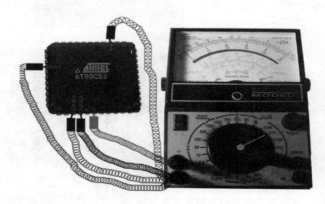

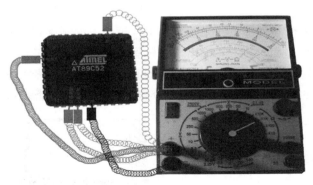

图2-93 微处理器集成电路关键点的电阻检测

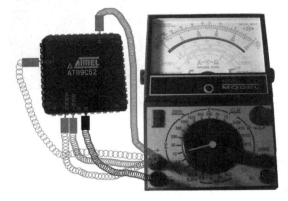

图2-94 微处理器集成电路关键点的电压检测

 提示

微处理器集成电路的复位电压有低电平复位和高电平复位两种形式。低电平复位：即在开机瞬间为低电平，复位后维持高电平。高电平复位：即在开机瞬间为高电平，复位后维持低电平。

（三）单片机的检测

单片机又称单片微控制器。是一个集成在一块芯片上的完整

163

计算机系统，具有一台完整计算机所需要的大部分部件，如CPU、内存、内部和外部总线系统等。单片机的关键测试脚主要是电源、时钟、复位及其输入与输出端。检测时将万用表置于$R \times 1k$挡，红表笔接地，黑表笔分别接各引脚测其对地电阻值（图2-95），然后将所测的值与正常值对照，即可判断该集成电路是否正常。

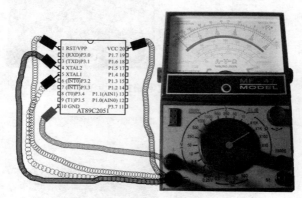

图2-95 单片机的检测

（四）开关电源集成电路的检测

1.不在路检测

不在路检测就是在集成电路未接电路之前，将万用表置于$R \times 1k$挡（或$R \times 100$挡），然后检测集成电路各引脚对应于接地引脚之间的正、反向电阻值，若所测得的值与正常值相差不大，则说明被测集成电路是好的，反之说明被测集成电路性能不良或损坏。

2.在路检测

在路检测就是使用万用表直接测量集成电路在印制电路板上各引脚的直流电阻、对地交直流电压是否正常来判断该集成电路是否损坏。常用的几种测量方法如下。

（1）直流电阻检测法 采用万用表在路检测集成电路的直流

电阻时应注意以下三点。

① 测量前必须断开电源，以免测试时造成电表和组件损坏。

② 使用的万用表电阻挡的内部电压不得大于6V，选用 $R \times 100$ 或 $R \times 1k$ 挡。

③ 当测得某一引脚的直流电阻不正常时，应注意考虑外部因素，如被测机与集成电路相关的电位器滑动臂位置是否正常，相关的外围组件是否损坏等。

（2）直流工作电压检测法　直流工作电压检测法是在通电的情况下，用万用表直流电压挡检测集成电路各引脚对地直流电压值，来判断集成电路是否正常的一种方法。检测时应注意以下三点。

① 测量时，应把各电位器旋到中间位置，如果是彩电，则信号源要采用标准彩条信号发生器。

② 对于多种工作方式的装置和动态接收装置，在不同工作方式下，集成电路各引脚电压是不同的，应加以区别。如彩电中的集成电路各引脚的电压会随信号的有无和大小发生变化，如果当有信号或无信号时都无变化或变化异常，则说明该集成电路损坏。

③ 当测得某一引脚电压值出现异常时，应进一步检测外围组件，一般是外围组件发生漏电、短路、开路或变值。另外，还需检查与外围电路连接的可变电位器的滑动臂所处的位置，若所处的位置偏离，也会使集成电路的相关引脚电压发生变化。在检查以上各项均无异常时，则可判断集成电路已损坏。

 提示

判断集成电路质量的好坏，可采取"一看、二检、三测"的方法。

① 一看：看集成电路封装是否标准，型号标注的图案、字迹

是否清晰，产地、商标及出厂编号是否齐全，生产日期是否较短，是否正规商店经营，等等，以保证其基本质量。

② 二检：检查集成电路的引脚是否有腐蚀插拔的痕迹，正常集成电路的引脚应光滑有亮泽、无缺陷且烤漆完好无损。

③ 三测：测量集成电路的所有引脚电压是否在额定值以内，如正常再进行下步检查；测量集成电路引脚上当前的输入信号是否符合原理电路图中的信号要求；测量相对应引脚的输出信号是否符合要求；测量与之相连接的外围电路是否存在开路或短路现象。

（五）固定型三端稳压器的检测

固定型三端稳压器的关键测试点主要是稳压值。检测时需配备一台稳压电源，如测试7805、7905等系列三端稳压器使用的稳压电源其输出可调范围应在5～30V之间，再结合万用表即可进行测试。测试时应注意稳压电源的调整和连接方法，一般稳压电源的输出电压应比所测三端稳压器的标称稳压值高出5V。稳压电源与被测三端稳压器连接，应根据被测三端稳压器的不同电路而定。常用的固定型三端稳压器有78××、79××等，这类稳压器的引脚识别方法是：对于78××系列，将封装上的字符面向自己，左边引脚为电压输入，右边引脚为电压输出（稳压后输出），中间引脚为接地。对于79××系列，将封装上的字符面向自己，左边引脚为电压输入，中间引脚为电压输出，右边引脚为接地。不过，以上规律不是绝对的，有一种小功率7805三端稳压器则刚好相反，是从右到左的。

例如，测试7805三端稳压器时，稳压电源输出电压应调至10V左右，将稳压电源的正端接7805三端稳压器的输入端 V_{IN}，稳压电源的负端接7805三端稳压器的地端GND，再将万用表调至直流7.5V挡，测量7805三端稳压器的地端GND与输出端 V_{OUT} 的稳压值。测试7905三端稳压器时，只是稳压电源与三端稳压器的连接方式不同，即将稳压电源正极接7905三端稳压器的地端GND，稳压电源负端接7905三端稳压器的输入端V_{IN}。其稳压电源使用的电压、万用表的检测挡及检测部位均与测量7805三端稳压器完全相同，如图2-96所示。

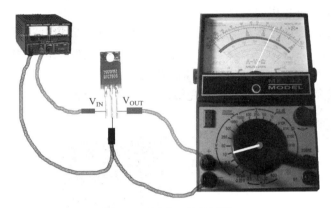

图2-96　测试三端稳压器

（六）音频功放集成电路的检测

音频功放集成电路的关键测试点主要是电源端（正电源端和负电源端）、音频输入端、音频输出端和反馈端。检测时，可用万用表测量上述各点的对地电压值和电阻值，并将所测得的结果与正常值对照，若相差很大，则可能是集成电路不良或外围组件有故障。此时应先查外围组件，若外围组件正常，则可判断集成电路已损坏。

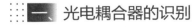

第十节　光电耦合器

一、光电耦合器的识别

光电耦合器又称光耦合器或光耦，是以光为媒介传输电信号的一种电-光-电转换器件。它由发光源和受光器两部分组成。把发光源和受光器组装在同一密闭的壳体内，彼此间用透明绝缘体隔离。发光源的引脚为输入端，受光器的引脚为输出端，常见的发光源为发光二极管，受光器为光敏二极管、光敏三极管等。

常见的光电耦合器有4脚的和6脚的两种，通常由一只发光二极管和一只光敏三极管构成，它们的实物外形和电路符号如图2-97所示。当发光二极管流过导通电流后开始发光，光敏三极管受到光照后导通，这样通过控制发光二极管导通电流的大小，改变其发光的强弱就可以控制光敏三极管的导通程度。

图2-97　常见光电耦合器实物及电路符号

二　光电耦合器的检测

光电耦合器好坏的判断，可通过检测光电耦合器内部二极管和三极管的正、反向电阻来确定。用指针式万用表检测光电耦合器不仅可以确定光电耦合器的引脚排列，还可以检测出它的光传输特性是否正常。以4脚PC817型光电耦合器为例，检测方法如图2-98、图2-99所示。

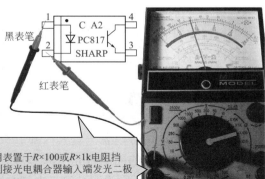

检测方法：
① 首先将指针式万用表置于$R×100$或$R×1k$电阻挡
② 将红、黑表笔分别接光电耦合器输入端发光二极管的两个引脚
③ 如果有一次表针指数为无穷大，但红、黑表笔互换后有几千欧至十几千欧的电阻值，则此时黑表笔所接的引脚为发光二极管的正极，红表笔所接的引脚为发光二极管的负极

图2-98　万用表检测光电耦合器（一）

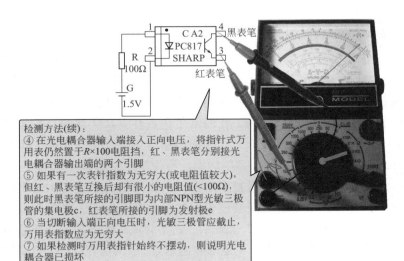

检测方法(续)：
④ 在光电耦合器输入端接入正向电压，将指针式万用表仍然置于$R×100$电阻挡，红、黑表笔分别接光电耦合器输出端的两个引脚
⑤ 如果有一次表针指数为无穷大（或电阻值较大），但红、黑表笔互换后却有很小的电阻值($<100Ω$)，则此时黑表笔所接的引脚即为内部NPN型光敏三极管的集电极c，红表笔所接的引脚为发射极e
⑥ 当切断输入端正向电压时，光敏三极管应截止，万用表指数应为无穷大
⑦ 如果检测时万用表指针始终不摆动，则说明光电耦合器已损坏

图2-99　万用表检测光电耦合器（二）

　　由于光电耦合器的组成方式不尽相同，因此在检测时应针对不同的结构特点，采取不同的检测方法。例如，在检测普通光电

耦合器的输入端时，一般均参照红外发光二极管的检测方法进行；对于光敏三极管输出型的光电耦合器，检测输出端时应参照光敏三极管的检测方法进行。

至于多通道光电耦合器的检测，应首先将所有发光二极管的引脚判别出来，然后再确定对应的光敏三极管的引脚。对于在线路中的光电耦合器，最好的检测方法是"比较法"，即拆下怀疑有问题的光电耦合器，用万用表测量其内部二极管、三极管的正向和反向电阻值，并与好的同型号光电耦合器对应脚的测量值进行比较，若阻值相差较大，则说明被测光电耦合器已损坏。

第十一节 晶振

一、晶振的识别

晶振又称晶体谐振器、石英晶体谐振器，是利用石英晶体（二氧化硅的结晶体）的压电效应制成的一种谐振器件。晶振用一种能把电能和机械能相互转化的晶体在共振的状态下工作，以提供稳定、精确的单频振荡。在通常工作条件下，普通的晶振频率绝对精度可达百万分之五十，高级的精度更高。有些晶振还可以由外加电压在一定范围内调整频率，称为压控振荡器（VCO）。

晶振是时钟电路中最重要的器件，作用是为系统提供基本的时钟信号，产生单片机向被控电路提供的基准频率。晶振在电路中用"X""Y"或者"Z"来表示，通常分成有源晶振和无源晶振两个大类，外形有正方形、矩形和圆形等，封装类型有SMD型和DIP型，即贴片型和插脚型，如图2-100所示。

二、晶振的检测

晶振的检测方法如下。

电路符号

图2-100　晶振电路符号及外形

① 将指针式万用表置于 $R×10k$ 挡，测量晶振的正、反向电阻值，正常时均应为无穷大。用万用表检测晶振的操作方法如图2-101所示。

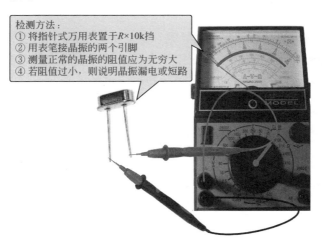

检测方法：
① 将指针式万用表置于 $R×10k$ 挡
② 用表笔接晶振的两个引脚
③ 测量正常的晶振的阻值应为无穷大
④ 若阻值过小，则说明晶振漏电或短路

图2-101　用万用表检测晶振

② 用电容表或具有电容测量功能的数字式万用表测量晶振的电容量，即可大致判断出该晶振是否已变值。若测得晶振的容量大于近似值或无容量，则可确定是该晶振已变值或开路损坏。

③ 将晶振装在它的工作电路上，再用频率表或示波器测其工作频率是否正常，若频率不正常，则说明晶振有问题。

提示 ---

由于采用万用表只能大致估测晶振是否正常，因此最可靠的方法还是采用正常的、同规格的晶振代换检查。

第十二节 磁控管

一、磁控管的识别

磁控管也称微波发生器，是微波炉的"心脏"，其作用是将直流电能转化为微波能量。磁控管实际上是一个真空管（金属管），管内电子在相互垂直的恒定磁场和恒定电场的控制下，与高频电

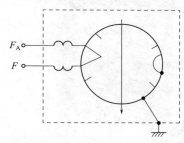

图2-102　磁控管的电气符号

磁场发生相互作用，把从恒定电场中获得的能量转变成微波能量，从而达到产生微波能的目的。在磁控管中，电子运动方向、径向直流电场和轴向恒定磁场三者相互垂直，因而它又属于正交场器件。磁控管在电路图中的电气符号如图2-102所示。

磁控管主要由管芯和磁铁两部分构成。磁控管工作的基本条件：一是阳极电压通常需要-4000V左右（具体按照额定输出功率的规格需要）；二是灯丝电压一般为3.3V。满足以上两个条件，磁控管就能够起振工作。

磁控管外部主要由天线（即微波能量输出器）、灯丝端子（灯丝插头）、密封垫圈、冷却翅片、磁控管底盘、管芯等组成。管芯主要由阴极、阳极、磁场、电场、谐振腔和能量输出器等装置构

成，如图2-103所示。

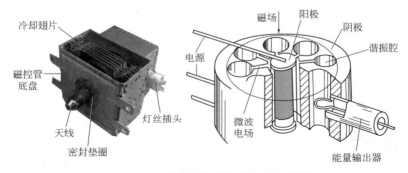

冷却翅片

磁控管
底盘

天线

密封垫圈

灯丝插头

磁场   阳极   阴极

谐振腔

电源

微波
电场

能量输出器

图2-103   磁控管外部结构及内部剖视图

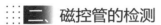 **二、磁控管的检测**

磁控管工作时，高压变压器经倍压整流后，加至磁控管阴极上的直流电压为-4000V左右（阳极接地）。所以检测磁控管时应先放电，再进行检测。磁控管故障大多表现为无微波输出，其检测项目和方法如下。

① 先用万用表$R\times1$挡测量磁控管的灯丝是否开路，若测灯丝电阻为1Ω左右，则说明灯丝正常；若测得灯丝两脚之间的电阻为无穷大，则说明灯丝已开路。

② 用万用表$R\times10k$挡测量磁控管的灯丝与外壳之间的绝缘电阻是否足够大，有无漏电短路现象。磁控管最常见的故障就是灯丝与外壳短路，检测时应作为重点。

③ 用绝缘电阻表测量阴极与外壳之间的绝缘电阻是否足够大，有无漏电短路现象。由于阴极电阻极高，因此要求阴极与阳极、外壳之间的绝缘电阻不少于5MΩ。

④ 检测磁控管的磁钢是否损坏，有无破裂等现象。

⑤ 检查磁控管的真空度是否足够，有没有漏气的现象。判断磁控管的真空度是否正常，可通过测量磁控管阳极的输出电流值

初步判断，若阳极电流高于0.35A（以磁控管灯丝电压值为3.3V为例），则说明该管可能漏气或真空度变差。同时观察漏气点可能出现发黑变色的现象，若有此现象，则只能更换磁控管。

⑥ 对于有励磁线圈的磁控管，还要检查励磁线圈是否正常。若阳极电流高于正常电流值（如部分磁控管为0.30A），则说明该管的励磁线圈可能存在故障。

如果磁控管的发射头出现发黑或击穿故障，可用钳子把它取下，用其他报废的磁控管发射头装上即可，也可用钢皮或铝皮沿原来的发射头绕两圈。如果出现磁控管对外壳短路故障，首先检查磁环有无开裂，如果没开裂，则可打开磁控管上盖，剪断磁控管内部到插头座的接线；再用万用表测一下磁控管对外壳的电阻，如测出磁管自身未对外壳短路，而只是插头座对外壳短路，则可对该磁控管进行修理。实际维修中磁控管对外壳短路的故障很少，大多是插头座对外壳短路。若出现此类故障，只要在磁控管内部接线和外部接线上装上小磁管，再用AB胶在小磁管外面抹一层以固定小磁管上下不窜动，并使小磁管不对壳即可。

第十三节 IGBT

一 IGBT的识别

IGBT（功率开关管）为电磁炉电路控制核心元器件，它就是电磁炉的"心脏"，其作用是：IGBT在电路中相当于一个高频开关管，它承受着高电压、大电流和高频开关损耗所产生的热量。IGBT是绝缘栅双极型晶体管的简称，是由BJT（双极型三极管）

和MOS（绝缘栅型场效应管）组成的复合全控型电压驱动式电力电子器件。

IGBT有三个极（图2-104），分别称为栅极G（门极）、集电极C（漏极）、发射极E（源极）。一般来说，IGBT的引脚排列顺序与常见的大功率三极管的引脚排列顺序一致，即型号标注的一面朝外，引脚向下，从左至右依次为栅极（G）、集电极（C）、发射极（E）。电磁炉中使用的IGBT多为N型。

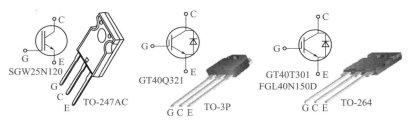

图2-104　IGBT的外形及符号

二、IGBT的检测

IGBT可以用指针式万用表和数字式万用表进行引脚识别和检测，检测前应先将IGBT的三只引脚短路放电，避免影响检测的准确度。具体操作方法如下。

1.判别引脚

① 将指针式万用表置于$R \times 1k$挡，测量时，若某一极与其他两极的阻值为无穷大，调换表笔后该极与其他两极的阻值仍为无穷大，则判断此极为栅极G。对其余两极再用万用表测量，若测得阻值为无穷大，调换表笔后测量阻值较小，则在测量阻值较小的一次中，红表笔接的为漏极D，黑表笔接的为源极S。

② 将数字式万用表置于二极管挡，用红表笔固定接某一电极，黑表笔依次接触另外两个电极。如果两次均显示0.7V左右，则说明红表笔接的是栅极G，并且管子属于N沟道。如果两次均

显示溢出，则说明红表笔所接的也是栅极G，但管子属于P沟道。若一次显示0.3～0.6V，另一次显示溢出，则表明红表笔接的不是栅极，应改用其他电极重测。

2. 检测IGBT质量的好坏

将万用表置于$R\times10k$挡，用黑表笔接IGBT的漏极D，红表笔接IGBT的源极S，此时万用表的指针指在零位。用手指同时接触一下栅极G和漏极D，这时IGBT被触发导通，万用表的指针摆向阻值较小的方向，并能固定指示在某一位置。然后再用手指同时接触一下栅极G和源极S，这时IGBT被阻断，万用表的指针回零。如果实测情况与上述情况相符，则说明被测IGBT是正常的。

3. 检测IGBT是否含阻尼管

检测IGBT是否含阻尼管，可以采用指针式万用表的$R\times1k$挡来进行检测，或用数字式万用表的二极管挡来测量PN结正向压降进行判断。方法是：用指针式万用表的两表笔正、反向测量IGBT的G、E两极及G、C两极的电阻，对于正常的IGBT（正常G、E两极与G、C两极间的正、反向电阻均为无穷大；内含阻尼二极管的IGBT正常时，E、C极间均有4kΩ左右的正向电阻），上述所测值均为无穷大；最后用指针式万用表的红表笔接C极，黑表笔接E极，若所测值在3.5kΩ左右，则所测IGBT内含阻尼二极管，若所测值在50kΩ左右，则所测IGBT内不含阻尼二极管。对于数字式万用表，正常情况下，IGBT的C、E极间正向压降约为0.5V。

提示 ------------------------------

①任何指针式万用表皆可用于检测IGBT。注意：判断IGBT好坏时，一定要将万用表拨在$R\times10k$挡，因为$R\times1k$挡以下各挡万用表内部电池电压太低，检测好坏时不能使IGBT导通，而无法判断IGBT的好坏。②用数字式万用表检测IGBT时，由于此管比较"娇气"，极易受外界电磁场或静电的感应而带电，而少量的电

荷就可在极间电容上形成相当高的电压，将管子损坏。因此在测量时应格外小心，并采取相应的防静电感应措施。例如测量之前，先把人体对地短路后，再去触摸IGBT的引脚，最好在手腕上接一条导线与大地连通，使人体与大地保持等电位。

第十四节 温度传感器

一、温度传感器的识别

在家用电器智能控制的过程中，温度传感器是一种经常被使用的温度检测元器件。温度传感器广泛应用于室内空调、电冰箱、小家电等家用电器中，它是利用热敏电阻的阻值随温度变化的特性来工作的，将温度的变化值转化为电信号，以此对家用电器进行智能化检测和控制。热敏电阻分为正温度系数（PTC）热敏电阻（图2-105）和负温度系数（NTC）热敏电阻（图2-106）。

图2-105 PTC热敏电阻　　　　　图2-106 NTC热敏电阻

PTC热敏电阻的阻值随温度的变化特性是：从居里温度（磁性材料的临界温度）开始，PTC热敏电阻的电阻值随温度上升而急剧增大（可达到几个数量级），当阻值大到一定的程度时，PTC热敏电阻的电阻值随温度变化而缓慢变化，使元件本身有个恒温范围，从而达到限定温度范围的目的。而NTC热敏电阻则相反，从居里温度开始，NTC热敏电阻的电阻值随温度上升而急剧减小（也可达到几个数量级），当阻值小到一定的程度时，NTC热敏电阻的电阻值随温度变化而缓慢变化，使元件本身有个恒温范围，从而达到限定温度范围的目的。

不同的磁性材料制成的温度传感器，其居里温度是不一样的，居里温度点为180～220℃的PTC热敏电阻适用于美容美发器、

定子超温熔断器
2A/250V，130℃

图2-107　风扇电动机壳体温度
传感器

电热吹风机、衣物烘干机等家用电器；居里温度点为250～260℃的PTC热敏电阻适用于电烙铁等电器；居里温度点为80～120℃的PTC热敏电阻适用于安装在电动机壳体或电子设备中的功率管壳体（或散热片）上，作为过热保护电路的温度传感器元件（图2-107）。

NTC热敏电阻分为低温型（-60～300℃）、中温型（300～600℃）和高温型（＞600℃）三种。NTC热敏电阻具有灵敏度高、温度响应速度快、价格便宜、使用寿命长（属于永久性元件）等特点。

另外，还有一种具有开关特性的NTC热敏电阻，又称为负温临界热敏电阻（CTR），它有一个突变的温度点，并且，这个温度点可以通过掺入的锗（Ge）、镍（Ni）、钨（W）等金属元素来改变。

二、温度传感器的检测

（一）PTC热敏电阻的检测方法

检测PTC热敏电阻时，用万用表$R×1$挡，在室温下（25℃左

右），手持两表笔接触PTC 热敏电阻，测出其实际阻值（R_T），并与标称阻值对比，两者相差在±2Ω左右即为正常。若与实际阻值相差较大，则说明该热敏电阻性能不良或已损坏。

将电烙铁加热后靠近PTC热敏电阻对其加热，同时用万用表监测其电阻是否随温度的升高而增大，如是则说明热敏电阻正常，若阻值无变化，则说明其性能变劣或损坏，不能继续使用。如图2-108所示。

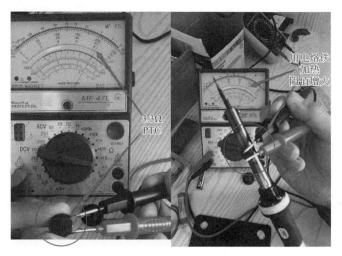

图2-108　PTC热敏电阻的检测方法

（二）NTC热敏电阻的检测方法

NTC热敏电阻的检测方法与PTC热敏电阻的检测方法相同，用欧姆挡测量NTC热敏电阻的阻值R_t与其标称值（标称值是生产厂家在环境温度为25℃时测得）是否一致。若一致则说明NTC热敏电阻基本是正常的；若不一致，则说明NTC热敏电阻性能不良或者损坏。

将电烙铁加热后靠近NTC热敏电阻对其加热，同时用万用表监测其电阻是否随温度的升高而减小，如是则说明热敏电阻正常，若阻值无变化，则说明其性能变劣或损坏，不能继续使用。如图2-109所示。

图2-109　NTC热敏电阻的检测方法

第十五节 湿度传感器

一、湿度传感器的识别

图2-110　湿度传感器

湿度传感器（图2-110）主要由湿敏元件组成，湿敏元件主要有电阻式、电容式两大类。

湿敏电阻（图2-111）的特点是在基片上覆盖一层用感湿材料制成的膜，当空气中的水蒸气吸附在感湿膜上时，元件的电阻率和电阻值都发生变化，利用这一特性即可测量湿度。

湿敏电容（图2-112）一般是用高分子薄膜电容制成的，常用的高分子材料有聚苯乙烯、聚酰亚胺、醋酸纤维等。当环境湿度发生改变时，湿敏电容的介电常数发生变化，使其电容量也发生变化，其电容变化量与相对湿度成正比，从而达到测量湿度的目的。

图2-111　湿敏电阻

图2-112　湿敏电容

二、湿度传感器的检测

检测湿度传感器最简单的方法是用口对传感器哈气，测量传感器有没有信号输出，则可进行判断。正常的湿度传感器都有相应的信号输出。若没有信号输出，则可判断湿度传感器不良或损坏。

湿度传感器的精度一般在±2%～±5%范围之内，达不到这个水平就很难作为计量器具使用；湿度传感器要达到±2%～±3%的精度是比较困难的；通常湿度传感器的产品资料中给出的特性值是在常温（20℃±10℃）条件下和洁净的气体中测量的。

第十六节　红外传感器

一、红外传感器的识别

红外传感器是将红外辐射能的变化转换成电信号的装置，它是根据热电效应和光子效应的原理制成的。运用热电效应制成的传感器称为热释电型红外传感器，运用光子效应原理制成的传感器称为光子型传感器。在家用红外传感器中大多使用热电型红外传感器，如图2-113所示。

二、红外传感器的检测

红外传感器最简单的检测方法是用人体靠近带检测模块的红外传感器的检测口，测其引脚有无高电平输出，若有

图2-113　热电型红外传感器

则说明红外传感器正常，若没有则说明红外传感器不良或损坏。

第十七节 电磁阀

一、电磁阀的识别

家用电器中的电磁阀主要有洗衣机的电磁阀和空调器上的电磁四通阀。洗衣机电磁阀又分为进水电磁阀和排水电磁阀。

洗衣机的进水电磁阀是控制进水装置，它是由电脑板的进水晶闸管控制进水的阀门，主要由阀体、线圈、金属芯、橡胶阀、过滤网等部件组成。

电磁阀在未通电时，金属芯在其上端的弹簧力和自身重力作用下，通过橡胶垫封闭住中心孔，这样进水腔内的水压与橡胶阀和塑料导阀之间密封腔内的水压相等，使橡胶阀牢牢压在阀体中的水管口上，切断了水流，保证了进水阀的正常关闭；当电磁阀接通电源后，由于电磁力的作用，金属芯被吸起，中心孔被打开，这时橡胶阀和塑料导阀间的空腔压力低于进水腔内的自来水水压，橡胶阀被顶开，电磁阀开始进水工作。

进水电磁阀实物如图2-114所示。

排水电磁阀是洗衣机的一个重要部件，它的动作控制着排水、制动带的放松和收紧、棘爪的升起和降落。一般排水电磁阀分交流和直流两种，它的负担很重、受力很大，其结构和进水电磁阀相似，如图2-115所示。

图2-114　进水电磁阀实物

空调电磁四通阀是热泵型空调的重要部件，它安装在压缩机排气口，主要作用是改变制冷剂的流向从而完成制冷或制热过程。电磁四通阀实物如图2-116所示。

图2-115　排水阀结构

图2-116　电磁四通阀实物

二、电磁阀的检测

洗衣机进水电磁阀的检测如图2-117所示。

① 断电状态下打开水龙头，检测水龙头是否能进水，若不能进水则说明进水阀故障。

② 在断电状态下测量进水阀同一线圈端子间阻值，正常应约为4.6kΩ，若为无穷大或小于1kΩ，则为线圈断路或短路故障。

③ 若以上均正常，则通电运行，测量进水阀线圈端子电压。

④ 若线圈端子电压正常且一直不进水，则断电后立即触摸线圈。

⑤ 若线圈发热，则为进水阀故障。

断电检测进水阀
阻值是否正常

图2-117 检测进水阀

洗衣机排水电磁阀的检测如图2-118所示。

① 首先检查排水阀是否有异物堵塞，导向排水阀橡胶件是否无法复位或弹簧失效。

② 若排水阀无异物堵塞等情况，则断电时测量排水阀三根导线两侧的阻值。

③ 若有任一阻值小于1kΩ或三组阻值均为无穷大，则为排水阀故障。

④ 再测量排水阀电动机端子2（紫色）和端子3（蓝色）之间的阻值（正常约为13kΩ），若短路或断路，则为排水阀电动机故障。

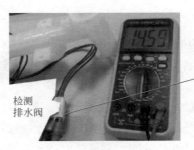

检测
排水阀

检测蓝色和紫色
端子间的阻值
是否正常

图2-118 检测排水阀

电磁四通阀的检测方法有很多，常用的是将空调器控制面板上的温度调整到制热状态，使电磁阀内部线圈保持在通电状态，测量室内机接线板上的电磁阀线有无220V电压。若无电压则说明电磁阀可能无故障，重点检查电脑板；若测量电压正常，且在电磁线圈通电时能听到电磁阀内铁芯吸合的"嗒嗒"声及制冷剂换向的流动声，则说明电磁阀正常，若听不到任何声音则说明电磁阀损坏。

第十八节 压缩机

一 变频压缩机的识别

变频压缩机是变频空调的心脏，为空调提供源源不断的动力。其外形结构如图2-119所示。

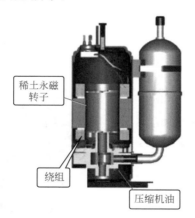

稀土永磁转子

绕组

压缩机油

图2-119 变频压缩机的外形结构

真正的变频空调使用的是变频压缩机，变频压缩机的转子是磁芯，而不是铁芯。变频压缩机有三个绕组，每次会有两个绕组通电，形成推力，绕组间会按规律转换，让压缩机按设定频率运行。

变频压缩机的频率越低转速越低，当达到设定温度后压缩机会以比较低的频率运行，产生的冷量刚好等于消耗的冷量，所以真正的变频空调理论上是不停机的。

二、变频压缩机的检测

压缩机不启动时，在排除制冷剂不足、系统过热、控制器故障等其他原因后，可检查是否是压缩机本身的故障，即检查压缩机是否有卡缸、绕组短路或绕组断路等故障。

交流变频压缩机的电动机是三相电动机，其定子绕组为阻值基本一样的3个绕组，采用星形连接法，如图2-120所示。

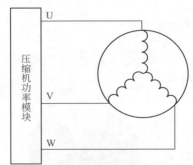

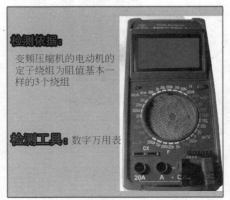

检测依据：
变频压缩机的电动机的定子绕组为阻值基本一样的3个绕组

检测工具：数字万用表

图2-120　检测变频压缩机的电动机

　　测量单相绕组直流电阻时，最好用数字万用表，并且精度越高越好，这样就会检测出其细小的差别。各品牌各型号不同规格的变频压缩机的绕组阻值不尽相同，检测时应将测量的阻值与对应的变频压缩机标称阻值进行对比。一般情况下，若所测各绕组阻值均相同或基本接近，则可认为压缩机的电动机是好的。

第十九节 霍尔传感器

一 霍尔传感器的识别

　　霍尔传感器又称位置传感器，在电动自行车中应用较多，一般都固定在电枢有引出线一端靠近磁钢的地方，如图2-121所示。

　　霍尔传感器一般有三个引脚，第一个是电源正极；第二个是接地；第三个是状态输出脚。只要确定正极和接地，剩下最后一个脚便是输出脚，如图2-122所示。

图2-121　霍尔传感器的识别

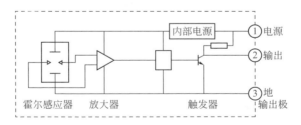

图2-122　霍尔传感器内部电路原理

　　霍尔传感器用于检测电动机的电枢电流，由于霍尔传感器测出的结果只是脉冲，因此起到控制无刷电动机速度的作用。直流电动机中的转矩是通过永磁体磁场和绕组中的电流相互作用产生的。在有刷电动机中，换向器通过转换电枢绕组的接入方式实现电枢电流的换向，以产生旋转磁场。而在无刷直流电动机中，霍尔传感器探测转子旋转磁场的位置，通过逻辑与驱动电路，给相应的绕组激励。

二、霍尔传感器的检测

霍尔传感器的故障主要是传感器脱落、霍尔集成电路失效和引线断开等。下面以电动车直流无刷电动机的霍尔传感器为例，介绍其故障检测方法。

（1）霍尔传感器脱落　霍尔传感器一般都固定在电枢有引出线一端靠近磁钢的地方，如图2-123所示。

霍尔元件

图2-123　电动车直流无刷电动机的霍尔传感器

首先观察霍尔传感器是否脱落，若发现脱落，可用树脂将霍尔传感器再次牢固粘贴在原来的地方即可。

（2）引线断开　检测霍尔传感器的引线是否断开，若引线断开，则重新焊接。

但是，如果引线是在集成电路齐根处断开，则只能更换。

（3）霍尔集成电路失效　首先应分清是电路内部故障还是工作电源故障，需要通过测定引脚电压来断定。具体检测方法及注意事项如下。

　　打开控制器电源，使霍尔传感器能处于工作状态，找一块场强较大的磁钢，反复用N、S极接近霍尔传感器，用毫安表或信号测定仪测定输出极与接地极间的信号变化。它的信号简单，只有"有"和"无"两种，即"1"和"0"。

　　若用S极或N极接近都没有任何信号，则可确定霍尔集成电路失效，应当更换新的。有信号实际是高电平有电压输出，输出电压在5V以上；无信号则是低电平，无电压输出。

　　霍尔集成电路是矩形小方片，其中有一个角是缺角，焊开前只要认清缺角方向即可，另外它的3根引线的颜色也不一样，预先将颜色的顺序记清，再焊接时就不会出错。

第三章 ‹‹‹‹‹‹‹‹
元器件（管道）的拆装

第一节 电阻器的拆装

一、电阻器的拆卸

电阻器的拆卸方法如下：用电烙铁头在印制电路板的反面轮流对被拆电阻器的引脚加热，使引脚上的焊锡全部熔化，然后用镊子夹住元器件向外拉，把电阻器从印制电路板上取下来。

二、有引线电阻器的安装

（1）电阻器焊接前的处理

① 引线校直　可用平嘴钳将电阻器的引线沿原始角度拉直。

② 表面清洁　可用酒精或丙酮擦洗，严重的腐蚀性污点可用刀刮或用砂纸打磨。

③ 引脚弯曲成形　采用卧式和立式跨接两种方式，需要对电阻器引出线弯曲成形再进行安装时，弯曲点与引出线根部之间的距离不应太小，一般大于5mm，弯曲半径应大于2倍的引出线直径（图3-1）。弯曲成形时，首先应使用工具固定电阻器引出线，然后再对引线施力弯曲。弯曲时避免对引出线根部施加不当外力，使电阻器内部结构受损，影响到电阻器的可靠应用。

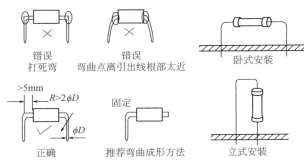

图3-1 电阻器引线的弯曲

④ 插装到电路板 将电阻器的引脚插入对应的插孔,贴紧电路板安装。

(2) 焊接操作 焊接电阻器的操作方法如图3-2所示。

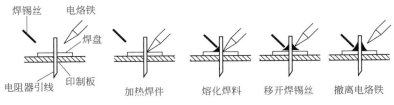

图3-2 焊接电阻器

① 准备施焊 在手工焊接电阻器时,应注意电烙铁的功率不宜大于25W,焊接时间应尽量短,一般不宜超过5s。左手拿焊锡丝,右手握经过预上锡的电烙铁,准备焊接。

② 加热焊件 烙铁头靠在引线和焊盘连接处,加热整个焊件,时间约为1 ~ 2s。电阻器的引脚和印制电路板上的焊盘需要均匀受热。

③ 熔化焊料 焊接面加热到一定温度,焊锡丝从烙铁头对面接触焊件。

④ 移开焊锡丝 当焊锡丝熔化到一定量后,立即向左上45°方向移开焊锡丝。

⑤ 撤离电烙铁　焊锡浸润焊盘和焊件的施焊部位后，向右方移开烙铁，焊接结束。注意：移开电烙铁的方向应该是与电路板成大致45°的方向。

三、带散热器的电阻器的安装

安装带散热器的电阻器时，与散热器接触的安装体表面要平直，不得有毛刺、异物等，必要时应在接触面涂抹一薄层导热硅脂，安装紧固螺钉时，应两边（对角）分别逐渐加力，最后完全拧紧。绝对不能先拧紧一边，再开始拧另一边。在安装大功率带散热器的电阻器时，还应加弹簧垫片。

四、贴片电阻器的安装

（1）焊接前的处理　在焊接前应对要焊的印制电路板（PCB）进行检查，确保其干净。对其上面的表面油性的手印以及氧化物进行处理。

（2）焊接方法　焊接方法如图3-3所示，先在焊盘上涂上一层松香水，预热再上锡（电烙铁与焊接面一般应成45°）；然后右手持电烙铁压在上好锡的焊盘上，保持焊锡处于熔融状态，左手用镊子夹着电阻器推到焊盘上；焊好一个焊端，移开电烙铁（动作应快速连贯，以一个焊点1s为合适，时间过长焊点表面容易老化或形成锡渣，焊锡容易拉尖，焊点没有光泽），再焊接另外一个焊端。

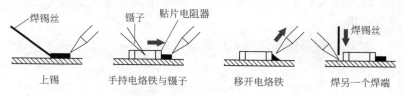

图3-3　贴片电阻器的焊接

第二节　电容器的拆装

当电容器损坏后，拆卸前辨认原电容器的规格与确认电容器正、负极方向，或者在拆下电容器前记住其原本的方向，以免电容器装反；电容器在焊接时应装入规定位置，并注意有极性的电容器其"+"与"-"极不能接错，电容器上的标记方向要容易看得见。

一、直插引脚式电容器的拆焊

直插引脚式电容器的拆焊有两种方法。

第一种是采用空心针（医用针头和专用空心针）作为拆焊工具进行，方法是：一边用电烙铁熔化焊点，一边把针头套在被焊电容器的引线上（图3-4），直至焊点熔化后，将针头迅速插入印制电路板的孔内，使电容器的引脚与印制电路板的焊盘分开。用此种方法焊接后不需要清锡。

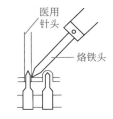

图3-4　用空心针进行拆焊

第二种是加焊法，如图3-5所示，将印制电路板翻至背面，找到电容器的引脚位；对焊点进行加焊，加到两只引脚都被盖住；手在电路板另一面抓住电容器轻拉（严禁硬拉），电容器即可拔下，然后用吸锡枪把电容器焊点处的锡吸干净。

安装电容器时注意电容器的正、负极，将电容器的引脚穿过印制电路板，然后给引脚上锡；若上完锡后焊点不光滑，则将烙铁头蘸上焊油，来回修复焊点即可，如图3-6所示。

二、贴片电容器的拆焊

① 对于普通贴片电容器（表面颜色为灰色、棕色、土黄色、淡紫色和白色等），拆焊、焊接与贴片电阻器相同，可参考贴片电阻器的焊接方法进行焊接。

193

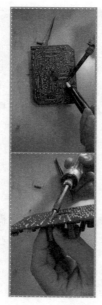

图3-5　拆卸电容器

图3-6　安装大电容器

② 对于上表面为银灰色、侧面为多层深灰色的涤纶电容器和其他不耐高温的电容器，不能用热风枪加热，而应用电烙铁进行焊接，以免损坏电容器。其具体拆焊与焊接方法如下。

拆焊这类电容器时，要用两个电烙铁同时加热两个焊点使焊锡熔化，在焊点熔化状态下用烙铁尖向侧面拨动使焊点脱离，然后用镊子取下。

图3-7　焊接贴片电容器

焊接这类电容器时，首先在电路板两个焊点上涂上少量焊油，用电烙铁加热焊点，当焊锡熔化时迅速移开电烙铁，这样可以使焊点光滑（图3-7）；然后用镊子夹住电容器放正并下压，再用电烙铁加热另一个焊点并焊好，这时不要再下压电容器以免损坏第一个焊点。

提示

采用上述方法焊接的电容器一般不正，如果要焊正，可以将电路板上的焊点用吸锡线将锡吸净，再分别焊接，如果焊锡少则可以用烙铁尖从焊锡丝上带一点锡补上，体积小的不要把焊锡丝放到焊点上用电烙铁加热取锡，以免焊锡过多引起连锡。

③ 对于黑色和黄色塑封的电解电容器也可以和电阻器一样处理，但温度不要过高，加热时间也不要过长。塑封的电解电容器有时边角加热变色，但一般不影响使用。对于鲜红色的两端为焊点的扁形电解电容器更要注意不要过热。

第三节 晶体二极管的拆装

晶体二极管的拆装方法如下。

① 晶体二极管有立式与卧式两种安装方式（图3-8），可视电路板空间大小来选择。晶体二极管的安装位置要选择适当，不要使管体与线路中的发热组件靠近。

② 安装晶体二极管时，首先用钳子夹住引脚根部，保持引脚根部固定不动，将引脚弯成所需的形状，然后插入

立式　　卧式

图3-8　晶体二极管的安装方式

印制电路板孔洞再加以弯曲，然后进行焊接，最后剪掉接线头，如图3-9所示。在弯折引脚时不要采用直角弯折，而要弯成一定的弧度，且用力均匀，防止将晶体二极管的玻璃封装壳体撬碎，造成损坏。

③ 小功率晶体二极管的引脚不是用纯铜材料制成的，焊接时一定要注意防止虚焊。

插入印制板孔 洞再加以弯曲　　焊接　　剪接线头

图3-9　晶体二极管的安装

④ 经过长时间存放的晶体二极管，其引脚氧化发黑，必须先用刀子刮干净氧化层，并预先吃锡，然后再往电路板上焊，以确保焊接质量。

⑤ 将晶体二极管焊接到印制电路板上时应掌握焊接条件：温度为260℃，时间在3s之内。

⑥ 焊接时应用镊子夹住引脚根部以利散热，且焊接点要远离晶体二极管的树脂包装根部，并勿使晶体二极管受力，禁止焊接温度过高和焊接时间过长。

⑦ 焊接时，在印制电路板的相应焊点上涂上少量焊油，用电烙铁逐个加热焊点并由内向外移动，使每个焊点光滑。

⑧ 拆焊时，用热风枪垂直于印制电路板均匀加热，焊锡熔化时迅速用镊子取下；体积稍大的可用镊子夹住元器件并略向上提，同时用热风枪加热，当焊点焊锡刚一熔化时即可分离。

⑨ 取下元器件时应记住其方向，必要时要标在图上。

第四节 晶体三极管的拆装

1.晶体三极管的焊接工具及材料准备

焊接工具及材料包括电烙铁、镊子、斜口钳各一把，小刀或什锦锉一把，松香、焊锡丝若干。

2.晶体三极管的焊接

用小刀或什锦锉刮去三极管引脚上的氧化物，用电烙铁蘸少许松香、焊锡给引脚搪上一层锡（这是影响焊接质量的关键）；将三极管插入需要焊接的位置；在焊接点上用电烙铁熔化少许焊锡丝，使焊点圆润即可；先固定一个引脚，校正好再焊接其他两个引脚，焊完后用斜口钳剪去多余的引脚（图3-10）。

图3-10　焊接三极管

 提示

　　按要求将e、b、c三根引脚装入规定位置，装配时注意极性，否则三极管不会工作以致烧毁；焊接时间应尽可能短些（最好不要超过3s），焊接时用镊子夹住引脚，以帮助散热；焊接大功率三极管时，若需要加装散热片，应将接触面平整、打磨光滑后再紧固，若要求加垫绝缘薄膜片，千万不能忘记引脚与线路板上焊点需要连接时要用塑料导线；元器件比较密集的地方应分别套上不同颜色的塑料套管，防止碰极短路。

3.贴片三极管的焊接

　　贴片三极管有三个焊接引脚，焊接时先将一个焊盘镀锡，然后固定住三极管的一个引脚，接着焊接另外两个引脚。贴片三极管的引脚比较细，很容易变形或折断，所以焊接时一定要小心，不要用力过大。

第五节　场效应晶体管的拆装

 一、绝缘栅场效应管的焊接方法

　　将电烙铁外壳接地，或使用带PE线的电烙铁；电烙铁加热后断开电源焊接；保留原塑料套管或保护铝箔，用一段细裸铜丝在引脚根部绕3～4圈，使引脚可靠地接在一起，然后将细裸铜丝两端拧好，去掉原保护层；再把引脚剪至需要长度并弯成适当形状，之后可像焊普通晶体管那样焊接，焊好后再拆去细铜丝即可。

二、焊接时的注意事项

① 焊接时，应将所有测试仪器、工作台、电烙铁、线路本身都良好地接地，以防场效应管栅极感应击穿；对于少量焊接，也可以将电烙铁烧热后拔下插头或切断电源后焊接；从元器件架上取下场效应管时，应以适当的方式确保人体接地，如采用接地环等。

② 用25W电烙铁焊接时应迅速；若用45～75W电烙铁焊接，应用镊子夹住引脚根部以帮助散热。

③ 在连入电路之前，场效应管的全部引线端保持互相短接状态，焊接完后才把短接材料去掉；把场效应管插入电路或从电路中拔出时，应关断电源。

④ 安装场效应管的位置要尽量避免靠近发热元器件；为了防止管件振动，有必要将管壳体紧固起来；弯曲引脚时，应当在离引脚根部5mm以上的部分进行弯曲，以防止弯断引脚或引起场效应管内部漏气等。

⑤ 焊接绝缘栅场效应管时，要按源极—漏极—栅极的先后顺序焊接，并且要断电焊接；MOS器件各引脚的焊接顺序是漏极—源极—栅极，拆卸时顺序相反。

第六节 集成电路的拆卸

在电路维修中，如果集成电路损坏，必须先将损坏的集成电

路从印制电路板上拆卸下来才能更换新的集成电路。但由于集成
电路的引脚又多又密，拆卸时不仅很麻烦，甚至还会损坏集成电
路和印制电路板。下面介绍几种简便且行之有效的拆卸方法。

一、吸锡器吸锡拆卸法

吸锡器吸锡拆卸法就是使用普通吸焊两用的电烙铁
（图3-11）来拆卸集成电路。此法是一种
常用的专业方法，具体操作方法是：将
电烙铁加热到一定程度后，将其吸嘴前
端对准集成电路的焊点，待焊锡熔化后，
按动吸锡按钮将焊锡吸入筒内；当将集
成电路全部引脚上的焊锡吸完后，即可
轻松拿下集成电路。

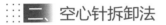

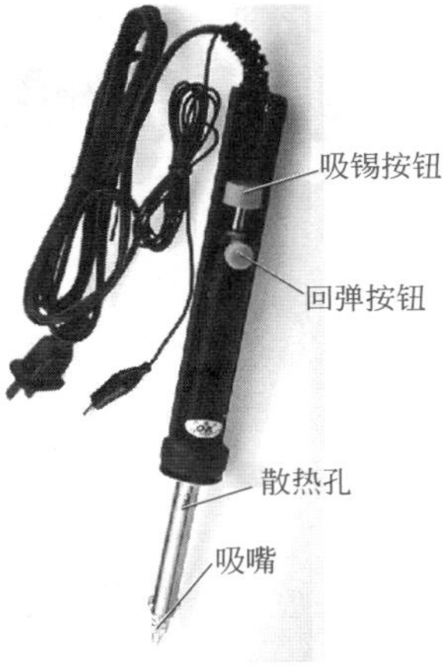

吸锡按钮

回弹按钮

散热孔

吸嘴

图3-11　吸焊两用电烙铁

二、空心针拆卸法

空心针拆卸法就是使用空心针（针
头的内径正好能套住集成电路引脚为宜）
和电烙铁来进行拆卸集成电路。此法简
单易行，也不易损伤印制电路板，但比较费时。具体操作方法
是：如图3-12所示，将针孔套入引脚，用电烙铁加热，然后松开
电烙铁并旋转针头，等焊锡凝固后拔出针头，这时该引脚就和印
制电路板完全分开。将集成电路的所有引脚都按上述方法做一遍
后，集成电路就可以轻易被拿掉。

三、多股铜线吸锡拆卸法

多股铜线吸锡拆卸法就是使用铜线与电烙铁来拆卸集成电路，
其具体方法是：首先用钳子将铜线去除塑料外皮，然后将多股铜
线蘸上松香酒精溶液（铜线上的松香不要过多，以免污染印制电

路板）并晒干；将上述处理过的铜线压在集成电路的焊脚上，并压上电烙铁（一般以45～75W为宜），此时焊脚处焊锡迅速熔化，并被铜线吸附；将吸上焊锡的部分剪去，重复进行几次就可将引脚上的焊锡全部吸走，最后用镊子或一字螺丝刀轻轻一撬，即可取下集成电路，如图3-13所示。

图3-12　空心针拆卸法

图3-13　多股铜线吸锡拆卸法

四、熔焊扫刷拆卸法

熔焊扫刷拆卸法就是使用电烙铁与硬鬃毛刷来拆卸集成电路，其具体操作方法是：将电烙铁加热到一定程度后，将集成电路引脚上的焊锡熔化，并趁热用毛刷将熔化的焊刷掉（如果一次刷不干净可加热再刷，直至把焊锡清除干净），使集成电路的引脚与印制电路板分离，最后用尖镊子或一字螺丝刀撬下集成电路。该法简单易行，但要注意掌握电烙铁的温度，既要能熔化焊点使引脚与印制电路板分离，又不能加热过度，以防止损坏印制电路板。

五、增焊拆卸法

增焊拆卸法就是在待拆卸的集成电路的引脚上再增加一层焊锡，使每列引脚的焊点连接起来，以利于传热，便于拆卸；然后再用电烙铁加热一列引脚，并在加热的同时用尖镊子或小的一字螺丝刀轻轻撬动各引脚，一般每列引脚加热两次即可拆卸下来。此种方法最省事，但要注意的是，加热和撬动必须同时进行，如果在焊锡未熔化时去猛撬可能会使引脚折断。

六、拉线拆卸法

对于贴片式集成电路的拆卸可采用拉线法，其具体操作方法是：取一根长度和粗细合适的漆包线，将其一端刮净上锡后，如图3-14所示，从集成电路引脚的底部穿过，并将这一端焊在印制电路板的某一焊点上，然后按拉线穿过引线的顺序从头至尾用电烙铁对其加热，并在加热的同时用手捏起拉线向外拉，即可使引脚与印制电路板脱离。此法稳当可靠，但要注意的是，必须待所有焊锡完全熔化后，才能用力拉漆包线，否则会造成焊盘起泡，损坏引脚或印制电路板。

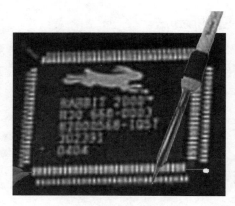

图3-14 拉线拆卸法示意图

七、用热风枪加热拆卸法

对于微型片状集成电路可采用热风枪加热拆卸。首先用尖头电烙铁加热后将松香均匀涂在片状集成电路引脚的四周，以防止焊下时损坏焊盘。然后启动热风枪，待温度恒定后，将热风枪对集成电路的引脚进行加热，操作时速度要快，使各引脚焊盘均匀熔化。最后用镊子将集成电路推离焊盘，即可卸下集成电路。

贴片集成电路的拆卸注意事项：①将线路板固定，仔细观察需拆卸集成电路的位置和方位，并做好标记，以便焊接时恢复；②用小刷子将贴片集成电路周围的杂质清理干净，往贴片集成电路周围加注少许松香水；③调好热风枪的温度和风速，温度开关一般调至300～350℃，风速开关调至2～3挡；④用针头或手指钳将集成电路掀起或夹走，且不可用力，否则极易损坏集成电路的锡箔。

第七节　集成电路的焊接方法

一、焊接集成电路前的准备工作

① 工具　镊子、松香、电烙铁、焊锡。

② 清理印制电路板　焊接前用电烙铁对印制电路板进行平整，用小毛刷蘸上天那水将印制电路板上准备焊接的部位刷净，仔细检查印制电路板的印制电路有无起皮、断路。若有起皮，只需平整一下就可以了；若有断路，则需用细铜丝连接好。

③ 引脚上锡　新集成电路在出厂时其引脚已上锡，不必作任何处理。如果是用过的集成电路，需清除引脚上的污物，并对引脚上锡和调整处理后才能使用。

二、焊接集成电路的具体操作步骤

先将集成电路摆放在印制电路板上，将引脚对正，并将每列引脚的首、尾脚焊好，以防止集成电路移位，然后采用拉焊法进行施焊。所谓拉焊，就是在烙铁头上带一小滴焊锡，将烙铁头沿着集成电路的整排引脚自左向右轻轻地拉过去，使每一个引脚都被焊接在印制电路板上。焊接完毕后，应对每一个焊点进行检查，若某一焊点存在虚焊，则可用电烙铁对其补焊，最后用纯酒精棉球擦净各引脚，除去引脚上的松香及焊渣。

三、扁平封装集成电路的焊接

焊接前，先用电烙铁对电路板进行平整，用小毛刷蘸上天那水将电路板上准备焊接的部分刷净，再进行焊接。双列扁平封装和矩形扁平封装一般用电烙铁焊接，烙铁头最好选用斜口扁头。焊接方法如下。

（1）定位　首先把集成电路（IC）平放在焊盘上（按照引脚

编号把集成电路引脚与印制电路板相应焊盘对准，不能有错位现象），然后用手按住不动，接着在集成电路四面先焊一两个引脚将IC固定在印制电路板上，如图3-15所示。

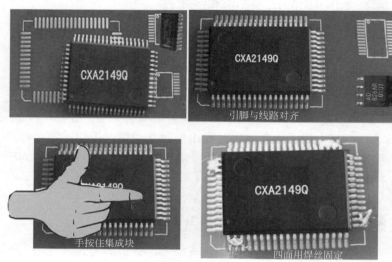

引脚与线路对齐

手按住集成块

四面用焊丝固定

图3-15　集成电路的定位

（2）堆焊　集成电路固定好后，用电烙铁在集成电路四周引脚上全部堆上焊锡（图3-16），注意焊锡不要太多。

（3）取锡　操作时，既要保证集成电路良好地焊接在印制电路板上，也要避免引脚间短路。取锡时，将印制电路板倾斜，当电烙铁加热时，焊锡便会随烙铁头的移动而向下流动，堆在引脚上多余的锡不断地积聚起来；把烙铁头放入松香中，甩掉电烙铁头部多余的焊锡，把蘸有松香的烙铁头迅速放到斜着的PCB头部的焊锡部分，然后用电烙铁反复把积聚的锡取下，这样逐步地把锡取干净。电烙铁加热引脚时，烙铁头不要停留在某一点上，应沿着集成电路的整排引脚自左向右迅速轻轻地拉过去（图3-17），使锡始终处于熔化状态，利于多余焊锡向下流动。

为了保证焊接质量，拉焊时应注意以下几点：①为了防止脚与脚之间粘连在一起，可在焊接前将松香制成粉末撒在集成电路的引脚上，这样引脚与引脚的间隙处就不会留有焊锡；②拉焊时最好来回拉两次，以保证每个引脚都不存在虚焊，焊接完成后用小毛刷蘸少许天那水将松香刷干净，认真检查无误后，再通电试机。

图3-16　堆焊

图3-17　拉焊

 提示

①使用旧集成电路时应首先对集成电路进行适当的处理（如修正有偏差的引脚位置，将每个引脚都调整到一个平面上，重新上薄锡），而新贴片集成电路的引脚在出厂时已上过锡了，并且各个脚位置很正，焊接时直接焊到印制电路板上即可；②焊接时必须细心谨慎，提高精度；③要认清方向，找准第一引脚，不要倒插，所有IC的插入方向一般应保持一致，引脚不能弯曲折断。

第八节　铜－铜管的焊接方法

　　制冷空调的管件多用铜管材，焊接时可选用磷铜焊条或含银量低的磷铜焊条，方法如下。

　　（1）工具的准备　割管刀、胀管器、卷尺、线号笔、锉、焊枪、乙炔瓶、氧气瓶、氮气瓶。

（2）焊接前的准备　先将要焊接管件表面清理干净并用胀管器进行扩口，扩完的喇叭口应光滑、圆整、无毛刺和裂纹，厚度均匀，用砂纸将要焊接的铜管接头部分打磨干净，最后用干布擦干净，以免影响焊接质量。

（3）焊接　对被焊件进行预热，打开焊枪点火，调节氧气和乙炔的混合比，选择中性火焰；先用火焰加热插入管，稍热后把火焰移向外套管，再稍摆动加热整个铜管，当铜管接头均匀加热到焊接温度（显微红色）时。加入焊料（银焊条或磷铜焊条）。焊接完毕后，将火焰移开，关好焊枪。

（4）补焊　在试压过程中发现焊接有渗漏的地方应进行补焊，补焊时要将系统试压的氮气放掉，焊后要重新试压。补焊前，要将表面的氧化层用纱布擦净；补焊后，要将氧化皮清除干净，在水中淬火后，应将铜管烘干，不得有水滴存在。全部焊完后，要用氮气将系统吹净。

第九节 铜－铝管的焊接方法

铜-铝焊接即把铜质材料和铝质材料通过焊接工艺接成一体。因为铜和铝都属易氧化金属，所以铜与铝的焊接工艺比较难掌握，焊接时应仔细操作，其步骤如下。

① 首先将泄漏的铜-铝接头焊开，把泄漏的那段管子用割刀割掉，然后将铝管的杂质清除，把口修平、修圆，涂好铝焊粉；再将铜管的杂质清除，把口修平、修圆。

② 打开焊枪，调节氧气和乙炔的混合比，选择中性焰。用火焰对准与铝管相邻的那部分铜管进行加热，加热时要均匀，速度要快，不允许只局部加热（由于铜和铝的熔点不同，因此加热时

火焰应偏向铜管侧，均匀施压即可），直到加热至铝管开始熔接于铜管上，此时将铜管稍作转动，使之均匀熔在一起，再将焊枪迅速拿开，关闭焊枪。冷却后，用水清洗干净，用氮气吹去管内污物即可。

4

第四章 <<<<<<<
通用维修思路

第一节 家电检修的思路

要排除电器的故障就要了解电器的工作原理，熟悉电器的结构、电路，知道电器的某部件出现故障会引起什么后果，产生什么现象。根据故障现象，联系机器的工作原理，通过逻辑推理分析，初步判断故障大致产生在哪一部分，以便逐步缩小检查目标，集中力量检查被怀疑的部分。下面具体说明电器检修的一般程序。

1. 判断故障的大致部位

（1）了解故障　在着手检修发生故障的电器前除应询问、了解该电器损坏前后的情况外，尤其要了解故障发生瞬间的现象。例如，是否发生过冒烟、异常响声、摔跌等情况，还要查询有无他人拆卸检修过而造成的"人为故障"。另外，还要向用户了解电器使用的年限、过去的维修情况，作为进一步观察要注意和加以思考的线索。

（2）试用待修电器　对于发生故障的电器要通过试听、试看、试用等方式，加深对电器故障的了解，并结合过去的经验为进一步判断故障提供思路。

检修顺序为：接通电源，拨动各相应的开关、接插件，调节有关旋钮，同时仔细听音观图，分析、判断可能引起故障的部位。

（3）分析原因　根据前面的观察和以前学的知识与积累的经验综合运用，再设法找到故障机的电路原理图及印制电路板布线图。若实在找不到该电器的相关数据，也可以借鉴类似机型的电路图，灵活运用以往的维修经验并根据故障机的特点加以综合分析，查明故障的原因。

（4）归纳故障的大致部位或范围　根据故障的表现形式，推断造成故障的各种可能原因，并将故障可能发生部位逐渐缩小到一定的范围。其中尤其要善于运用"优选法"原理，分析整个电路包含几个单元电路，进而分析故障可能出在哪一个或哪几个单元电路中。总之，对各单元电路在整个电路系统中所担负的特有功能了解得越透彻，就越能减少检修中的盲目性，从而极大地提高检修的工作效率。

2.故障的查找与排除

（1）故障的查找　对照电路原理图和印制电路板布线图，在分析电器工作原理并在维修思路中形成可疑的故障点后，即可在印制电路板上找到其相应的位置，运用仪器仪表进行在路或不在路测试，将所测数据与正常数据进行比较，进而分析并逐渐缩小故障范围，最后找出故障点。

（2）故障的排除　找到故障点后，应根据失效元器件或其他异常情况的特点采取合理的维修措施。例如，对于脱焊或虚焊，可重新焊好；对于组件失效，则应更换合格的同型号同规格元器件；对于短路性故障，则应找出短路原因后对症排除。

（3）还原调试　更换元器件后往往还要或多或少地对电器进行全面或局部调试。因为即使新换入的元器件与原来的型号相同，也会因工作条件或某些参数不完全相同而导致电器特性差异，而有些元器件本身则必须进行调整。如果大致符合原参数，即可通电试机，若电器工作全面恢复正常，则说明故障已排除；反之应重新调试，直至该故障机完全恢复正常为止。

第二节 家电检修的基本原则

以下是家电检修时应遵循的几项原则。

1. 先调查后熟悉

当接到一台故障机时，不应急于动手，而应先询问发生故障的前后经过及故障现象，例如：故障是逐渐变化的还是突然发生的，故障现象是有规律的还是无规律的；是在正常接收过程中出现的故障还是在操作、控制、移动、连接过程中出现的故障。根据用户提供的情况和线索，再认真地对电路进行分析研究，从而弄清楚其电路原理和元器件的作用。

2. 先想后做

"先想后做"主要包括以下几个方面。

① 先想好怎样做、从何处入手，再实际动手。也可以说是先分析判断，再进行维修。

② 对于所观察到的现象，尽可能地先查阅相关的资料，看有无相应的技术要求、使用特点等；根据查阅到的资料，结合下面要谈到的内容，再着手维修。

③ 在分析判断的过程中，要结合自己已掌握的知识、经验来进行判断，对于自己不太了解的，一定要先向有经验的人咨询，寻求帮助。

④ 对于生疏的设备，还应先熟悉电路原理和结构特点，遵守相应规则。拆卸前要充分熟悉每个电气部件的功能、位置、连接方式以及与四周其他器件的关系，在没有组装图的情况下，应一边拆卸、一边画草图，并做上标记。

3. 先机外后机内

对于故障机，应先检查机外部件是否有明显裂痕、缺损，特别是机外的一些开关、旋钮位置是否得当，外部的引线、插座有无断路、短路现象等。当确认机外部件正常时，再对机内进行检查。

4.先机械后电气

机械包括：轴、传动带、外壳连接件、轴承等，应先确定机械零件无故障后，再进行电气方面的检查。检查电路故障时，应利用检测仪器寻找故障部位，确认无接触不良故障后，再有针对性地查看线路与机械的运作关系，以免误判。

5.先软件后硬件

着手检修故障机时，应先分清故障是由软件原因引起的，还是由电气故障造成的。先判断是否为软件故障，确定软件无问题后，如果故障仍存在，则再从硬件方面着手检查。

6.先静态后动态

静态一般指不通电、不运转时的情况。当确认静态检查无误时，再通电进行动态检查。如果在检查过程中，发现冒烟、闪烁等异常情况，应立即关机，并重新进行静态检查，从而避免不必要的损坏。

7. 先清洁后检修

对污染较重的电气设备，应先清洁机器，如对机内各组件、引线、走线之间及按钮等进行清洁。实践表明，许多故障都是由于脏污及灰尘等引起的，一经清洁故障往往会排除。

8.先电源后机器

电源是机器的"心脏"，如果电源不正常，就不可能保证其他部分的正常工作，也就无从检查别的故障。根据经验，电源部分的故障率在整机中占的比例最高，所以先检修电源常能收到事半功倍的效果。

9.先通病后特殊

根据机器的共同特点，先排除带有普遍性和规律性的常见故障，然后再去检查特殊的电路，以便逐步缩小故障范围。

10.先外围后内部

先不要急于更换损坏的电气部件，在确认外围设备电路正常后，再考虑更换损坏的电气部件。如检修集成电路时，应先检查其外围电路，在确认外围电路正常后，再考虑更换集成电路。从维修实践可知，集成电路外围电路的故障率远高于其内部电路。

11.先直流后交流

直流是指晶体管的直流工作点，交流是指变频、高压等回路。检修时，必须先检查直流回路静态工作点，再检查交流回路动态工作点。

12.先检查故障后进行调试

对于电路、调试故障并存的机器，应先排除电路故障，然后再进行调试。因为调试必须在电路正常的前提下才能进行。当然有些故障是由于调试不当而造成的，这时只需直接调试即可恢复正常。

13.先主后次

在维修过程中要分清主次，即"抓主要故障"。在检查故障现象时，有时可能会看到一台故障机有两种或两种以上的故障现象（如：启动过程中无显示但机器在启动，并且启动完成后有死机的现象等）。此时，应该先判断并维修主要的故障，当主要故障修复后，再维修次要故障，有时可能次要故障已不需要维修了（因为有可能在处理主要故障的同时就把次要故障同时给修复了）。

5

第五章 ‹‹‹‹‹‹‹
家电维修方法

::::▪ 一、 直观检查法

　　直观检查是通过人的感觉器官对容器的内、外表面进行检查，以判断是否存在缺陷。

　　直观检查法就是不借助仪器和仪表，仅凭眼（看）、耳（听）、鼻（闻）、手（拨、扭和摸）以及应用必要的工具对电器进行检查，从而发现损坏部位或故障。以下分别介绍。

　　看：看机内有没有故障痕迹，如电容爆裂及漏液，有没有烧焦的元器件，熔丝是否完好，机板有没有断裂，焊点有没有裂纹，按键开关、接口有无松动等。例如：检修洗衣机电动机不转的故障时，通过查看电动机、电容器外观是否变色来判断它们是否正常；检修电路板时，通过查看电容器、晶体管、集成电路是否炸裂来判断它们是否正常等。

　　听：是通过耳朵听有无异常声音来判断故障点的检修方法。例如：检修彩电、微波炉、电磁炉等电器时，有"啪啪"的放电声发出，则检查它的高压器件是否对地放电；检修电风扇、吸油烟机时，有过大的机械噪声发出，则检查电动机是否旋转不畅；检修电冰箱不制冷故障时，听压缩机是否运转来判断故障（不运转，则检查压缩机、起动器及其供电电路；压缩机运转，但不能听到蒸发器内制冷剂流动的声音，则检查制冷系统是否泄漏或堵塞）。

闻：用鼻子闻有无烧焦的气味，找到气味来源，故障可能出现在放出异味的地方。例如：检修洗衣机电动机不转的故障时，若闻到有异常的气味，则说明电动机或它的运行电容器损坏。

摸：摸就是通过用手摸来发现故障部位。例如：用手摸一些管子、集成电路等感觉是否超过正常温度、发烫或无法触摸，调整管有无过热或冰凉不热现象。若温度正常，则说明它们工作正常；若感觉不到温度，则说明没有工作；若过热，则说明它们有问题。

提示

用手摸变压器外壳（断电后进行）时，不要触及接线端子，因为有时因充电电容存在，电压很高，会危及安全。

二、人体干扰法

人体干扰法是以人体作为干扰源，这种方法不需要额外使用其他仪器和设备，只需要用手触碰电路，然后根据电路的反应状况来判断故障部位。一般情况下，人体干扰法是一种简单方便又迅速有效的方法。

三、温度检测法

温度检测法有加热法与冷却法两种，这两种方法主要用于电路中组件热稳定性变差而引发的软故障的检修。

加热法就是用工具（如电烙铁、热风枪、电吹风等工具）对可疑元器件进行升温，从而迅速判断出故障部位。例如：维修手机时用电烙铁加热CPU，如果手机能够出现信号，故障可能就在CPU上；加热时钟晶体，如果手机有信号了，故障可能就是时钟晶体不起振引起的。

冷却法就是用蘸酒精的棉球给某个有怀疑的组件降温，使故障现象发生变化或消失，以迅速判断出故障部位。此法主要针对有规律性的故障，如开机正常但使用一会儿就不正常的故障。同加热法相比，冷却法具有快速、方便、准确、安全等优点。例如：某电视机开机场幅正常，数分钟后场幅压缩，半小时后形成一条水平宽带。手摸场输出管有烫感，此时将酒精棉球放到场输出管上，场幅开始回升，不久故障消失，即可判定故障是场输出管热稳定性差所致。

 提示

采用加热法或冷却法时要注意温度变化不要超过组件所允许的范围，不能升温过高或降温过低，否则会损坏元器件。

四、短路检查法

短路法是用接有电容的线夹（交流短路）或一根跨接线（直流短路）来短路电路的某一部分或某一元器件，使之暂时失去作用，从图像、声音和电压的变化来判断故障的一种检测方法。例如：用接有电容的线夹将某电路输入端对地短路后干扰消失，则说明故障出在此级之前，然后依次检查，找出故障所在。这种方法主要适用于检修故障电器中产生的噪声、交流声或其他干扰信号等，对于判断电路是否有阻断性故障十分有效。

 提示

电路和晶体管工作状况的检查：短路法应选在电压较低、电流较小的部位进行，不可在主供电线上做短路试验，以免造成电源直接短路，损坏更多的元器件。

五、 电阻检测法

电阻检测法简称电阻法，它是利用万用表欧姆挡测量电器的集成电路、晶体管各引脚和各单元电路的对地电阻值，以及各元器件自身的电阻值来判断故障部位，它是最基本的一种检修故障的方法。这种方法对于检修开路、短路性故障并确定故障组件最为有效。

电阻检测法一般采用正向电阻测试和反向电阻测试两种方式相结合来进行测量。习惯上，正向电阻测试是指黑表笔接地，用红表笔接触被测点；反向电阻测试是指红表笔接地，用黑表笔接触被测点。

另外，在实际测量中，也常用在路电阻测量法和不在路电阻测量法。在路电阻测量法就是被测元器件接在整个电路中，所以万用表所测得的阻值会受到其他并联支路的影响，在分析测量结果时应予以考虑，以免误判；不在路电阻测量法是将被测组件的一端或整个组件从印制电路板上焊下后测其阻值，虽然较麻烦，但测量结果会更准确、可靠。

① 电阻法操作时一般是先测试在线电阻的阻值；② 为了测试准确和防止损坏万用表，在线测试时一定要在断电状态下进行；③ 在线测试元器件质量好坏时，万用表的红、黑表笔要互换测试，尽量避免外电路对测量结果的影响。

六、 电压检测法

电压检测法简称电压法，它是通过万用表测量电子线路或元器件的工作电压并与正常值进行比较来判断故障的。电压法也是要通电才能对电路进行测量，但是不用断开电路，是直接在电路板上测量，是检修家用电器最基本、最常用的一种检查方法。

电压法分为直流电压法与交流电压法，直流电压法就是用万用表的直流电压挡对直流供电电压、外围元器件的工作电压进行测量；交流电压法就是用万用表的交流电压挡对元器件的电压进行检测（一般电器的电路中，因市电交流回路较小，相对而言电路不复杂，万用表测量时较简单）。

提示

①检测时应了解被测电路的情况、被测电器的种类、被测电压的高低范围，然后根据实际情况合理选择测量挡位，以防止烧坏测试仪表；②测量前还必须分清被测电压是交流电压还是直流电压，确保万用表红表笔接电位高的测试点，黑表笔接电位低的测试点，防止因指针反向偏转而损坏电表；③电压法检测中，要养成单手操作的习惯，测高压时，要注意人身安全。

七、电流检测法

电流检测法是通过万用表的电流挡检测电器或电路的电流值大小来判断电器或电路故障的一种检修方法。

电流法的具体操作方法是：将万用表置于合适的电流挡位，选择好要测试的电路（或元器件），然后断开此电路（可以用刀片隔断铜片，或者拆开跨接线）；给电器的电路板通电，然后用万用表的红表笔接电路的电流输入端，黑表笔接电流输出端，所测的数据与正常值（可在另一块正常的电路板上测量）进行比较，如果此段电路电流不正常，则说明问题就在前级电路。

提示

①电流法对于电器烧熔丝或局部电路有短路时检测效果明

显；②电流法是串联测量，而电压法是并联测量，实际操作时往往先采用电压法检测，在必要时才进行电流法检测。

八、信号注入法

信号注入法是将各种信号逐步注入电气设备可能存在故障的有关电路中，然后利用示波器（或其他波形观察仪器）和电压表等测出数据或波形，从而判断各级电路是否正常的一种故障检测办法。

信号注入法检测一般分两种，一种是顺向寻找法，另一种是逆向检查法。其中，顺向寻找法是把电信号加在电路的输入端，然后再利用示波器或电压表测量各级电路的波形或电压等，从而判断故障出在哪个部位。逆向检查法是把示波器和电压表接在输出端，然后从后向前逐级加电信号，从而查出问题所在。

提示

①信号注入点不同，所用的测试信号也就不同。在变频级以前要用高频信号，在变频级到检波级之间应注入465kHz的信号，在检波级到扬声器之间应注入低频信号。②注入的信号不仅要注意其频率，还要选择它的电平，所加的信号电平最好与该点正常工作时的信号电平一致。

九、断路检查法

断路检查法又称断路法、断路分割法、开路法，它是通过割断某一电路或焊开某一组件、接线以便缩小故障检查范围的一种常用方法。如某一电器整机电流过大，可逐渐断开可疑部分电路，断开哪一级电流恢复正常，故障就出在哪一级。这种检修方法可以理顺思路，迅速判断故障。分割法严格来说不是一种独立的检测方法，而是要与其他的检测方式配合使用才能提高维修效率。

分割法依其分割方法不同有对分法、特征点分割法、经验分割法及逐点分割法等。对分法就是把整个电路先一分为二，测出故障在哪一半电路中，然后将有故障的一半电路再一分为二，这样一次又一次一分为二，直到检测出故障为止；经验分割法就是根据维修人员的经验，估计故障在哪一级，然后将该级的输入、输出端作为分割点；逐点分割法就是指按信号的传输顺序，由前到后或由后到前逐级加以分割。

提示

分割法在操作时要小心谨慎，特别是分割电路时，要防止损坏元器件及集成电路和印制电路板。

➕ 并联检查法

并联检查法就是用性能良好的元件并联到被怀疑的元件上来判断故障的一种方法。例如：检修彩电时，当怀疑电容开路或失效时，可用并联电容法检查。若并联后故障消失，则说明此电容确实损坏；若并联后无反应，则说明怀疑可排除。

提示

对于回路电容可用可变电容并联，以确定所需的容量；若用电位器并联检查，则通过调节可确定最佳电阻值；对于不易脱焊检查的元件，也可采用并联法检查。

十一、波形法

波形法就是利用示波器来观察电器的信号通路各测试点的波形，通过波形的有无、大小和是否失真来判断故障的一种检修方法。波形法可以直观地观察被测电路的波形，包括形状、幅度、频率（周期）、相位，还可以对两个波形进行比较，从而迅速、准确地找到故障原因。

应用波形法的基本步骤是：首先要确定关键测试点，然后再依照信号流程的顺序，从前至后逐点进行检测；若前级电路信号的波形正常，而后级测试点波形不正常，便可断定故障就在这两测试点之间，这样故障范围便可缩小到一个很小的区域内。

提示

①不能用示波器去测量高压或大幅度脉冲部位，如电视机中显像管的加速极与聚集极的探头；②当示波器接入电路时，注意它的输入阻抗的旁路作用（通常采用高阻抗、小输入电容的探头）。

十二、敲击法

敲击法一般指在怀疑电器中某部件有接触不良的故障时，用工具（橡胶锤、螺丝刀柄、木锤等工具）轻轻敲击部件或设备的特定部件，观察情况来判定故障部位。此法尤其适合检查虚焊和接触不良故障，例如：电视图像伴音时有时无，用手轻轻敲击电视外壳，故障明显，打开电视后盖，拉出电路板，用螺丝刀柄轻轻敲击可疑元器件，敲到某一部位时故障明显，则可判断故障就在这一部位。

十三、盲焊法

盲焊法实际上是一种不准确的焊接方法。在检修电器过程中，会发现有些故障现象与虚焊很相似，但一时找不到虚焊的元器件，此时不妨试一下盲焊法，可对怀疑的虚焊点逐一焊一遍。由于这种方法带有一定的盲目性，因此称为盲焊法。

 提示

盲焊法一般不提倡使用，只是在上门维修电器时，为了不使用户因维修时间太长而产生厌烦情绪，可以使用此法。

十四、替代检查法

替代检查法简称替换法，就是用好的元器件去替换某个怀疑而又不便测量的元器件或电路，从而来判断故障的一种检修方法。采用替换法确定故障原因时准确率为百分之百，但操作时比较麻烦，有时很困难，对线路板有一定的损伤，故采用此法时要根据电器故障的具体情况以及检修者现有的备件和替换的难易程度而定。替换法一般是在其他检测方法运用后，对某个元器件有重大怀疑时才采用。

 提示

采用替代检查法时，应注意以下几点：①在使用替代检查法时，应本着由简到繁、先易后难的原则，如在检修带有集成电路的电子设备时，应先替换可能发生故障的外围元器件，再替换集成电路；②所替换的组件要与原来的规格、性能相同，不能用低性能的替换高性能的，也不能用小功率电阻替换大功率电阻，更不能用大电流熔丝或铜丝替换小电流的熔丝，以防止故障扩大；③在替换元器件或电路的过程中，连接要正确可靠，不要损坏周围其他组件，从而正确地判断故障，提高检修速度，并避免人为造成故障。

十五、 自诊检查法

自诊检查法就是利用电器具有的自诊检测功能，自动检测机器的工作状态，并将检测到的故障以代码形式自动显示在操作面板上的显示窗内，以告知故障原因及相关部位，检修人员只要了解故障代码的含义，就可以直接找到故障部位和有关部件。检测代码则通过操作按钮来输入，直接驱动某个零部件动作或某一电路工作，以此来判定某一零部件是否损坏、某一电路是否工作、某一信号是否正常，从而迅速找到故障部位及有关部件。

 提示

此方法需要注意的是：检修人员在检修时必须了解并掌握被检修机器的故障代码和检测代码的确切含义，并按照代码的要求正确地输入或查找，只有这样才能做到正确判断、快速检修。

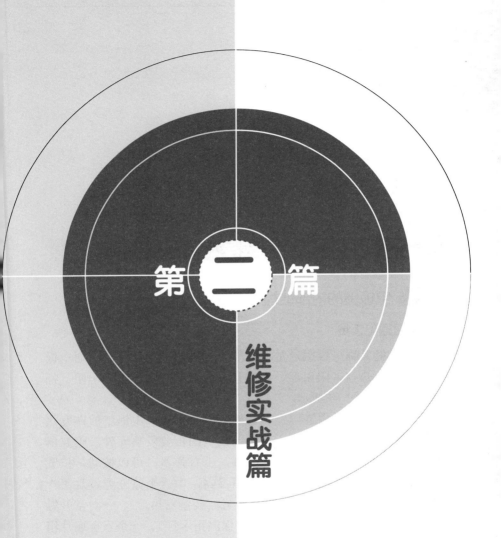

第二篇

维修实战篇

6

第六章 ‹‹‹‹‹‹‹
电饭煲维修

第一节 电饭煲的结构组成与工作原理

一、电饭煲的内部结构

1.普通电饭煲

电饭煲又称电饭锅，是将电能转变为热能的炊具。普通电饭煲主要由发热盘、限温器、保温开关、杠杆开关、限流电阻、插座等组成，如图6-1所示。

发热盘是一个内嵌电发热管的铝合金圆盘，内锅就放在发热盘上，取下内锅即可看到，这是电饭煲的主要发热元件。限温器又叫磁钢，内部装有一个永久磁环，上有弹簧，可以按动，位置在发热盘的中央。保温开关又称恒温器，由一个储能弹簧片、一对常闭触点（该触点一端接电源，另一端接发热管）、一对常开触点（该触点一端接电源，另一端接保温指示灯）、一个双金属片组成。杠杆开关完全是机械结构，有两对常开触点，其中一对触点接在电源与发热管之间；另一对触点接在电源与保温指示灯之间。限流电阻外观呈黑色，像2W的炭膜电阻，接在发热管与电源之间，起着保护发热管的作用。

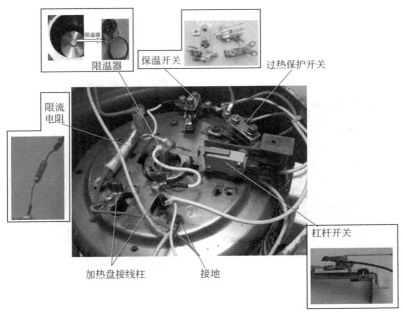

图6-1　电饭煲的结构

2.智能电饭煲

智能电饭煲是指区别于传统机械电饭煲的新一代电饭煲，通过电脑芯片程序控制，实时监测温度以灵活调节火力大小，自动完成煮食过程。它主要由控制板、温度保险（热熔断器、限流电阻）、加热盘、温度传感器（上盖热敏电阻、锅底热敏电阻）等组成，如图6-2所示。

智能电饭煲利用温度传感器和单片机的结合来实现电饭煲的智能化。智能电饭煲锅底温度传感器是NTC温度传感器，用于探测热盘与内锅接触的温度。热熔断器是一种不可复位的一次性保护元件，串入各种电器电源输入端，其作用为过热保护，当电器出现温度失常导致温升过高时，热熔断器迅速分断电路。盖子上的温度传感器的作用是探测盖子内的蒸汽温度，以便电脑板对电饭煲进行温度控制。

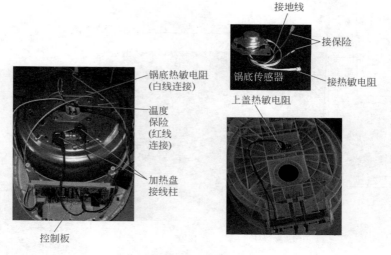

接地线
接保险
锅底传感器
接热敏电阻
上盖热敏电阻

锅底热敏电阻
(白线连接)
温度
保险
(红线
连接)
加热盘
接线柱
控制板

图6-2   智能电饭煲的内部结构

提示

　　智能电饭煲的电路主要由电源部分和控制电路组成，主控电路与热敏电阻形成反馈回路，主控电路实现两种功能：一是采集热敏电阻反馈回来的温度值；二是依据用户选用的工作方式，对继电器的工作方式进行改变从而对电热盘的加热进行控制。

二、普通电饭煲的工作原理

　　普通电饭煲的工作原理是：在内锅中放入大米和一定量的水，通过电加热器使水沸腾，米粒逐渐膨胀、糊化，随着水分蒸发，煮成熟化的米饭。具体工作过程是：开始煮饭时，用手压下开关按钮，永磁体与感温磁体相吸，手松开后，按钮不再恢复到如图

6-3所示状态，则触点接通，电热板通电加热；水沸腾后，由于锅内保持100℃不变，因此感温磁体仍与永磁体相吸，继续加热；直到饭熟后，水分被大米吸收，锅底温度升高，当温度升至居里点103℃时，感温磁体失去磁性，在弹簧作用下，永磁体被弹开，触点分离，切断电源，从而停止加热。

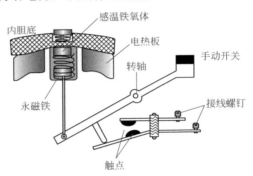

图6-3　普通电饭煲的工作原理

三、智能电饭煲的工作原理

智能电饭煲的工作原理是：利用微电脑芯片，控制加热器件的温度，精准地对锅底温度进行自动控制。

当电饭煲开始工作时，微电脑检测主温控器的温度和上盖传感器温度，当相应温度符合工作温度范围时，接通电热盘电源，电热盘上电发热。由于电热盘与内锅充分接触，热量很快传到内锅上，开始加热，随着加热升温，水分开始蒸发，上盖传感器温度升高，当微电脑检测到内锅中水沸腾时，调整电饭煲的加热功率（微电脑根据一段时间内的温度变化情况，判断加热的米、水情况），从而保证汤水不溢出。

当沸腾一段时间后，水分蒸发，内锅里的水被米基本吸干，而且内锅底部的米饭粘到锅底形成一个热隔离层，因此，锅底温度会以较快速度上升，相应主温控器的温度也会以较快温度上升，当微电脑检测到主温控器的温度达到限温温度时，微电脑驱动继电器断开电热盘的电源，电热盘断电不发热，进入焖饭状态，焖饭结束后转入保温状态。

第二节 电饭煲的故障检修技能

一、电饭煲的维修方法

维修电饭煲时常用的诊断方法主要有询问法、感官检查法、操作检查法、万用表检查法等几种，具体如下。

1. 询问法

就是对送修的用户进行各种内容的询问，以便了解故障信息（如机器的操作方法、损坏情况、故障现象、部位和特征等）。经过询问，维修时可准确快捷地找出故障原因，正确地对机器进行维修，从而提高维修工作效率。

2. 感官检查法

感官检查法一般包括视觉检查、听觉检查、触觉检查、嗅觉检查。

① 视觉检查是通过观察机器外观和内部结构，检查有无损伤、变形，零部件结构是否松动或脱落等。

② 听觉检查是通过耳朵听机器工作时出现的响声，用声音的大小或不同性质的响声判断机器是否损坏的一种检查方法。

③ 触觉检查是通过手动触摸感觉对机器故障进行判断。

④ 嗅觉检查是通过鼻子闻异味来辨别机器故障源。

3. 操作检查法

通过对机器实际操作，与合格机器进行对比，从中寻找故障原因。例如，用电饭煲进行实际煮饭试验，观察煮饭效果是否符

合要求。

4. 万用表检查法

使用万用表的电压、电阻、电流挡对有疑问的机器零部件进行测量，判断其是否损坏。

二 电饭煲常见故障的检修方法

1. 煮糊饭

出现此类故障一般是保温开关的触点烧结粘连在一起所致（虽然煮好饭后限温器已经跳开断电，但此时保温开关仍在继续加热，故造成饭烧糊了）。此时可用小刀把触点分开，然后用细砂纸把触点清理干净，故障即可排除。

2. 煮生饭或夹生饭

此类故障一般是限温器损坏造成的。限温器的正常起跳温度是（103±2）℃，煮饭的温度和时间在未达到正常值时就起跳，就会造成此种故障。检修时先拆开限温器，检查限温器内的永久磁环的磁力是否减弱；若永久磁环的磁力减弱，则更换新磁钢；若永久磁环的磁力正常，则检查限温器内的磁环是否断裂。

3. 不能保温

此类故障一般是保温开关的常闭触点表面脏污或烧蚀，使触点接触电阻过大，造成触点闭合而电路不通、发热管不发热造成的。可用细砂纸将触点表面清理干净后，镀上一层锡，若仍不保温则可更换保温开关。

4. 保温灯亮煮饭灯不亮

出现此类故障时应检查发热盘是否加热、电源线是否良好。若发热盘不加热，则故障原因一般都是金属片开关触点打火氧化，只要用砂纸或小锉刀把触点打磨好即可；若电源线有问题，则修复或更换电源线即可。

5. 插上电源，按下电饭煲煮饭开关，电饭煲不能煮饭

出现此类故障时，先检查电源导线是否断路。若电源导线断路，则检修电源导线；若电源导线良好，则检查限流电阻是否熔断。若限流电阻熔断，则更换之；若限流电阻良好，则检查发热盘内发热管是否熔断。

第七章 ‹‹‹‹‹‹‹‹
电压力锅维修

第一节 电压力锅的结构组成与工作原理

一、电压力锅的内部结构

电压力锅内部主要由压力开关、温控器（限温器）、发热盘、电源板组件、排气阀、定时器、传感器、熔断器等组成，如图7-1所示。

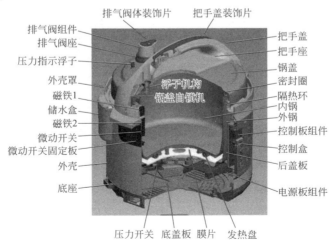

排气阀体装饰片　把手盖装饰片

排气阀组件　　　　　　　　　　　　把手盖
排气阀座　　　　　　　　　　　　　把手座
压力指示浮子　　　　　　　　　　　锅盖
外壳罩　　　　　　　　　　　　　　密封圈
磁铁1　　　　　浮子机构　　　　　隔热环
储水盒　　　　　锅盖自锁机　　　　内锅
磁铁2　　　　　　　　　　　　　　外锅
微动开关　　　　　　　　　　　　　控制板组件
微动开关固定板　　　　　　　　　　控制盒
外壳　　　　　　　　　　　　　　　后盖板
底座　　　　　　　　　　　　　　　电源板组件

压力开关　底盖板　膜片　发热盘

图7-1

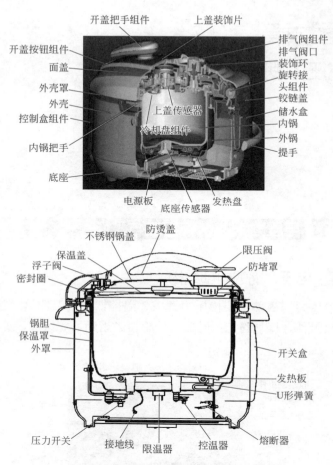

图7-1 电压力锅的内部结构

　　电压力锅关键元器件的作用是：①压力开关主要用于控制电压力锅内的压力（有些新式电压力锅用压力传感器来替代压力开关，其作用类似，但压力传感器可实现无级调压）；②温控器的作用主要是控制温度（或压力），当温度（或压力）足够时自动断开；③温度熔丝也叫作温度熔断器，是温度感应回路切断装置，以避免故障扩大或火灾的发生；④底部传感器的作用是探测热盘内锅接触的温度，上盖传感器的作用是探测上盖蒸汽温度；⑤电源板为电压力锅发热盘提供能量，并将市电220V交流电转换成12V、5V直流电供后级电路使用；⑥控制板是电压力锅的核心部件，一些特定的程序功能就是靠这个部件来实现的，如烹饪功能、定时预约和保温功能，同时还具有显示（显示方式分别有LED显示方式、数码管显示方式、数码屏显示方式、液晶显示方式）功能等。

提示 -

智能电压力锅的结构组成是：智能控制板、显示器、电热盘、底部温度探测器、远红外内胆、陶晶内胆、密封圈、智能探头、外壳。

- -

二、机械型电压力锅的工作原理

机械型电压力锅与电脑型电压力锅的内部核心结构没什么大的区别，主要区别在于控制指令的输入方式，机械型的是旋钮式，而电脑型的是轻触式。以下介绍机械型电压力锅的工作原理（如图7-2所示，以飞鹿电压力锅为例）。

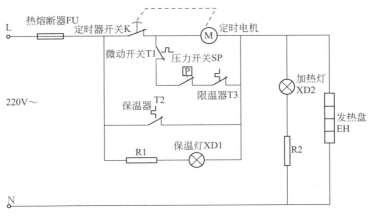

图7-2 飞鹿电压力锅的电路原理图

使用时，将盛有食物的内锅放入外锅后，由于内锅的重量将发热盘中间微动开关T1压下，微动开关T1接通。插上电源插头，顺时针转动定时器开关K至合适的保压时间挡位，定时器开关K触点闭合。此时，由于内锅还没有压力，内锅底温度没有上来，压力开关SP、保温器T2、限温器T3均处于接通状态。220V交流电通过热熔断器FU—定时器开关K—微动开关T1—压力开关SP—限温器T3与保温器T2并联后，同时与加热灯XD2、电阻R2、发热盘EH构成回路。加热指示灯XD2亮，发热盘EH加热，锅内升温。

当锅底温度达到80℃时，保温器T2断开，电流通过压力开关主线继续给发热盘EH供电，锅内温度继续升高，产生蒸汽使位于锅盖上的浮子阀的浮子上浮，堵塞蒸汽出口（原理与高压锅相同）。当锅内工作压力达到90～100kPa时，压力开关SP断开，定时电机短路线被切断，定时电机得电转动，220V电压被定时电机、R1降压后电压下降，发热盘停止加热。此时加热指示灯XD2熄灭，保压指示灯XD1点亮，电压力锅进入保压阶段。

在进入保压阶段后，定时电机继续旋转，而定时器逆时针转动。锅内压力逐渐下降，当锅内压力下降到限压压力最低点时，外锅弹性壁缩回，压力开关返回接通状态，发热盘EH得电发热，加热指示灯XD2亮。重复上述过程，直到保压时间完毕，定时器开关K自动断开，压力开关和定时电机失电不工作。

由于整机电源未切断，因此在定时保压时间完毕后，还在锅底温度的控制下进行保温，大约每加热1min，断开10min，直到拔掉电源才能结束。

提示

机械型电压力锅的工作过程如图7-3所示。

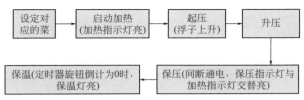

图7-3 机械型电压力锅的工作过程

三、电脑型电压力锅的工作原理

电脑型电压力锅即智能电压力锅，是用电脑控制气温、气压将饭菜做到最好的程度，它是通过加热电热盘以增加密封容器的压力，通过液体在较高气压下沸点会提升这一物理现象，对水施加压力，使水可以达到较高温度而不沸腾，以加快炖煮食物的效率。

电脑型电压力锅具体的工作原理是：通过底部电热盘的加热使锅内温度迅速上升，当温度达到98～99℃（平原地区）时，止开阀上升密封，锅内压力继续上升，由锅内感温探头将数据传递至芯片，当锅内压力上升到工作压力时，控制程序得到信号，进入保压状态，感温探头继续给控制程序信号，电热盘重复调功加热保持锅内的压力。此阶段一直重复进行，直到保压过程结束，进入保温状态，程序结束，如图7-4所示。但锅盖不能打开，需待锅内没有压力后，止开阀落下，才能开盖。

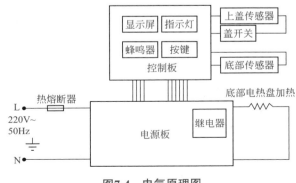

图7-4 电气原理图

提示 --

电脑型电压力锅的工作过程如图7-5所示。

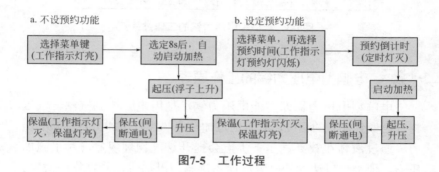

图7-5 工作过程

第二节 电压力锅的故障检修技能

一 电压力锅的维修方法

维修电压力锅时常用的诊断方法主要有询问法、感官检查法、操作检查法、万用表检查法等几种，具体如下。

1. 询问法

就是对送修的用户进行各种内容的询问，以便了解故障信息（如机器的操作方法、损坏情况、故障现象、部位和特征等）。经过询问，维修时可准确快捷地找出故障原因，正确地对机器进行维修，从而提高维修工作效率。

2. 感官检查法

感官检查法一般包括看、听、摸、闻。

（1）看 观察面板的机械型灯位和电脑型故障代码指示来直接判断故障部位，另外通过观察内部线有无断裂、电路板是否有电子

器件被烧坏或断裂、零部件结构是否松动或脱落等情况来进行判断。

（2）听　在电压力锅工作时听有没有异常的声音，然后根据声音的大小或不同性质的响声判断机器是否损坏。

（3）摸　电路板通电一段时间后再断电，并通过手的触摸检查元器件有没有过热现象来对机器故障进行判断。

（4）闻　通过鼻子闻异味，来辨别机器故障源，如电压力锅在工作时有没有不正常的气味产生、有没有器件烧焦等。

3. 操作检查法

通过对机器进行实际操作，与合格机器进行对比，从中寻找故障原因。例如，进行实际煮饭试验，观察煮饭效果是否符合要求。

4. 万用表检查法

使用万用表的电压、电阻、电流挡对有疑问的机器零部件进行测量，判断其是否损坏。

提示

压力开关调试方法：在锅里放上水，盖好锅盖，加热把水烧开一会儿，看到蒸汽从排气孔冒出，再一会儿，蒸汽大量冒出，并发出"唑唑"的声音，此时把电源线拔掉，小心地从锅底把压力检测开关顺时针慢慢地调节，当听到开关断开的响声时立即停止，再上电继续加热其内锅的开水，只见排气孔只有轻微的水蒸气冒出，过一段时间就转为保温状态。

二、电压力锅常见故障的检修方法

1. 电压力锅合盖困难

引起此故障的原因及处理方法是：

① 密封圈未放好，重新安置密封圈；

② 浮子卡住推杆，用手轻轻推动推杆使浮子落下；

③ 锅盖和锅体已变形，修复或更换锅盖和锅体；

④ 自锁阀未下落，使用尖状物让自锁阀下落即可。

2. 电压力锅开盖困难

引起此故障的原因及处理方法是：

① 放气后浮子未落下，用筷子轻压浮子阀即可；

② 锅盖和锅体变形，修复或更换电压力锅的锅盖和锅体。

3. 电压力锅浮子不能上升

引起此故障的原因及处理方法是：

① 未安放浮子阀密封圈，安放浮子阀密封圈；

② 锅盖周边漏气，检查锅盖及锅盖密封圈；

③ 未安放锅盖密封圈，安放锅盖密封圈；

④ 浮子阀坏，更换浮子阀。

4. 电压力锅浮子上升后漏气

引起此故障的原因及处理方法是：

① 浮子密封圈粘有食物，清洁密封圈；

② 浮子密封圈磨损，更换浮子密封圈；

③ 浮子阀未拧紧，拧紧浮子阀。

5. 电压力锅锅盖漏气

引起此故障的原因及处理方法是：

① 未安放锅盖密封圈，安放上密封圈；

② 未合好盖，合好盖；

③ 密封圈粘有食物渣子，清洁密封圈；

④ 密封圈磨损，更换密封圈；

⑤ 锅盖和锅体变形，修复或更换锅盖和锅体；

⑥ 内锅变形，更换内锅。

6. 电压力锅限压放气阀漏气

引起此故障的原因及处理方法是：

① 排气管已磨损，更换排气管；

② 限压放气阀顶针破损，更换顶针；

③ 盖面限压放气阀排气，更换限压放气阀；

④ 锅本身压力过高，压力开关失灵，调换压力开关；

⑤ 排气管螺钉未拧紧，拧紧螺钉。

7.电压力锅限压放气阀排气

引起此故障的原因及处理方法是：

① 控制器失灵，使锅内连续加热，达到100kPa排气限压，检修显示板及电源板，更换或维修；

② 压力开关有问题，调试或更换压力开关。

8.电压力锅通电后控制面板无显示

引起此故障的原因及处理方法是：

① 电源插头与锅体插座接触不良，修复或更换电源插头及插座；

② 内部连线接触不良，修复或更换内部连线；

③ 电源板损坏，更换电源板；

④ 显示板损坏，更换显示板。

9.电压力锅通电后不能发热

引起此故障的原因及处理方法：

① 电源板或继电器损坏，更换电源板或继电器；

② 内部连线接触不良，修理或更换内部连线；

③ 显示板损坏，更换显示板；

④ 超温熔断器熔断，更换超温熔断器。

10.电压力锅烧干或烧焦食物

引起此故障的原因及处理方法：

① 锅盖漏气，检修锅盖及密封圈；

② 限压放气阀排气，检修限压放气阀；

③ 控制器失灵，检修控制器；

④ 压力过高，调试或更换压力开关；

⑤ 保温温度过高，调试或更换保温开关；

⑥ 定时器不转，更换定时器。

11. 电压力锅按键后不能工作或工作指示灯不亮

引起此故障的原因及处理方法是：

① 显示板损坏，更换显示板；

② 显示板按键或指示灯损坏，更换按键或指示灯；

③ 内部连线接触不良，检修内部连线。

8

第八章 ‹‹‹‹‹‹‹
电风扇维修

第一节 电风扇的结构组成与工作原理

一、电风扇的结构组成

电风扇简称电扇，是一种通过电力来驱动扇叶旋转，来达到使空气加速流通的家用电器，按结构可分为吊扇、台扇、落地扇、壁扇、顶扇、换气扇、转页扇、空调扇（即冷风扇）等，它们的主体可大致分为：扇身、扇叶、底座。扇身用来支撑扇叶、电动机、按钮开关、电源线；底座用来固定、支撑整个扇身等。下面分别介绍几种风扇的结构。

（1）落地扇　落地扇主要由网罩、风扇叶、按钮、外壳、升降杆、底盘等组成，如图8-1所示。

（2）空调扇　空调扇是一种全新概念的电风扇，兼具送风、降温、取暖和净化空气、加湿等多功能于一身，以水为介质，可送出低于室温的冷风，也可送出温暖湿润的暖风。空调扇主要由主箱、控制面板、定时器、蒸发器、风机部件、水箱、过滤加湿装置、摆动送风装置等部件组成，如图8-2所示。

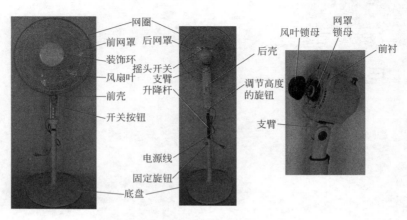

图8-1　落地扇的外形结构

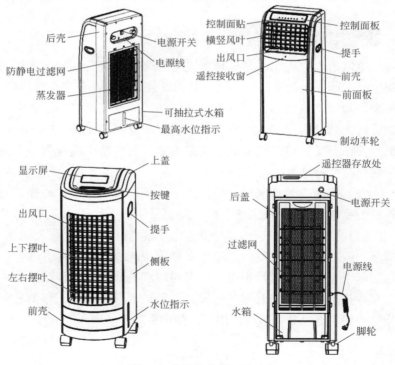

图8-2　空调扇的外形结构

二 电风扇的工作原理

1.电风扇的工作原理

电风扇主要是利用电动机带动风扇转动，通过增大、减小电阻值来控制电流的大小，控制电动机转速，从而控制风速，即：通电电动机的线圈在磁场中受力而转动从而带动风叶（图8-3）。能量的转化形式是：电能主要转化为机械能，同时由于线圈有电阻，因此不可避免地有一部分电能要转化为内能。

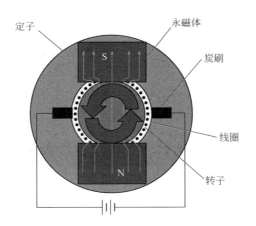

定子　　　　　　　　　永磁体
S
　　　　　　　　　　炭刷

　　　　　　　　　　线圈

N
　　　　　　　　　　转子

图8-3　电动机运转示意图

2.空调扇的工作原理

空调扇实际上就是一个装备了水冷装置的电风扇，靠内置的水泵使水在机内不断循环从而将周围的空气冷却，通过扇叶送出冷风，即：设备降温循环水泵抽取水槽内的冰水到分水器，分水器均匀地将冰水送至蒸发器，蒸发器被浸淋后，表面形成冰水膜；大风量风扇开动后，吸入蒸发器的室外气流使冰水膜上的冰水迅速从液态蒸发成气态，吸收热气中的热量，冷风经导风口高速送出（图8-4）。

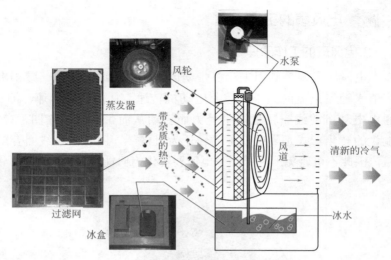

图8-4 空调扇的工作原理示意图

第二节 无叶风扇的结构和工作原理

一、无叶风扇的结构

无叶风扇也叫空气增倍机，是一款新型家电产品，它与传统的风扇相比，最大的特点是没有扇叶，下面是一个底座，上面是一个出风框，出风框中间是一个空洞，没有扇叶和前后栅栏罩盖。由于该类风扇没有叶片，工作时运转噪声减小，同时其安全性也大为提高。

如图8-5所示，无叶风扇主要由下部的底座与上部的圆形（环形）部分组成，上面的圆形（环形）部分又称出风框，是该类风扇的重要组成部分。底座与出风框通过卡口装配在一起，两者可以分离开。

底座下方的小孔是进风口，是吸入空气的地方。底座内部由电动机和涡轮风扇（底座内部有一个扇叶水平旋转的风扇，常称其为涡轮风扇）等部件组成的。空气进入底座后，涡轮风扇对空气增压将其吹进出风框内。控制板和遥控板在底座最下面，如图8-6所示。

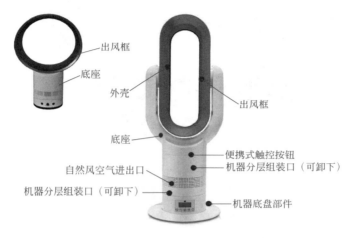

图8-5　无叶风扇的外形

出风框虽外形像一个圆环，但它并非一个简单的圆框，而是一个有特殊构造的空腔，腔体朝着送风的正方向较薄，且完全封闭，反方向较厚，金属片包裹了一圈后留出约1mm的缝隙，这条缝隙就是出风口。从圆环的缝隙中将空气挤压出来，同时因为底座附近的空气被吸走，周围的气压降低，这样与周围的空气形成了流通，如图8-7所示。

无叶风扇其实就是一个隐藏式扇叶风扇，扇叶部分依然存在，只不过这部分被安排在了圆环边缘（内部隐藏的一个叶轮）和底座（底座的主要部件就是中间的电动机与扇叶，如图8-8所示）。

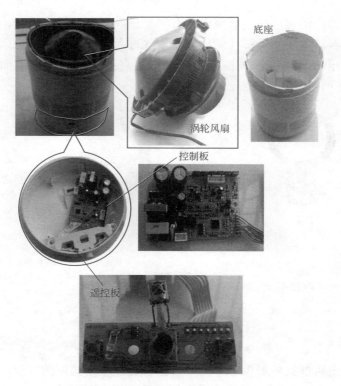

图8-6　无叶风扇的内部结构

无叶风扇出风框部分

无叶风扇出风框的
出风口缝隙

无叶风扇出风框的横截面

图8-7　出风框部分

拆出后的电动机与下扇叶

下扇叶特写，通过旋转，空气由下至上进入

图8-8 电动机与扇叶

:::: 二、无叶风扇的工作原理

无叶电风扇的基本原理是（图8-9）：利用喷气式飞机引擎和汽车的涡轮增压技术，通过下面的吸风孔吸入空气，圆环边缘的内部隐藏的一个叶轮则把空气以圆形轨迹喷出，最终形成一股不间断的冷空气流。

无叶风扇顶着的那个硕大圆环是一个重要的组成，它的中央开着一条1mm宽的细缝，而风最开始就是由基座中的涡

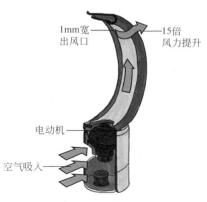

1mm宽出风口

15倍风力提升

电动机

空气吸入

图8-9 无叶风扇的原理示意图

轮风扇（基座中带有的40W电动机每秒钟将33L的空气吸入风扇基座内部）抽取底座旁的空气从这里吹出来的。当气流从1mm宽的细缝以55mile（1mile=1609.344m）的时速吹出时，它将夹带着周边的空气一起向前形成负压，于是空气就向前行进了，圆环后的气压就自然降低，导致后方更多的空气进入，以平衡气压。这样一来空气流量就被显著放大，放大量可达到涡轮风扇本身抽取量的15倍，从而产生强大的风力，这就是无叶风扇能吹出很大风量的原理。

三、无叶风扇的工作过程

无叶风扇的工作过程有吸入、加速、增强三个环节，具体步骤如下。

1. 吸入

开机后，涡轮风扇运转，底座将大量的空气从底部的吸风孔以24L/s的流速吸入，并增压后吹出，形成具有一定流速的气流进入出风框的内部空腔中。

2. 加速

气流不断送入出风框的腔体内，积聚到一定程度就会超过腔体外的正常气压，于是形成较大的对外风压。而前端狭窄后端宽厚的腔体会迫使内部气流朝后端更宽阔的空腔运动，不断"相互挤压"的空气最后只能从细小的狭缝中高速"泄漏"出去。这样一来空气就在腔体和狭缝之间的相互挤压中产生了加速度。

3. 增强

具有加速度的空气急速从狭缝通过时，它会拉扯周围的空气，让它们跟着气流一起运动。也就是说：当气流从无叶风扇约1mm宽的细缝中高速吹出时，它将夹带着周边的空气一起向前，从而达到使空气流动增强的效果。

第三节 电风扇的故障检修技能

一、电风扇的维修方法

常见电风扇的故障检测方法有观察法、替换法、测量电阻法等几种，具体如下。

1. 观察法

观察法就是用眼睛观察电源插座、开关、调速部件、机械传动部件有无明显的松动、断裂、烧焦等特征，若有则说明该处有故障。

2. 替换法

对启动电容、调速器、电动机等用好的备用件进行替换，若能正常工作，则说明原部件损坏。

3. 测量电阻法

（1）测量启动电容　用万用表的电阻挡进行充电检查，若电阻由小变大，则说明电容漏电、击穿。

（2）测量电动机　测量电动机绕组的电阻，与正常值比较，相差较大时，则说明该电动机出现故障，需要更换。

二、电风扇常见故障的检修方法

1. 电风扇电动机不转

当出现绕线断路、缺油抱轴、电容异常等故障时均会引起电动机不转的故障，检修时可按以下步骤进行。

① 首先检查风扇定时器是否损坏，若定时器正常，则检测风扇电动机的运行和调速绕组电阻值是否正常（多数风扇的正常值在 600 ～ 1000Ω 之间，且快、中、慢每挡电阻值相差 100Ω 左右）；若电阻值相符，说明风扇运行调速绕组基本正常，则检查电动机

启动绕组是否存在局部短路；若调速绕组无电阻值，则可能是绕组烧毁断路，对于串有热熔断器的电动机则可能是热熔断器开路。

② 检查是否抱轴，可拆开电风扇护罩，用手转动电动机轴，若转不动则说明抱轴严重。此时可拆开电动机，先清除前、后轴套和电动机上的油污锈迹，然后在轴套上涂足缝纫机油就可以了。

③ 如果电动机旋转正常就测量电动机的启动电容。首先，用万用表$R \times 100$挡测量电动机启动电容两端（整个电风扇运行、启动和调速绕组的电阻值，就是黑色和黄色引线的电阻值）的阻值是否正常；若阻值在$1.3k\Omega$左右，则说明电动机启动、运行和调速绕组正常；若电阻值为无穷大，则说明电动机的启动绕组断路损坏。

2. 电风扇时转时停

引起此故障的原因及检修方法是：

① 开关内部存在接触不良，修复或更换新开关；

② 电容器接线端子接触不良，将所有线头进行紧固处理或焊接处理；

③ 摇头零件配合过紧，转到某一位置卡死，修配过紧零件，使其转动灵活；

④ 进线有破损处、短路处或折断处，更换新线；

⑤ 连接线存在接触不良，找出接触不良处重新焊接；

⑥ 主、辅绕组断路或短路碰线：重新接通断线，则若严重短路，则要重新绕制电风扇绕组。

3. 电风扇转速变慢

引起此故障的原因及检修方法是：

① 吊扇转子下沉，打开吊扇重新装配使其恢复原位；

② 吊扇平面轴承损坏或缺油，更换吊扇轴承或清洗加油；

③ 电风扇绕组匝间短路，修复短路点或更换短路绕组；

④ 绕组接线接反，调换绕组接线；

⑤ 电容器容量不够或损坏，容量不够或损坏时要更换新的电容器；

⑥ 电风扇风叶斜度不够，校正风叶斜度或更换新风叶。

4.电风扇调速失控

引起此故障的原因及检修方法是：

① 调速开关短路，更换调速开关；

② 调速电抗器短路，重新绕制或更换调速电抗器；

③ 电风扇调速绕组引出线接触不良，检查调速绕组引出线并重新焊接；

④ 开关接触不良，修复开关或用细砂纸打磨触点使其接触良好；

⑤ 电风扇调速绕组短路，重绕电风扇调速绕组。

5.电风扇运转时有杂声

引起此故障的原因及检修方法是：

① 轴承松动或缺油、损坏，修理轴承或更换新轴承；

② 轴向前后移动大、松动，适当垫些纸垫圈、调整一下移动位置；

③ 调速绕组铁芯松动，用螺丝刀拧紧调速绕组铁芯上的夹紧螺钉；

④ 风叶上的螺钉松动，拧紧风叶上的所有螺钉；

⑤ 风叶轻重不平衡，校正风叶，严重不平衡时应调换；

⑥ 定子与转子平面不齐，校对定子与转子的平面；

⑦ 定子与转子内有杂物摩擦，打开电风扇电动机清除内部杂物。

第九章 «««««
电磁炉维修

第一节 电磁炉的结构组成与工作原理

一、电磁炉的内部结构组成

电磁炉又称电磁灶，是能对食物进行蒸、炒、煎、炸、煮等加工的厨房炉具。电磁炉内部主要由锅底励磁线圈、电路板、散热风扇、面板印制电路板等组成。图9-1所示为电磁炉的内部结构。

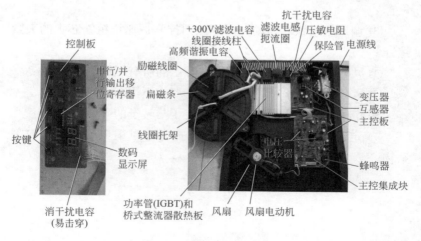

图9-1　电磁炉的内部结构

二、 电磁炉的内部电路组成

电磁炉主要由交流进线电路、EMC 防护模块、整流模块、滤波模块、LC 振荡模块、电流检测模块、电压检测模块、温度检测模块、同步模块、振荡模块、IGBT 驱动模块、功率控制模块、按键及显示模块、电源模块等组成。图 9-2 为电磁炉的工作原理框图。

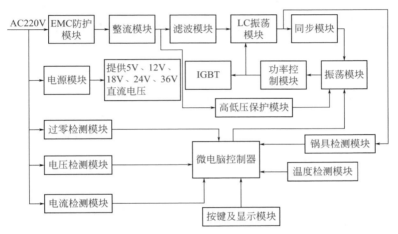

图9-2 电磁炉的工作原理框图

1. EMC 防护模块

EMC（electro magnetic compatibility，电磁兼容）防护模块主要是在电源的进入端防止有高频干扰或者雷击等造成后面电路的损坏而设置的电路。它主要由压敏电阻、电容和电阻等组成。其中，电容与电阻的作用是吸收电源中的高频谐波，压敏电阻的作用是防止电压过高。压敏电阻的特性是其电阻值随着外加电压的变化而变化。当外加电压较低时，流过电阻的电流很小，压敏电阻呈高阻状态；当外加电压达到或者超过压敏电压时，流过电阻的电流陡增，压敏电阻的阻值将大大降低。

2. 整流模块

电磁炉整流模块的作用是为电磁炉工作提供直流电压，它主要由整流桥组成。整流桥参数大多是600V、20A，由于整流桥属于大功率器件，工作在大电流状态，因此必须固定在散热片上进行散热。

3. 滤波模块

电磁炉滤波模块是将直流脉动电压转换为平滑的直流电，对后面的电能转换起储能作用。它主要由滤波电感及滤波电容组成。

4. LC振荡模块

LC振荡模块是电磁炉能量转换的重点电路，其参数决定电磁炉的参数。该电路是实现电磁交变的执行部件，它主要由线圈盘和高压振荡电容（高压振荡电容的品质非常重要，因为要从引脚处通过大电流，一般会发热，引起内部材料受损，从而容量发生变化，导致电磁炉损坏）组成。

5. 电流检测模块

电流检测模块主要由电流互感器、二极管、电阻组成。其中，电流互感器是检测电路中电流大小的器件，是将电路中电压量转换为电流量的器件，是控制稳定工作电流的检测部分；二极管的主要作用是将交流转换为直流；电阻的作用是调节反馈的比例，从而达到稳定功率的目的。

6. 电压检测模块

电压检测模块的作用是在电磁炉中检测输入电压，及时调整电路的输出功率。当电压偏高时，减小输出电流；当电压偏低时，增大输出电流，用以维持电路输出功率的稳定。其主要由三极管、二极管、电阻、电容等器件组成。其中，二极管的作用是整流；三极管的作用是快速充电（也称峰值整流）；电阻、电容的作用是组成充放电电路。

7. 温度检测模块

温度检测模块是检测温度用电路，根据热敏电阻的负温度特性，即电阻值随温度的升高而变小、随温度的降低而变大的原理进行检测。

所用电路采用分压方式进行，热敏电阻接在与电源相连的一端，另一个电阻与地相连，这样，芯片内的温度代码与外部检测温度呈上升对应关系。

其有两组温度采集电路，用以检测锅具温度与检测IGBT散热片温度。

8. 同步模块

同步模块确保IGBT在C、E极间电压最低时开始导通，否则IGBT极易损坏。它由采样电阻、滤波电容、比较器组成。其中，采样电阻通常采用2W电阻，电阻的功率参数太小，易损坏；滤波电容的作用是对电路中可能出现的高频干扰进行吸收；比较器的作用是将采样的波形转换为开关信号。

9. 振荡模块

振荡模块是电磁炉电路的重点部分，为IGBT的驱动提供前级波形。它由二极管、电阻、电容、比较器等组成。其中，二极管的作用是快速放电；电阻、电容的作用是调整充电时间；比较器的作用是将前面的脉冲信号转换为方波输出信号。

10. IGBT驱动模块

IGBT驱动模块可相当于功率放大器，由于输入的信号电压较低，不能驱动IGBT，因此用驱动模块将电压放大到足以驱动IGBT的电压，它主要由比较器、三极管等器件组成。

11. 功率控制模块

功率控制模块是通过主芯片将预定的功率信号转化为驱动IGBT的波形信号，供驱动电路放大。一般从芯片中输出的信号为脉宽调制信号（PWM），此信号需通过特定的方式转换为电压信号，方可控制后级电路。

12. 按键及显示模块

按键及显示模块是人机对话的界面，按键输入是人给机器的信号，显示是机器给人的信息。按键输入到单片机一般采用低电平有效的方式进行识别，按键的确认一般需100ms左右的时间，主要是考虑干扰或抖动等因素。显示一般采用扫描的方式进行，即轮流亮灯的方式、数码管显示方式等。

13. 电源模块

电源模块是为电路板的工作提供直流电压（+5V、+18V）。它由整流二极管、滤波电容、稳压管等器件组成。通常采用两种方式，一种是变压器方式，另一种则是开关电源方式。其中，在采用开关电源方式时，用开关电源芯片、体积较小的开关变压器，作用是将高压直流转换为低压直流。

三 电磁炉的基本工作原理

1. 电磁炉的加热流程

电磁炉的加热流程如图9-3所示：电流通过线盘产生磁场→锅具感应到磁场→底部产生涡流→通过特定程序控制→按需产生大量热能令锅体迅速发热。

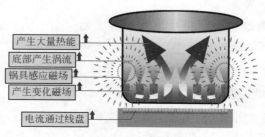

产生大量热能
底部产生涡流
锅具感应磁场
产生变化磁场
电流通过线盘

图9-3 电磁炉的加热流程

2.电磁炉的加热原理

电磁炉采用电磁场感应涡流加热原理进行工作。它先把220V工频交流电源整流滤波成直流电,再把直流电逆变成高频交变电流,交变电流流过感应线圈产生强大磁场,当磁场内磁力线通过铁质锅的底部时,即会产生无数小涡流,涡流使锅具的铁分子高速无规则运动,分子互相碰撞、摩擦而产生热能,使器具本身自行高速发热,用来加热和烹饪食物,从而达到煮食的目的。电磁炉的加热原理如图9-4所示。

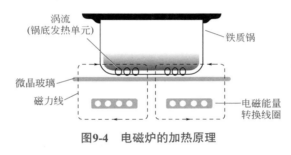

图9-4 电磁炉的加热原理

第二节 电磁炉的故障检修技能

一、电磁炉的维修方法

电磁炉维修时常用的诊断方法主要有直观法、触摸法、断路法、电阻法、电压法、代换法、假负载法等几种,具体检修方法如下。

1.直观法

直观检查法是凭借维修人员的视觉、听觉、嗅觉、触觉等感觉,查找故障范围和有故障的组件。当电磁炉出现故障时,首先观察电磁炉的外壳是否存在破损、进水;炉面是否存在损伤、凸凹或某一侧有倾斜；电源插头是否烧焦、变形；通电观察电磁炉是否能启动、指示灯是否点亮、有无检锅信号等。当电磁炉外观正常后再拆开电磁炉机壳，观察主熔丝是否熔断或炸裂；电容是否存在漏液、鼓包；电阻是否存在变色；元器件是否存在虚脱；风扇转动是否正常等。

直观法是最基本的检查故障的方法之一，实施过程应坚持先简单后复杂、先外面后里面的原则。

2.触摸法

触摸法就是用手去触摸相关组件，从中发现所触摸的组件是否过热或应该热的却不热，这是一种间接判断故障的方法。如电磁炉变压器、IGBT和整流桥，虽然带有散热片，但人手触及集成电路外壳或散热片时应该感觉到较热。假如人手触及IGBT时发现异常发烫或冷冰冰的，那就说明该部分已出现问题。变压器温升过高一般是内部绕组局部短路或者外部负载太重或散热风机轴承缺油等造成的；IGBT温升过高则是IGBT散热不好或性能不良造成的；整流桥温升过高，则是整流桥本身漏电电流过大或负载过大引起的。

为了保证人身安全，在带电情况下千万不要触摸电磁炉。

3.断路法

断路法又称断路分割法，它通过割断某一电路或焊开某一组件、接线来压缩故障范围，是缩小故障检查范围的一种常用方法。如电磁炉IGBT高压保护电路、浪涌保护电路或主控制电路有问题时，出现开机后有检锅信号但放上锅具后无检锅信号的现象。此时可使浪涌保护电路与主控制回路分离，然后通电试机看故障是否能排除；若故障消失，则说明问题出在浪涌保护电路中；若故障依旧，则说明故障不在浪涌保护电路中，应检查下一级电路。将IGBT高压保护电路与主控制回路分离，然后通电试机看故障是否能排除；若故障消失，则说明问题出在IGBT高压保护电路中；若故障依旧，则说明故障不在IGBT高压保护电路中，应检查下一级电路。

 提示

断路法还可用来检修开路、接触不良等故障。当测量到某点对地短路时，首先看看是哪几个支路交汇于这一点，然后逐一或有选择地分别将各支路断开，当断开某一支路时短路现象消失，则说明短路组件就在这条支路上。

4.电阻法

电阻法就是借助万用表的欧姆挡断电测量电路中的可疑点、可疑组件以及集成电路各引脚的对地电阻，然后将所测资料与正常值作比较，可分析判断组件是否损坏、变质，是否存在开路、短路、击穿、漏电等情况。如怀疑IGBT有问题，可去掉加热线盘，用万用表在路测IGBT的e-c极间正、反向电阻，若反向电阻仅为30kΩ（正常应在100kΩ以上），则脱开IGBT的c极再测e-c极间电阻值，若正向电阻为4.1kΩ，反向电阻为无穷大，则说明IGBT不漏电。

 提示

对于电磁炉多用此方法判断二极管、三极管、IGBT、电容、电阻等元器件的好坏。这种方法对于检修开路、短路性故障并确定故障组件最为有效。

5.电压法

电压法是利用万用表测量电路或电路中元器件的工作电压，并与正常值进行比较来判断故障电路或故障组件的一种检测方法。如电磁炉上电不开机一般是熔丝管、低压电源电路、高压电源电路、复位电路、晶振电路出现故障导致的。如熔丝没有烧断，就接上电源，用万用表测量三端稳压器（7805）的输出脚（3脚）电压，如无5V电压输出，则说明故障出在电源电路；若三端稳压器（7805）有5V电压输出，则用万用表检测单片机是否有5V电压；若单片机无5V电压，则说明故障是由单片机复位电路引起的；如测得单片机电压为5V，则说明复位电路正常，故障可能在单片机晶振电路。

提示

电压检测法一般是检测关键点的电压值情况，来缩小故障范围。一般来说，电压相差明显或电压波动较大的部位，就是故障所在部位。

6.代换法

代换法就是用规格相同、性能良好的元器件或电路，代替故障电器上某个被怀疑而又不便测量的元器件或电路，从而判断故障的一种检测方法。如电磁炉开机烧熔丝，查整流桥及IGBT都没有坏，但依然烧熔丝，怀疑驱动块TA8316S集成电路损坏，此时可更换同规格的TA8316S集成电路后看故障是否排除，若故障排除，则说明问题出在TA8316S集成电路上。

提示

在代换元器件或电路的过程中，连接要正确可靠，不要损坏周围其他组件，从而正确地判断故障，提高检修速度，并避免人为造成故障。

7.假负载法

假负载法就是接上一个白炽灯泡来判断故障。例如，拆除励磁线圈盘，在电路板上其接线端并上一只 60～100W 的灯泡，二次开机后若灯泡一亮一暗闪烁发光，则说明检锅信号输出正常，此时可恢复励磁线圈盘直接烧水试机；若灯泡假负载不亮，则说明机器未输出正常的检锅信号，这时对市电检测电路或检锅脉冲回路进行检查即可查到故障根源。

在更换大功率管后先不接励磁线圈盘，而是在励磁线圈盘的接线柱上接上一只白炽灯再通电，就算电路还有故障，也不会烧管子。当白炽灯不亮或只闪烁时，说明电路基本上没有问题，可以接上励磁线圈盘通电试机，如果白炽灯一直亮着，则说明电路还有问题。

提示

假负载法利于快速判断故障部位，即将接假负载时的电源输出情况与接真负载时的输出情况进行比较，就可判断是负载故障还是电源本身故障。采用灯泡假负载法可使检修工作直观又安全，也可避免反复烧坏功放管。

二、电磁炉常见故障的检修方法

1.屡烧IGBT

电磁炉屡烧IGBT比较常见，原因有以下几种。

（1）锅具不符合要求　当锅具变形或锅底凹凸不平时，在锅底产生的涡流不能均匀地使变形的锅具加热，从而使锅底温度传感器检温失常，CPU因检测不到异常温度而继续加热，导致IGBT烧坏。

（2）供电电路有问题　查市电电压是否过高、供电线路是否接触不良或频繁地提锅；若没有，则检查高压供电电路中的滤波

261

电容是否失效或脱焊、低压供电电路电压是否偏低等。

（3）同步比较电路有问题　查同步比较电路中的主电路板是否受潮或漏电、比较器是否损坏、阻容元器件是否损坏等。

（4）高压保护电路有问题　查高压保护电路取样电阻的阻值是否正常、比较器是否损坏。

（5）浪涌保护电路有问题　查取样电阻是否变值或开路损坏、隔离开关二极管是否开路损坏、比较器是否损坏等。

（6）驱动放大电路有问题　查IGBT是否自身质量差、驱动放大三极管（如8050、8550）是否损坏、上偏置电阻是否变值、比较器是否损坏等。

（7）LC振荡电路有问题　查谐振电容是否漏电或失效、滤波电感是否不良、限幅稳压二极管是否反向漏电、加热线盘是否损坏、IGBT是否不良等。

（8）单片机有问题　若以上检查均正常，则检查单片机是否因内部异常使工作频率异常而使IGBT烧坏。

提示

在电磁炉维修中，IGBT的损坏占有相当大的比例，若在没有查明故障原因的情况下贸然更换IGBT会引起再次损坏。

2.电磁炉开机无反应，指示灯不亮

电磁炉开机无反应，指示灯不亮，可能是开关电源集成电路不良、电源熔丝或电路板IGBT烧断所致。

（1）电源集成电路不良　检查熔丝是否完好，再用万用表测220V电压是否正常、整流电路直流电压是否正常。如果无5V、12V、18V直流电压，则再测开关电源集成电路电压，如无电压或电压不正常，则说明开关电源集成电路不良。

（2）电源熔丝烧断　目视电源熔丝是否烧断，如果已烧断，

不要轻易更换熔丝，而应该进一步查明熔丝损坏的原因。如玻管表面清晰透明，内部的熔丝只有一处熔断，则可能是由于工作环境温度太低、市电电路中有浪涌电压出现或频繁地开关机而意外地熔断；如玻管表面有轻微裂痕，不易看清内部熔丝的熔断状况，则可能是220V整流二极管或电容击穿短路；如玻管表面有黄黑色的溅射状污物，但能够看清内部状况，则可能是电路管或电源PWM控制集成电路击穿；如玻管严重炸裂，则可能是整流前的电路以及IGBT损坏导致电源直接短路。

（3）IGBT烧断　IGBT烧断时不能马上更换该零件，应进一步检查互感器是否断脚、整流桥是否正常、相关电路中的电容和芯片是否损坏以及IGBT处热敏开关绝缘保护是否不良。

用万用表测IGBT的E、C、G三极间是否击穿，正常情况下，E极与G极、C极与G极正反测试均不导通。如IGBT已击穿，再测整机高压供电电路对地300V电压、低压供电电路对地5V电压以及低压供电电路对地18V电压是否正常，如300V电压偏低，则说明LC振荡电路频率过高；如18V电压偏低，则可能是开关电源中18V稳压二极管漏电或失常、排风扇内阻变小或受损。

如果检测时发现IGBT的C极对地电压高至$0.6 \sim 1.25V$，则可能是共振电容漏电、击穿受损或容量超过正常值所致。如果检测时发现IGBT的C极对地电压低至$0 \sim 0.65V$，则可能是共振电容器容量变小或断路受损所致。

若上述检测未发现问题，则进一步检查励磁线圈，一般是励磁线圈绕组短路或其底部磁条炭化所致。

3.电磁炉不能加热

电磁炉不能加热的原因有多种，应根据不同情况作具体分析。

① 不能加热且指示灯不亮，则说明电源并未接通。此时，应在熔丝正常的情况下依次检查电源开关、电源进线、电源插座是否断路或损坏，并及时加以修复。若上述检查均正常而出现这种现象，则主要有两种可能：a.所用炊具不符合要求，非铁磁性锅，

如铝锅、铜锅、砂锅等，都是不能被加热的；b.与灶面板接触的部分太小，一般直径小于12cm的平底锅是不易被加热的。另外，要检查锅底是否有支架。

② 不能加热但电源指示灯亮，则说明供电电路正常，故障大致发生在脉宽调制电路、推动放大电路、功率输出电路中。实际检修中，功率输出电路有故障的情况稍微多一点。

③ 不能加热但能报警，则说明电源电压过低。当低于180V时，保护电路起控，脉宽调制器无输出，整机不工作，但报警电路报警，说明保护电路工作正常。对于此故障应重点检查电源偏低的原因（可查高压供电电路、电流检测电路、同步电压比较电路及单片机控制电路是否有问题），并加以排除。

④ 不能加热，加热指示灯亮但不报警，则说明检测电路和保护电路没有起控，与功率输出相关的电路出现了故障。此时，应依次检查功率模块是否开路、驱动电路的晶体管是否损坏、脉宽调制电路是否正常。

⑤ 不能加热，加热指示灯不亮也不报警。此时应检查温控电路是否工作正常。若温控电路工作正常，则应进一步检查引起温控电路误启动的原因，并加以排除。

4.电磁炉加热功率小或功率不能调节

出现此类故障时，首先检查锅具是否符合要求，若锅具正常，则检查炉面温度检测电路是否有问题；若炉面温度检测电路正常，则检查电流检测电路是否正常；若电流检测电路正常，则检查单片机PWM脉冲传输电路是否正常；若PWM脉冲传输电路正常，则检查功率控制电路是否有问题；若功率控制电路正常，则检查谐振电容是否正常。

5.电磁炉间断加热

出现此类故障时，应首先检查锅具是否符合要求、锅具的底面圆周是否过大以及励磁线圈是否损坏。排除上述情况后，再进一步检查高压供电电路是否有问题（主要检查滤波电容及整流全桥）；若高压供电电路正常，则检查电流检测电路是否有问题；若电流检测电路正常，则检查散热风扇转速是否正常；若风扇转速失常，则检查风扇供电或风扇本身是否有问题。

若以上检查均正常，则检查同步比较电路是否正常；若同步比较电路正常，则检查浪涌保护电路是否正常；若浪涌保护电路异常，则检查取样及保护控制元器件，若浪涌保护电路正常，则检查控制板电路是否有问题。

6.不通电，不烧熔丝管

出现此类故障时，应首先检查电源插座、插头及开关是否有问题，若正常，则检查主板或面板是否受潮、漏电；若没有，则检查开关电源IC是否正常；若开关电源IC正常，则检查开关管是否有问题；若开关管正常，则检查开关电源次级两个脉冲整流二极管是否正常。

提示

此故障的原因一般是开关电源出现问题（用电源变压器的电源则较少损坏）。

7.不通电，烧熔丝管

出现此类故障时，首先检查IGBT是否正常；若IGBT已击穿，则检查5μF无极性电容（有的机器用4μF电容）与0.3μF左右的无极性电容是否失效；若两只电容均正常，则检查主板是否受潮、漏电。若以上检查均正常，则检查主电源整流桥堆是否击穿；若整流桥堆正常，则检查AC220V端的抗干扰无极性电容是否存在漏电或短路现象。

8.电磁炉散热风扇不转

散热风扇本身及FAN插件有问题、散热风扇驱动电路与控制电路有问题等均会导致风扇不转。检修时，首先检查散热风扇是否被异物卡住，若卡住了，则清除掉异物；若风扇未被异物卡住，则用万用表检测FAN插件是否有12V或18V供电电压；若无电压，则检查FAN插件是否插好或存在断路现象；若是，则重新插牢FAN插件或更换FAN插件；若FAN插件正常，则检查风扇本身是否有问题（如风扇电动机缺少润滑油、电动机损坏等）；若风扇本身正常，则接通电源，用万用表检测CPU相关引脚有无高电平输出；若无高电平输出，则检查微处理器是否损坏；若有高电平输出，则检测风扇驱动电路中的驱动三极管的基极电压是否正常（正常时一般为0.7V左右）；若检测到的电压与正常值相差较大，则对风扇驱动电路中的各个元器件进行逐个检查。

当电磁炉长时间使用时，风扇网罩及扇叶易积聚较多油垢，散热风扇转速减慢，将影响电磁炉的散热效果，导致其内部电子元器件高温，缩短其使用寿命。可采用定期清洗风扇网罩及扇叶的方法，从而避免电磁炉内部电子元器件因散热不及时而产生停机或烧机的现象，有效延长电磁炉的使用寿命。

9.开机没有短促的报警声，但能加热

开机时没有短促的报警声，表明报警电路有问题。应重点检查报警电路，不同型号的电磁炉，其报警电路的工作原理是不完全相同的，但都有报警信号产生电路（有的为MCU直接产生）、信号驱动电路和蜂鸣器。实际检修中，驱动晶体管或集成电路损坏的现象稍微多一点。

10.开机后能加热，但温控失效

温控失效时应重点检查电磁炉的温控电路，温控电路一般由

紧贴面板的热敏电阻、分压电路和局部MCU组成。温控不起作用，炉面温度不能控制，首先检查炉面温度检测的热敏电阻是否紧贴炉面，若贴得很紧，则进一步检查热敏电阻及其连线是否损坏、温度选择开关是否良好、分压电阻是否变值、MCU是否局部损坏。

第十章 <<<<<<

微波炉维修

第一节 微波炉的结构组成与工作原理

一、微波炉的内部结构组成

　　家用微波炉是利用食物在微波场中吸收微波能量而使自身加热的烹饪器具。在微波炉微波发生器中产生的微波在微波炉腔中建立起微波电场，并采取一定的措施使这一微波电场在炉腔中尽量均匀分布，将食物放入该微波电场中，由控制中心控制其烹饪时间和微波电场强度，来进行各种各样的烹饪过程。微波炉主要由磁控管、电源变压器、炉腔和控制部分等组成，如图10-1所示。

磁控管　电源变压器　　　　高压保险管

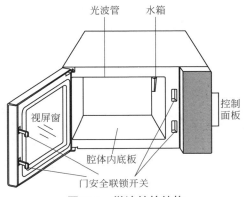

光波管　水箱

控制面板

视屏窗

腔体内底板

门安全联锁开关

图10-1　微波炉的结构

二、微波炉的内部电路组成

微波炉电路主要由市电供给电路、升压电路、整流电路、微波产生电路、开关及控制电路五大部分组成，图10-2所示为微波炉的主要电路。

1. 市电供给电路

该部分电路主要由电源插头、市电熔丝、温控器和电线等组成。有的微波炉还有压敏电阻组成的抗干扰电路。

2. 升压电路

该部分电路主要由高压变压器组成。

3. 整流电路

该部分电路主要由高压熔丝电容HVC、高压二极管HVD及高压熔丝FA等组成。

4. 微波产生电路

该部分电路主要由磁控管和波导装置组成。

5. 开关及控制电路

该部分电路主要由电脑板、联锁开关、继电器、传感器等部件组成，是微波炉整机控制的核心。

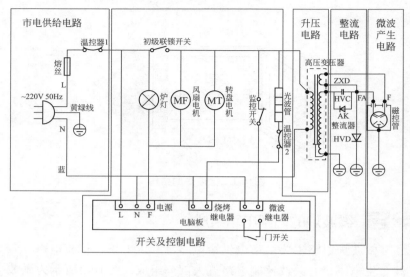

图10-2　微波炉的主要电路

三、微波炉的工作原理

　　家用微波炉的工作原理如图10-3所示，电脑板将220V 交流电源通过熔丝管、控制面板部分器件、高压变压器，再分两路送到磁控管产生微波能（一路送到高压整流器，转换成4000V 左右的直流电压，送到炉内的磁控管阳极；一路直接送到磁控管的阴极）。当微波被食物吸收时，食物内的极性分子（如水、脂肪、蛋白质、糖等）承受微波场能的变化而高速振荡，使得分子间互相碰撞而产生大量摩擦热，微波炉即利用此种由食物分子本身产生的摩擦热，里外同时快速加热食物的。

四、机械烧烤式微波炉的工作原理

　　机械烧烤式微波炉的工作原理是：通电并将炉门关闭，火力旋钮调至相应挡位并接通定时器开关后，电流经熔丝到达安全开关，然后经过安全开关到达功率分配器，功率分配器通过其内部的机械结构来控制时间。安全开关受微波炉炉门的控制，主要作用是：炉门未关闭，则微波发生器不能工作。安全开关由三个微动开关组成（图10-4），其中一个为监控开关，主要用于控制当另外两个微动开关失效时，使微波发生器处于不工作状态。

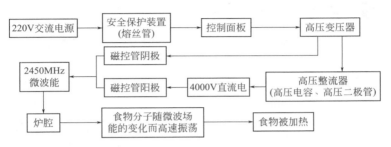

图10-3 微波炉的工作原理框图

图10-4 安全开关

高压变压器和光波发生器正常工作时，电流经过功率分配器后分三路输出：一路控制辅助电器（如指示灯、风扇、转盘电动机）的工作；一路控制光波发生器的工作（光波发生器产生光波，对腔体内的食物进行烘烤使食物香脆可口）；一路控制高压变压器

271

的工作，到达高压变压器后在其次级产生2000V的高压，然后经过高压熔丝、高压电容器、高压二极管组成的倍压整流电路，将2000V的高压提升至约4000V的直流高压给磁控管供电，磁控管获得电能将其转化为高频电磁能，微波通过波导口传至腔体给食物加热。

五、电脑烤烧型微波炉的工作原理

通电后，电脑板首先获得电压处于待机状态，等待控制面板指示输入；当输入指令后控制面板将接收到的控制信号通过传输线给电脑板上的微电脑中央处理器（CPU），然后微处理器经程序运算后分四路控制输出：一路控制辅助电器（如灯泡、风扇、转盘电动机）；一路控制光波发生器对食物进行烘烤；一路控制紫外线发生器的动作（紫外线发生器主要产生紫外线传输给腔体对食物或器皿进行加热或消毒）；一路控制高压变压器的工作，到达高压变压器后在其次级产生2000V的高压，然后经过高压熔丝、高压电容器、高压二极管组成的倍压整流电路，将2000V的高压提升至约4000V的直流高压给磁控管供电，磁控管获得电能将其转化为高频电磁能，微波通过波导口传至腔体给食物加热。

六、变频微波炉的工作原理

变频微波炉就是将变频技术应用于微波炉中，通过改变频率来控制不同的输出功率，从而达到自由控制火力强弱的效果。其原理是：变频微波炉利用变频技术，通过改变电源频率来控制输出功率的大小（变频电路可以将50Hz的固定频率任意转换成20000 ~ 45000Hz的高频率，因此得到不同的、连续的功率输出；传统微波炉是以50Hz固定频率输出恒定的功率），利用自动调整、连续输出的微波能量，能满足不同食物对不同火力的要求，真正实现从强火到弱火的自动调控。

提示

普通微波炉与变频微波炉最大的差别就是采用的高压二极管不一样，变频微波炉采用的是变频高压二极管；另外变频微波炉将机械部分的变压器等体积较大的部件集于单块变频电路板上，既消除了噪声，又使微波炉整体变得轻巧紧凑。

第二节　微波炉的故障检修技能

一、微波炉的维修方法

微波炉的维修一般都通过看、听、闻、问、测等几种常用的诊断方法来判断故障的部位。

1.看

先检查炉门和炉腔，看看炉门内侧和炉腔四壁是否有被电弧烧伤的痕迹。这些部位若被电弧烧伤穿孔，则可能使高压部分的元器件受损伤。然后应检查炉门铰链是否松动、安全联锁开关动作是否正常，接着，卸下炉腔内微波耦合口处的波导罩，检查波导输出口是否被油污尘垢污染、波导与炉腔间是否松脱等。最后，可在切断电源的情况下，打开外壳，观察控制部分，看看接插件是否松动、各处有无被电弧击伤的痕迹、熔丝管是否烧断、电阻器与电容器等元器件是否烧爆、磁控管固定是否牢固、磁控管上的磁钢是否碎裂等。

2.听

就是听一下微波炉有没有异响，如听微波炉通电后电动机（风扇电动机或转盘电动机）是否有运转声、微波炉里的风扇是否有正常运转声，等等。

3.闻

用鼻子闻有无烧焦的气味，找到气味来源，故障可能出现在发出异味的地方。

4.问

就是问一下用户，了解机器的使用时间、工作情况及故障发生前兆。

5.测

若采用以上方法仍发现不了问题，就要通过万用表、直流电源等仪器，对控制部件（如联锁开关、定时器、功率调节器、继电器、变压器等元器件）、高压部件（如高压变压器、高压电容器、高压熔丝管等元器件）等电路或元器件进行检测，从而判断故障的部位。

一般根据参数对照检查高压变压器（冷态电阻：一次绕组为1.5Ω左右；二次侧高压绕组为100Ω左右；灯丝绕组接近0Ω）、磁控管（灯丝冷态电阻为数十毫欧，灯丝与管壳间电阻为无穷大）、高压电容器（容量一般在0.8～1.2μF之间，耐压4000V以上，电容内并接9MΩ或10MΩ的放电电阻，电容两端与外壳间电阻为无穷大）、高压二极管（正向电阻为100kΩ左右，反向电阻为无穷大）、功率调节器的电动机线圈电阻（开启式为24kΩ左右，封闭式为7kΩ左右）。

提示

微波炉的检修虽然并不是很复杂，但检修时应遵守一定的检修思路，检修起来会更容易。检修微波炉应遵循从简单到复杂的原则，先进行视、听检查，并在获得大量感性认识的基础上进行综合分析，以判断机器产生故障的原因。

二 微波炉常见故障的检修方法

1.通电后炉灯不亮、电动机不转、微波炉不能加热

引起此类故障的原因有：供电电源异常，温度控制器或定时器异常，功率调节开关异常，高压电容器开路，整流二极管开路，磁控管损坏或失效等。微波炉通电后炉灯不亮、电动机不转、不能加热的故障检修流程如图10-5所示。

2.微波炉能加热但加热缓慢

出现此类故障时，应检查以下几个方面。

（1）检查供电线路　首先检查市电电源电压是否正常；若正常，则检查电源线路是否存在较大内阻或接触电阻（微波炉工作时流过的大电流在电线或接头上形成较大压降，使得炉子实际工作电源电压明显不足，从而出现加热慢的现象），此时应检查电源接线板或电源插座是否存在质量差、熔丝管座是否有问题、电源线是否过细等。注意：测量市电电压时要测带负载的电压，不要仅凭空载电压就作出判断。

（2）检查磁控管　首先检测磁控管灯丝、阳极的供电电压是否正常；若电压过低，则检查磁控管灯丝引脚及其接插片是否存在接触不良现象；若灯丝引脚连接较松且有油垢，则用酒精棉球擦净，然后用尖嘴钳将引脚接插片夹扁一些，使其插入后与灯丝引脚接触良好；若供电电压正常，则检查磁控管是否存在衰老从而导致发射的微波功率下降，此时可调换磁控管试机，也可用测量磁控管灯丝电阻是否正常及查看磁钢是否裂开等方法进行确认，当确认为磁控管衰老时，只能更换磁控管。

（3）检查高压电容器与高压整流二极管　插上微波炉电源插座，用万用表2500V直流电压挡测磁控管灯丝对地电压是否正常（正常一般为 -2000V 左右（不同机型有所不同）；若电压明显偏低，则检查高压电容器是否存在失容或漏电现象；若没有，则用万用

表检测高压整流二极管的正、反向电阻值是否正常（正常时，正向为100kΩ，反向为无穷大）；若阻值异常则说明高压整流二极管有问题。

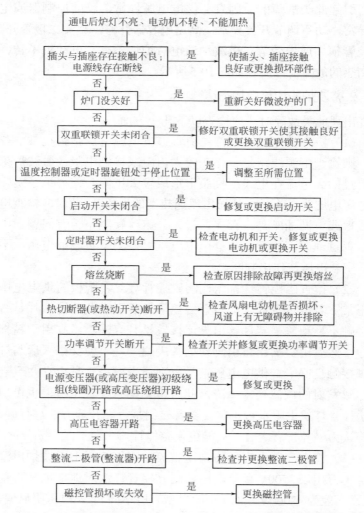

图10-5　通电后炉灯不亮、电动机不转、不能加热的故障检修流程

3.微波炉有时能加热、有时不能加热

引起此类故障的原因有：电源电压过低（≤180V）；功率分配器触点接触不良；连接线路及接插件有问题。检修时首先将万用表调至交流电压挡，然后将功率开关调至最高挡、调至一定的时间，然后用万用表检测高压变压器两端的输入端子的电压是否稳定（正常时瞬间电压为稳定的220V）；若电压不稳定，则说明其控制电路有问题或其连接线路存在接触不良，此时可检查所有接线端子是否存在松脱、接触不良现象；若正常，则检查其控制电路。

提示

微波炉加热功能时好时坏，大多是高压部分的接插件接触不良所致。此类故障修起来快，但容易复发。由于微波炉内的高压部分的接插件受热膨胀后松脱，因此故障会反复出现，甚至修好后搬回家即再次出现故障。彻底的解决办法是：将磁控管的接头、变压器输出接头、高压电容器两极的四个接头插紧后，刮去插座上的污物，再用焊锡焊牢即可。

4.微波炉操作失灵

操作失灵的主要表现为蜂鸣器不响、显示异常、程序控制器失控、按键失灵、不能定时，等等，产生此类故障的主要原因为控制电路失常所致，对于机械式微波炉主要应检查蜂鸣器及其定时器、显示器、控制电路以及发条式定时程控器。

对于电脑式微波炉主要应检查电脑板上的复位信号、基准电压、电源电压和时钟信号是否正常，电脑板本身是否损坏，灯丝负压是否正常，显示器本身是否损坏。在检修此类故障时，显示器的负压、电脑板的复位信号、时钟信号及控制面板和程控器的触点往往是维修的重点。

277

5.微波炉过烧异味

过烧异味故障表现为在正常的设定时间内烧煳食品或烧焦元器件。前者多指因微波炉失控引起的烧坏食物和机内物件，后者是指因过流过压而烧坏元器件。

产生此类故障的主要部位有磁控管的波导管损坏、程控器失灵、电路参数漂移、微波分布异常、高压电路工作异常、炉内脏污等。检修此类故障时应重点检查控制电路、高压电路、磁控管的波导管、风扇电动机及机内布线油污是否异常。

检修时，首先应确定故障的产生部位，如异味来自何处，是食物烧煳的气味还是元器件烧焦的气味，从而确定故障是由控制失灵引起的加热过度还是电路不良或过载引起的元器件烧坏。对于食物烧煳类故障应重点检查控制电路，如定时器不良、定时元器件性能不良、功率控制器不良等。对于元器件烧焦类故障应重点检查负载电路及大电流、大电压负载元器件。

第十一章 ‹‹‹‹‹‹‹

消毒柜维修

第一节 消毒柜的结构组成与工作原理

一、消毒柜的结构组成

消毒柜主要由壳体（箱体）部分、消毒部分、层架部分、烘干部分、控制部分五大部分组成。图11-1所示为消毒柜的外形结构。

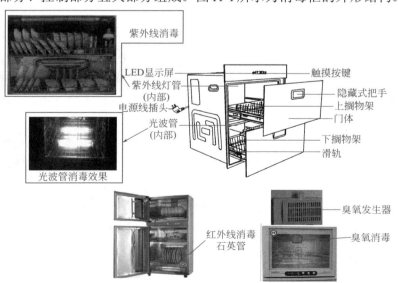

图11-1 消毒柜的外形结构

壳体部分由内外箱体、门体、导轨等组成；消毒部分是核心部分，主要由红外线加热管、臭氧发生器、紫外线管等组成（红外线加热管用于高温消毒，臭氧发生器和紫外线管用于低温消毒和烘干）；层架部分用于存放碗、盘、筷子、勺子等餐具；烘干部分是通过加热流动空气的方式使柜内温度升高从而达到烘干碗筷的目的，这部分装置主要由PTC加热器、温控器、风机等部分组成；控制部分由控制按键、控制电路板、显示面板及连接线组成，可根据用户的要求来完成消毒柜的各项功能，其主要任务是选定功能、设定时间、控制消毒柜消毒及烘干状态。

二、 消毒柜的工作原理

消毒柜的工作原理是：利用高温、臭氧、紫外线等方式将病毒和病菌杀死，并储藏餐具。消毒柜按消毒方式分为单一消毒方式和组合消毒方式。组合消毒方式有：高温＋紫外线＋臭氧、紫外线＋臭氧。单一消毒方式分为高温、紫外线、臭氧，几种方式的消毒机理是完全不同的。

1.高温消毒

利用发热管（红外线灯管）加热餐具，快速达到高温对餐具进行杀菌消毒，能有效杀灭肝炎病毒和常见的大肠杆菌、金黄色葡萄球菌等肠道传染病菌。红外线消毒一般控制温度在120℃，持续20min，通过常闭的温控器实现温度控制。当消毒柜内温度超过120℃时温控器断开，红外线管停止工作；当温度降到120℃以下后温控器闭合，红外线管又恢复工作，使柜内温度基本维持在120℃，以此实现高温的消毒过程。红外线杀毒原理如图11-2所示。

消毒柜上所用的电发热元件绝大部分为远红外石英发热管，它所发出的红外线辐射热易于被水分子吸收，所以消毒效果较好。

2.臭氧消毒（化学杀毒）

它是利用臭氧的强氧化剂来对餐具进行消毒的。紫外线臭氧灯管是利用波长短于200nm的紫外线使空气中的氧分子电离后再聚合而产生臭氧。其化学性质活跃，可杀灭细菌繁殖体和芽孢、病毒、真菌等，并可破坏肉毒杆菌毒素，在常温下臭氧还原成氧气，对环境不会造成污染。

紫外线杀菌灯的发光谱线主要有254nm和185nm两条。254nm紫外线通过照射微生物的DNA来杀灭细菌；185nm紫外线可将空气中的O_2变成O_3（臭氧），臭氧具有强氧化作用，可有效地杀灭细菌，臭氧的弥散性恰好可弥补由于紫外线只沿直线传播、消毒有死角的不足。臭氧杀菌原理如图11-3所示。

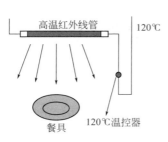

图11-2　红外线杀毒原理

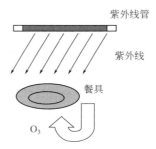

图11-3　臭氧杀菌原理

3.紫外线消毒（物理杀毒）

利用紫外线灯对餐具表面进行光照灭菌，即利用的是紫外线的杀菌能力，通过C波段波长为200～275nm的紫外线对细菌、病毒等微生物的照射，改变其DNA（脱氧核糖核酸）结构从而达到杀死微生物的目的。这种方式适合玻璃塑料等低耐热餐具的消毒；能迅速杀灭大肠杆菌；一般用低压UV管产生紫外线。

提示 ------------------

紫外线是波长在可见光范围之外的短波。按波长范围可分为A、B、C三个波段和真空紫外线，其中真正具有杀菌作用的是C波段紫外线，尤以波长在254nm左右的紫外线为最佳。A波段波长为 320 ～ 400nm，B 波段波长为 275 ～ 320nm，C 波段波长为 200 ～ 275nm，真空紫外线波长为 100 ～ 200nm。

4.电热型消毒柜

电热型消毒柜是利用高温发挥杀菌作用的。高温对细菌有致死作用。细菌中的蛋白质因为受热而发生变性凝固，活性消失，代谢发生障碍，导致死亡。电热型消毒柜的消毒温度 ≥ 100℃，消毒时间 ≥ 15min。

第二节 消毒柜的故障检修技能

一、消毒柜的维修方法

检修消毒柜时可采用看、听、闻、问、测等几种常用的诊断方法，从而判断故障的部位。

1.看

主要是看消毒柜显示屏上是否出现乱码、熔丝管是否烧坏、灯管是否烧黑、主板上是否有异常元器件等。

2.听

就是听消毒柜有没有异响。如怀疑控制开关损坏时，可先操作高温功能听有没有信号输出的提示音，有信号输出提示音说明开关是好，反之可判断开关损坏；若控制开关正常，但无继电器吸合声，则可判定问题出在主板上。

另外维修臭氧发生器时，其好坏可根据柜内的声音和光线来进行判断。若有高压放电的"嗞嗞"声，且可见放电的蓝光，则说明该臭氧发生器正常；若无高压放电声及蓝光，则说明该臭氧发生器工作异常，已经失去了消毒功能，需更换新的臭氧发

生器。

3.闻

用鼻子闻有无烧焦的气味，找到气味来源，故障可能出现在发出异味的地方。

4.问

就是问一下用户，了解机器的使用时间、工作情况及故障发生前兆。

5.测

若采用以上方法仍发现不了问题，就要通过万用表对可疑元器件进行检测从而判断故障的部位。若消毒柜不能操作高温功能，则最快捷的方法就是直接从主板上将高温功能的插头拔下，用万用表在插头上检测高温功能一整套电路是否导通，如不能导通则用万用表检测高温发热管的通断、高温熔断器的通断等。

二　消毒柜常见故障的检修方法

1.通电按启动键后，指示灯不亮，也不能加热

引起此故障的原因及处理方法如下。

① 电源插座无电或接触不良：修复或更换插座。

② 熔断器烧坏：更换熔断器。

③ 电源线与机体接触不良或断路：检查线路是否接通，并修复。

④ 电路板烧坏：检查是否有短路，更换电路板。

⑤ 继电器失灵或接触不良：更换继电器或维修、更换接插件。

⑥ 变压器烧坏、断路或引线焊接松脱：用交流25V挡检测是否有电压输出，同颜色为一组，正常的话应该有12V交流电压输出。

提示

有些型号的变压器是集成在主板上的，检测起来需要一定的专业知识，可以直接判断为主板故障，维修时只需更换主板即可。变压器故障在这类故障中最为常见。

2.臭氧管和紫外线灯不工作

引起此故障的原因及处理方法如下。

① 柜门未关好：关好柜门。

② 门开关接触不良：调整门开关的接触状况或更换门开关。

③ 电路故障：检修电路。

3.高温消毒时间短

引起此故障的原因及处理方法如下。

① 餐具堆积放置在靠门边位置：将餐具均匀放置在层架各处并互相留有空隙。

② 上层温控器与下层温控器装错：调换温控器位置。

③ 上、下发热管装错：调换上、下发热管。

4.消毒时间长

引起此故障的原因及处理方法如下。

① 柜内堆放餐具太多、太密：调整餐具数量和密度。

② 柜门关闭不严、门封变形：调整门铰座固定螺钉或更换门封。

③ 石英发热管烧坏：更换石英发热管。

④ 温控器失灵：更换温控器。

⑤ 发热管电阻丝变细，电阻增大，功率降低：观察发热管的亮度，正常情况下背部发热管微红，底部发热管明红。

5.烘干效果不好

引起此故障的原因及处理方法如下。

① PTC 加热元件损坏：更换 PTC 加热元件。

② 温控器限温温度过低：更换温控器。

③ 热熔断器烧断：更换热熔断器。

④ 风机损坏：更换风机。

⑤ 餐具放置过密过多：不超过餐具的额定重量并同间格摆放。

⑥ 气温太低：减少餐具数量，延长烘干时间。

第十二章 〈〈〈〈〈〈〈

豆浆机维修

第一节 豆浆机的结构组成与工作原理

一、豆浆机的结构组成

豆浆机主要由杯体、机头、电源插座、防溢电极、微动开关、电热器、下盖、刀片、温度传感器、网罩、防干烧电极（温度传感器外壳兼作防干烧电极）等组成。机头内部有电脑板、变压器、电动机，下部有电热器、刀片、防溢电极、温度传感器、防干烧电极等，如图12-1所示。

杯体主要用于盛水或豆浆；防溢电极的作用是防止豆浆溢出；防干烧电极的作用是防止干烧；温度感应器的作用是检测豆浆温度传输至MCU，98℃开始打浆；加热管用于加热和熬煮豆浆。

二、豆浆机的工作原理

豆浆机是采用微电脑控制，实现预热、打浆、煮浆和延时熬煮过程，实现全自动化制取新鲜即饮的豆浆/米糊等饮品的小型家用电器。

粉碎原理：电动机带动刀片高速旋转碰击网罩中的食物，使其充分粉碎。

图12-1 豆浆机的结构

出浆原理：刀盘旋转时在网罩中形成负压，水从网罩底部网孔吸入，豆浆从网罩侧边网孔压出，从而将豆浆冲出来，同时将豆渣留在网罩内；而制作米糊时则通过水的循环将米粉从网罩中充分均匀地散布在整个杯体的溶液中。

加热原理：通过不锈钢发热管通电后，通过电路板控制间歇工作，直接对杯体中的溶液进行加热。

智能控制原理：将使豆浆机自动完成预热—打浆—煮浆—报警的工作程序预置到电脑芯片中，从而实现全过程智能控制。

防干烧原理：当杯内无水、水量低于最低水位线、用户提起机头或者机器意外翻倒时，发热管还在通电加热的现象称为干烧，产品采用测温棒检测水位，当测温电动机未触及水面时，发热管停止工作，从而达到防干烧的目的。

防溢原理：机器上装有防溢电极，当豆浆或者米糊在煮沸过程中形成的泡沫触及防溢电极时，电路板控制立即切断加热电源，实现防溢功能。

豆浆机的预热、打浆、煮浆等全自动化过程，都是通过MCU有关引脚控制，相应三极管驱动，再由多个继电器组成的继电器组实施电路转换来完成的。

提示

网罩式和无网式豆浆机的制浆原理如图12-2所示。

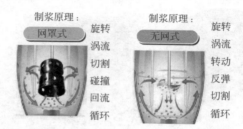

图12-2　网罩式和无网式豆浆机的制浆原理

第二节　豆浆机的故障检修技能

一、豆浆机的维修方法

检修豆浆机时可通过看、听、闻、问、测等几种常用的诊断方法和不开盖与开盖检查来判断故障的部位。

1.看

主要是观察网罩侧网或底网网孔是否干结堵死；观察电动机各绕组是否有烧焦、短路和断路，电动机上及其周围是否有黑色粉末，用手转动电动机看是否灵活；观察变压器的外貌来检查其是否有明显异常现象（如线圈引线是否断裂、脱焊，绝缘材料是否有烧焦痕迹，铁芯紧固螺杆是否有松动，硅钢片有无锈蚀，绕组线圈是否有外露，等等）。

2.听

当接通或断开外加电源时，应该听到继电器吸合与释放动作发出的声响；当开机电动机不转时，听在开机时是否有异声，有异声则一般是电动机有故障，无异声则一般是线路问题。

3.闻

用鼻子闻有无烧焦的气味，找到气味来源，则故障可能出现在发出异味的地方。

4.问

就是问一下用户，了解机器的使用时间、工作情况及故障发生前兆。

5.测

若采用以上方法仍发现不了问题，就要通过仪表对可疑元器件（豆浆机的易损件有保险管、按键、双向晶闸管、光耦、贴片三极管、变压器、稳压集成电路等）进行检测从而判断故障的部位。如：通电后保险管被烧断，可用万用表欧姆挡测电源线、炭刷架、定子绕组、转向器、电枢绕组是否与电动机的外壳导通；通电后电动机不运转，可用万用表检查电源电压是否过低或无电压、炭刷与转向器是否接触不良、电枢绕组或定子线圈的阻值是否异常、开关是否损坏或接触不良等。

值得注意的是：焊接面涂覆有一层绝缘漆，必须用电烙铁烫开焊点，才便于测量，否则测量的结果不准确。几个元件同时坏的情形并不多，往往检查出一个故障元件，后面的检修就变得容易了，并不需要从微电脑的工作原理上搞懂弄通。

6.不开盖检查

在通电且不加水和豆子时，观察机头上的指示灯是否发亮，如指示灯亮，则按选择键和启动键看是否有效，听电动机是否能转动一下，停10s左右，摸内胆底部是否发热，如发热，则机子无故障。此过程不可过长，以防时间长了干烧。如既听不到电动机转动声，又感觉不到底部发热，且相应的指示灯闪烁不停，则说明按启动键无效，需要开盖检查。

7.开盖检查

用螺钉旋具拧下机头上的几颗固定螺钉，观看机头内部有无水珠、螺钉是否严重生锈。如有，则机子严重受潮，需擦净后晾干（亦可用吹风机快速吹干），合盖后重试，往往奏效，不用修理。以后要注意防潮，清洗时别让机头进水，清洗后用干抹布拭干，不要急于放入内胆，待干燥后放入。如果去潮后仍不工作，则说明机子有故障，需要进一步检查修理。

二、豆浆机常见故障的检修方法

1.豆子打不碎

引起此故障的原因及处理方法如下。

① 刀片磨损或放豆太多：更换刀片或按规定放豆。

② 电脑板受潮使芯片程序混乱：更换电脑板。

对于有网罩的豆浆机，首先检查豆浆机的滤网是否有问题，如网罩侧网或底网网孔干结堵死，则应把豆浆机拆开，将网罩浸入沸水中并加入洗洁精，浸泡15min左右用清洁刷刷洗干净。

对于一些无网豆浆机，则检查豆浆机使用时电压是否过低，或放进的豆子是否太多，超出了豆浆机的容量。此情况属于用户操作不当造成的，只需要改变操作方法即可。

2.豆浆机出现烧煳现象

此故障一般是豆浆机加热管没有清洗干净所致，这时需要将豆浆机的加热管清洗干净。另外，单独使用绿豆制作豆浆，也可能会出现这样的故障，加入花生或者黄豆混合着一起制作即可解决此问题。

3.豆浆溢出

引起此故障的原因及处理方法如下。

① 网罩网孔堵塞：将网孔清洗干净。

② 防溢电极未清洗干净：将防溢电极清洗干净。

③ 加水太多：加水至上下水位线之间。

④ 继电器吸合后不能复位：更换继电器或电脑板。

⑤ 电脑板受潮后芯片程序混乱：用吹风机吹干电脑板及机内水分。

⑥ 防溢针插接信号端子松脱：重新插牢信号端子。

4.不通电

引起此故障的原因及处理方法如下。

① 电路发生短路造成保险管损坏：更换保险管并检修电路。

② 电压过高或机内进水，变压器初级线圈损坏：更换变压器。

③ 电脑板受潮，稳压块引脚断裂或损坏：更换电脑板。

④ 未开电源开关或插头接触不良：打开电源开关或重插插头。

⑤ 电脑板插接端子松动，重新插牢端子，并打胶固定。

5.工作时振动大、噪声大

引起此故障的原因及处理方法如下。

① 放水太少或放豆太多：按规定加水放豆。

②豆浆网孔堵塞：用毛刷清洗豆浆网孔。

③电动机轴承磨损：更换电动机或电动机轴承。

④电动机炭刷磨损：调节或更换电动机炭刷。

⑤电动机或其他零件固定螺钉松动：紧固螺钉。

6.指示灯亮但主机不启动

引起此故障的原因及处理方法如下。

①电脑板受潮，造成继电器失灵：更换电路板。

②使用不当导致机内进水，使电脑板局部短路：用吹风机吹干电脑板及机内水分。

7.通电不报警

引起此故障的原因及处理方法如下。

①蜂鸣器损坏：更换蜂鸣器。

②电脑板受潮使芯片程序混乱：更换电脑板。

③使用不当导致机内进水，使电脑板局部短路：用吹风机吹干电脑板及机内水分。

④蜂鸣器插座松脱或接触不良：重插或修复蜂鸣器插座。

⑤变压器次级端插头与电脑板连接不良：重插或修复插头。

⑥变压器烧坏：更换新的变压器。

第十三章 «««««
吸油烟机维修

第一节 吸油烟机的结构组成与工作原理

一、吸油烟机的结构组成

吸油烟机一般由支架部件、吸风系统、控制系统、排风系统、油路系统等组成，图13-1所示为吸油烟机的结构。

支架部件的作用是固定部件和收集油烟，分别由内装饰罩、外装饰罩、电器盒等组成；吸风系统的作用是吸排油烟，分别由风机组件（蜗壳、离心叶轮、电动机）、风机盖板等组成；控制系统的作用是控制吸油烟机的整个工作过程，分别由控制开关、电源板、LED灯等组成；排风系统的作用是将油烟排到室外或烟道中，由风管、风管座（带止回阀）等组成；油路系统的作用是分离油烟、导油、盛接污油，由油网、油槽、油杯等构成。

二、吸油烟机的工作原理

1.吸油烟机的原理

吸油烟机是根据流体力学的基本原理，利用离心电动机的高速转动，带动叶轮转动，在蜗壳内产生负压，从而产生压力差，油烟即在压力差的作用下实现吸排运动，将油烟气体吸入机体内部并排出室外，如图13-2所示。

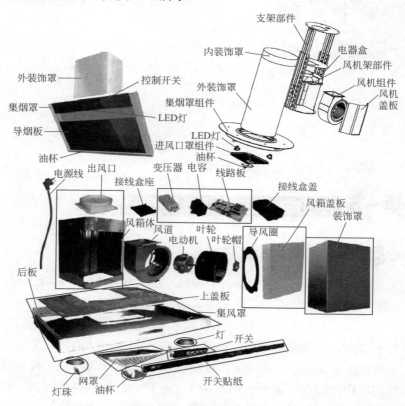

图13-1　吸油烟机的结构

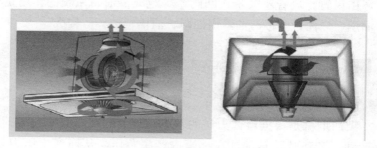

图13-2　吸油烟机的原理（一）

吸油烟机具体的工作原理如下：

① 启动　接通电源，电动机开始带动蜗壳中的叶轮旋转，叶轮将蜗壳内部的空气排出，在进风口区域形成一定的负压，通过集烟腔的引流，从而在炉灶上方一定的空间范围内形成负压区。

② 吸烟　负压区周边的油烟气体受负压吸引到达滤网，经过滤分离出一部分大颗粒油雾，其余气体进入吸油烟机内部的离心风机系统。

③ 油烟分离并排出　经过风机叶轮的高速旋转，油烟气体受到离心力的作用，密度较大的油滴被甩到风柜内壁，再次进行油烟分离，分离出来的油经过导油系统流入油杯，净化后的烟气沿蜗壳弧线变径方向顺着风管排出室外（图13-3）。

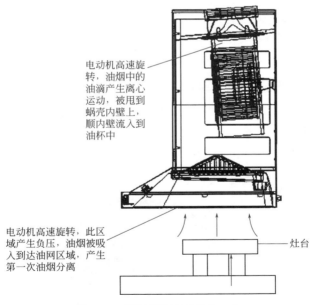

电动机高速旋转，油烟中的油滴产生离心运动，被甩到蜗壳内壁上，顺内壁流入到油杯中

电动机高速旋转，此区域产生负压，油烟被吸入到达油网区域，产生第一次油烟分离

灶台

图13-3　吸油烟机的原理（二）

2. 直吸式吸油烟机的原理

直吸式吸油烟机又称为顶吸式吸油烟机，安装在炉灶的正上

方，其工作原理是：通过拢烟罩将上升的油烟聚集在一起，进行全面收拢，防止跑烟，然后经过油网过滤将烟气排出去，如图13-4所示。

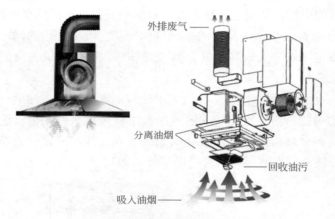

图13-4　直吸式吸油烟机的吸净原理

3.侧吸式吸油烟机的原理

侧吸式吸油烟机，顾名思义，机器位于烟源的一侧，采用壁挂式安装，由于距离烟源较近且吸油面积大，因此吸净效率较高，使油烟在上升扩散之前被吸收，不通过呼吸区，更为健康。图13-5所示为侧吸式吸油烟机的吸净效果。

图13-5　侧吸式吸油烟机的吸净效果

第二节 吸油烟机的故障检修技能

一、吸油烟机的检修方法

检修吸油烟机时可采用看、听、闻、问、测等几种常用的诊断方法，从而判断故障的部位。

1.看

当电动机转速慢时，可拨动电动机的扇叶，看转动是否灵活，若不能灵活转动，则检查电动机的轴承等机构；当不能排烟时，看气敏传感器表面是否被油污污染，导致检测灵敏度下降；当怀疑启动电容有问题时，可看电容外观是否有烧焦的痕迹；当电动机时转时停时，看电动机接线是否松动、电动机接线器螺钉是否松动、琴键开关触片是否变形等。

2.听

就是听吸油烟机有没有异响。若电动机不转且有"嗡嗡"声，一般是启动电容容量减小或短路；若不能排烟且电动机不转也无蜂鸣器叫声，则应检查放大器、可调电阻及气敏传感器是否正常；若电动机能转动，但噪声很大（且外壳很烫），则多是电动机转子含油轴承严重缺油或磨损所致。

3.闻

用鼻子闻有无烧焦的气味，找到气味来源，故障可能出现在发出异味的地方。如电动机绕组短路时，通常会发出焦味并且电动机的表面温度较高。

4.问

就是问一下用户，了解机器的使用时间、工作情况及故障发生前兆。

5.测

若采用以上方法仍发现不了问题，就要通过万用表对可疑元器件进行检测从而判断故障的部位。如怀疑启动电容有问题，则可用万用表测电容两端的阻值来判断（一般吸油烟机的电容是4μF或5μF），当阻值偏小或趋近于零时，说明电容可能被击穿，若阻值偏大或趋于无穷大说明电容的电解质干涸或失去电容量。

二、吸油烟机常见故障的检修方法

1.吸油烟机的电动机时转时不转

引起此故障的原因及处理方法如下。

① 电源线短路或电源插头与插座接触不良：检修或更换。

② 开关接触不良：检修或更换开关。

③ 机内连接导线焊接不良：重新焊接。

④ 电容器引线焊接不牢：重新焊接。

2.工作时机体振动剧烈、噪声大

引起此故障的原因及处理方法如下。

① 吸油烟机安装悬挂不牢固：挂牢吸油烟机。

② 电动机或蜗壳固定螺钉松脱：将紧固螺钉拧紧。

③ 轴套紧固螺钉松动，叶轮脱出与机壳相碰：调整叶轮位置并拧紧螺钉。

④ 叶轮受损变形或丢失平衡块：正确安装叶轮。

3.吸力不强、排烟效果不佳

引起此故障的原因及处理方法如下。

① 吸油烟机与灶具距离过高（安装高度一般根据现场情况而定，其下沿一般距橱柜台面610 ～ 750mm）：重新调整高度。

② 排烟管太长或管道弯头较多（排烟管的长度应在3m以内，管道弯头不能超过3个）：正确安装排烟管。

③ 出烟口方向选择不当或有障碍物阻挡：改变位置或清除障碍物。

④ 厨房空气对流太强或密封过严：减弱空气对流或适度开门窗。

⑤ 排气管道接口严重漏气：将其密封好。

⑥ 电源电压过低（线路电压＞200V为佳）使电动机运转缓慢：可更换电容。

4.漏油

引起此故障的原因及处理方法如下。

① 蜗壳焊缝处漏油：用液态密封胶修补。

② 止回阀与壳体密封垫破损：更换密封垫。

③ 导油管破损或脱离：更换导油管或将脱离端重新插牢。

④ 油杯安装不正确：重新装好油杯。

⑤ 漏油点在抽油烟机下方四周：检查是否是油烟机里面的扇叶上集油太多，是的话一定要及时清理风扇上面的油污。

第十四章 ‹‹‹‹‹‹‹
吸尘器维修

第一节 吸尘器的结构组成与工作原理

一、吸尘器的结构组成

吸尘器的种类很多，但结构大同小异，一般由动力部分、过滤系统、功能性部分、保护装置及附件等几部分组成，如图14-1所示。

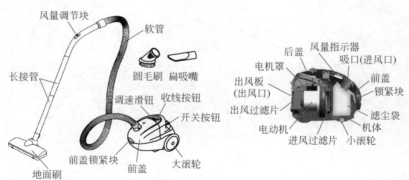

图14-1 吸尘器的结构组成

1.动力部分

动力部分中最重要的就是电动机（电动机有不同的型号大小

和分类），此外还有电动机输出功率的大小调节装置，简称调控器（调速器）。电动机有铜线电动机和铝线电动机之分，铜线电动机有耐高温、寿命长、单次操作时间长等优点，但价格比铝线电动机高；铝线电动机有着价格低廉的特点，但是耐温性较差、熔点低、寿命不及铜线电动机长。调速器分手控式、机控式，手控式一般为风门调节，机控式为电源式手持按键或红外线调节。

2.过滤系统

过滤系统由过滤网（前过滤片、后过滤片）、尘袋等组成。其按过滤材料不同又分纸质、布质、SMS、海帕（HEPA高效过滤材料）等。

3.功能性部分

功能性部分主要由收放线机构、尘满指示、按钮或滑动开关等组成。

4.保护装置

保护装置有无尘袋保护装置、真空度过高保护装置、抗干扰保护（软启动）装置、过热保护装置、防静电保护装置。

5.附件

附件就是一些额外配件和人性化设计，方便人们使用，比如手柄、软管、接管、地刷、扁吸、圆刷、床单刷、沙发吸、挂钩、背带等。

 提示 -

图14-2所示为吸尘器分解图。

- -

二、扫地机器人的结构组成

扫地机器人，又称自动打扫机、智能吸尘器、机器人吸尘器等，是智能家居电器的一种，能凭借一定的人工智能，自动在房间内完成地板清理工作。

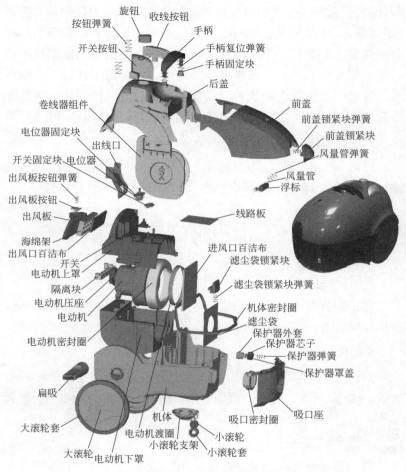

旋钮
按钮弹簧
开关按钮
收线按钮
手柄
手柄复位弹簧
手柄固定块
后盖
卷线器组件
前盖
前盖锁紧块弹簧
前盖锁紧块
风量管弹簧
电位器固定块
出线口
开关固定块 电位器
风量管
浮标
出风板按钮弹簧
出风板按钮
出风板
线路板
海绵架
出风口百洁布
进风口百洁布
滤尘袋锁紧块
开关
电动机上罩
滤尘袋锁紧块弹簧
隔离块
机体密封圈
电动机压座
滤尘袋
电动机
保护器外套
保护器芯子
电动机密封圈
保护器弹簧
保护器罩盖
扁吸
吸口座
大滚轮套
机体
电动机渡圈
吸口密封圈
小滚轮
大滚轮 电动机下罩
小滚轮支架
小滚轮套

图14-2　吸尘器分解图

1.外部组成

扫地机器人的种类很多，但结构大同小异，都是由主机、虚假墙发射器、充电基座、遥控器组成，如图14-3所示。主机由启动按钮、自动充电接插头、红外线接收头、毛刷、感应头（对家中的墙体、柱体进行感应，是扫地机器人的"眼睛"）、充电电池

（一般以镍氢电池为主，部分用锂电池，但用锂电池的通常产品单价较高。每个厂商的电池充电时间与使用时间也有所差别）、万向轮等组成。

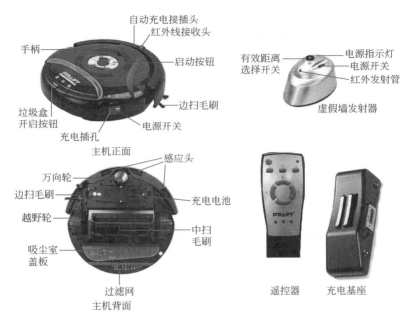

图14-3 扫地机器人的实物组成

2.系统组成

扫地机器人由主控器MCU、距离传感器、陀螺仪、电源、吸尘器等组成（图14-4）。在扫地机器人的顶部设有距离传感器，扫地机器人的底部前方边沿安有接近开关，接近开关与距离传感器一起，构成扫地机器人的测距系统，利用距离传感器判断某次单向清扫途中是否有障碍物。

三 吸尘器的工作原理

吸尘器主要是利用压强原理进行工作的。吸尘器在工作时利用电动机高速旋转，经电动机的入口将吸尘器的尘箱内的空气吸走，使尘箱产生负压（即产生一定的真空）。由于大气压强的作用，地面上的毛发、灰尘等垃圾就被外部大气压推进吸尘器，通过地刷吸入口、接管、手柄、软管、主吸管进入尘箱中的滤尘袋（或尘杯），灰尘被留在滤尘袋内，空气进入到电动机中后经吸尘器的出风口排出。在吸入垃圾后，用过滤袋的过滤网将垃圾过滤出来，这样吸尘器就完成了一个工作循环。吸尘器的工作原理如图14-5所示。

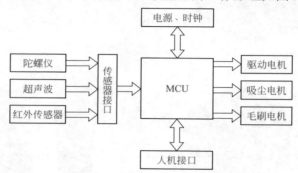

图14-4　扫地机器人的系统组成框图

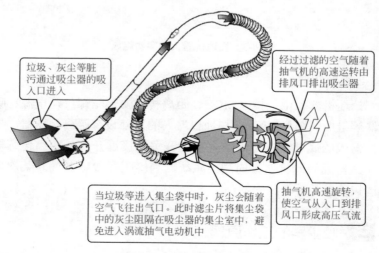

图14-5　吸尘器的工作原理

四、扫地机器人的工作原理

扫地机器人的工作原理（图14-6）：扫地机器人利用超声波侦测技术，通过向前方和下方发射超声波脉冲。并接收相应的返回声波脉冲，对障碍进行判断；然后反馈给以电脑芯片（MCU或者DSP）为核心的控制器，实现对超声波发射和接收的控制，并在处理返回脉冲信号的基础上加以判断，选定相应的控制策略；通过驱动器驱动两个步进电动机的正、反转向及转速，从而实现扫地机器人的前进、后退及转弯；与此同时，由扫地机器人内部携带的吸尘器部件（小型吸尘器）对经过的地面进行吸尘清扫。

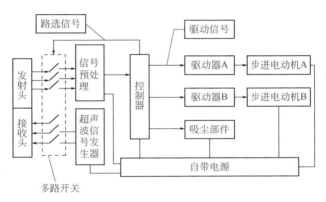

图14-6 扫地机器人的工作原理框图

提示 ---------------------------------

扫地机器人和家用吸尘器在工作原理上的区别是：扫地机器人的清洁原理是滚动毛刷＋真空吸口，即由电池带动电动机，使滚动毛刷刷起垃圾与小颗粒灰尘，然后由真空吸口吸入，与马路清洁车的原理相似，关键在于"扫"＋"吸"；家用吸尘器工作时电动机高速旋转，利用由此产生的气流将垃圾吸入，关键在于"吸"。

第二节 吸尘器的故障检修技能

一、吸尘器的检修方法

检修吸尘器时可采用看、听、闻、问、测等几种常用的诊断方法，从而判断故障的部位。

1.看

主要是看吸尘器的各个固定部位是否松动、刷子是否磨损严重、吸尘头和排气口是否堵塞等。

2.听

就是听吸尘器有没有异响。若电动机转子与定子碰触、电动机轴承损坏、叶轮变形与外壳等相碰，就会发出"嗒嗒"或"喀喀"等异响，此时应拆开电动机或叶轮罩。仔细查出碰壳之处，然后进行校正便可；若吸尘器吸入了豆子、小瓶盖之类的硬物，就会发出"嗒嗒"的异响，此时应及时关机，取出异物，不然尖锐的硬物容易碰破滤尘罩或划伤塑料机壳；若风道被严重堵塞，就会发出变调的噪声或沉闷的"呜……"声，此时应立即关机，排除堵塞，否则电动机因严重过载而迅速发热，时间一长就可能烧坏。

3.闻

用鼻子闻有无烧焦的气味，找到气味来源，故障可能出现在发出异味的地方。

4.问

就是问一下用户，了解机器的使用时间、工作情况及故障发生前兆。

5.测

若采用以上方法仍发现不了问题，就要通过万用表对可疑元器件进行检测从而判断故障的部位。如怀疑电刷和换向器间接触不良造成电动机转速慢，则可用万用表 $R \times 1$ 挡测量电动机两端的电阻，正常时应为 $8 \sim 10\Omega$，若实测值远大于此，便可判断为接触不良；若实测值过大，甚至断路，则电动机就不会启动，而不是转速慢的问题了。

二、吸尘器常见故障的检修方法

1.吸尘器电动机不转

引起此故障的原因及处理方法如下。

① 电源插头接触不良：重新将插头插入插座。

② 电源无电压或未接通：用验电笔测电源插座有无电压，如无电压应从线路上查找原因，并通入正常工作电压。

③ 吸尘器电源线断路：检查电源和电源线，如电源线断路，应更换电源线。

④ 电动机磁极与电枢之间摩擦：检查同心度，调节气隙，清除杂物。

⑤ 电动机绕组损坏：重新绕制电动机绕组。

2.吸尘器吸力减弱

引起此故障的原因及处理方法如下。

① 地面刷、软管和长接管被堵塞：及时将堵塞物清除。

② 滤尘袋集满灰尘：清理或更换滤尘袋。

③ 前盖未安装到位：将前盖安装到位。

④ 过滤片堵塞：清洗过滤片。

⑤ 集尘桶堵塞：清除灰尘或污水。

3.有异常声响或工作噪声大

① 当出现"嗒嗒"或"喀喀"等异响时，应检查是否为电动机转子与定子碰触、电动机轴承损坏、叶轮变形与外壳等相碰。此时应拆开电动机或叶轮罩，仔细查出碰壳之处，然后进行校正

即可。另外当吸尘器吸入了豆子、小瓶盖之类的硬物时，也会发出"嗒嗒"异响，此时应及时关机，取出异物。

② 当出现变调的噪声或沉闷的"呜……"声时，应检查风道是否被严重堵塞。若是应立即关机，排除堵塞，避免电动机因严重过载而迅速发热，从而烧坏电动机。

③ 对于有消声装置的吸尘器，当消声器损坏或不良时也会发出不正常的噪声。此时可拆卸消声器进行检修，通常只要更换损坏件或重新安装准确就可排除故障。

④ 吸尘器随机所附的多种吸刷是为了适应不同吸尘场合及部位所需，若选错就会影响吸尘效果并发出异响。

三 扫地机器人常见故障的检修方法

1.风扇不转

引起此故障的原因及处理方法如下。

① 检查风扇是否变形、是否有刮风叶的异响现象，如果有应更换风扇模块。

② 拔掉风扇排线，再按启动键，若无报警则需更换风扇模块。

③ 插上风扇排线，再按启动键，若有报警且风扇模块及风扇未检出异常，则检查主板上的风扇驱动电路。

 提示 -

具体故障是：按启动键后，毛刷转一下即停，但轮子一直转；然后机器的风扇和毛刷会重启三次，三次重启后机器人就停住不会动了，然后就开始一直叫（蜂鸣器报警）。

- -

2.机器陷入困境

引起此故障的原因及处理方法如下。

① 机器被地面上散乱的电线等物缠绕；

② 机器被下垂的窗帘等物或地毯的须边缠绕；

③ 机器前方障碍物太多，机器在一定时间内无法走出就会报警暂停。

出现以上情况时，应将机器人脱离此困境，重新开机清扫。

3.机器人工作时突然出现连续倒退或左转或右转动作

引起此故障的原因及处理方法如下。

① 检查是否由于底部的下视传感器上有灰尘或脏物，而使其产生误信号。

② 用手碰压碰撞板左、中、右侧，检查其反弹情况，看碰撞板是否失灵。

4.机器人吸尘能力降低

引起此故障的原因及处理方法如下。

① 检查出风口过滤片是否状态良好，如不好则更换过滤片。

② 检查确保吸尘入口无脏物堵塞。

③ 取出并清理地刷，保证地刷两端无发丝、纤维缠绕，而后重新装入地刷。

④ 检查轮或轮轴处是否被碎片、脏物堵住。

5.机器人发出很大噪声

关机清空尘筒垃圾后，将产品颠倒，然后按以下顺序处理：①取出尘筒，观察电动机吸口处是否被垃圾堵住；②检查、清理地刷（包括地刷两端）、边刷。

6.遥控不起作用

引起此故障的原因及处理方法如下。

① 确保遥控器内有带电的电池且安装准确。

② 确认在有效的操作距离内对机器人进行操作。

③ 确保主电源开关打开，如打开电源开关，机器人液晶显示电量不足或无显示，则对机器人充电。

④ 用干净的棉布擦拭遥控器的红外发射器及机器人上的红外接收器。

7.虚拟墙不起作用

引起此故障的原因及处理方法如下。

① 检查虚拟墙内是否有带电的电池且安装准确。

② 确保虚拟墙红外发射器的工作范围为所需要堵住的开口。

③ 检查所需要堵住的开口是否超过虚拟墙的工作范围。

8.电池充不上电

引起此故障的原因及处理方法如下。

① 检查充电座的电源线是否接上插座,充电座上的红色指示灯是否亮。

② 确认机器人主电源开关处于打开状态。

③ 将机器人后部推向充电座,使机器人的充电电极与充电座的对接电极紧密抵压,检查机器人充电指示灯是否亮。

第十五章 <<<<<<

空气净化器维修

第一节 空气净化器的结构组成与工作原理

一、净化器的结构组成

空气净化器又称空气清洁器、空气清新机，是指能够吸附、分解或转化各种空气污染物（一般包括粉尘、花粉、异味、甲醛之类的装修污染、细菌、过敏原等），有效提高空气清洁度的产品。

空气净化器一般由壳体、净化部分（过滤网）、电动机（风机）、电气控制部分四个主体组成，如图15-1所示。决定空气净化器寿命的是电动机，决定净化效能的是过滤网，决定是否安静的是风道设计、机箱外壳、过滤网、电动机。

1.壳体

壳体主要由前盖、本体、后盖、底座、出风罩、控制板等组成，构成空气净化器的框架结构，是整个空气净化器的支撑部分，如图15-2所示。现阶段市面上的空气净化器外壳主要还是塑料壳，当然也有一部分品牌已经用了钣金外壳。

2.风机部分

风机部分的作用是使室内空气循环，将净化后的空气输出，主要由电动机、叶轮及风道组成（图15-3）。叶轮与风道蜗壳、后盖组成离心风机结构，提供空气循环动力。一般为EC风机或者AC风机，进口风机和国产风机都在使用。

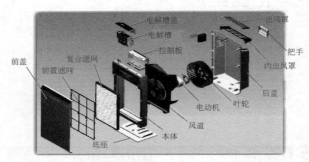

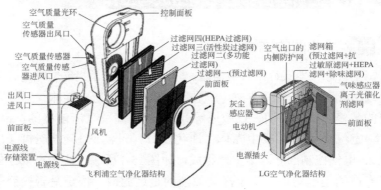

图15-1 空气净化器的部件组成

3.电气控制部分

电气控制部分是空气净化器的"大脑"，通过它实现不同模式的空气净化需要。它主要包含液晶触摸显示屏、电源板、APP控制、温湿度传感器、粉尘传感器、异味传感器、二氧化碳传感器等。

4.净化部分

净化部分主要是各种功能的过滤网（图15-4），它是空气净化器的核心部件，其数量和材质对净化效果有很大影响。目前市场上的空气净化器滤网一般只有三四层，好一些的产品拥有五六层。其中，空气净化器主流的滤网主要有前置滤网（预过滤网）、活性炭过滤网（可清洗脱臭滤网）、过敏原过滤网（抗过敏滤网）、甲醛去除滤网、HEPA过滤网（集尘滤网）和加湿滤网等。

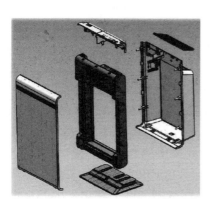

图15-2　壳体

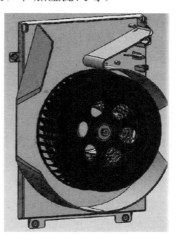

图15-3　风机部分

脏空气　　　　　　　　　　　　　　　　清洁空气

预置　过敏原除　HEPA　超精炭脱　放入绿茶
过滤网　菌过滤网　过滤网　臭过滤网　素的过滤网

图15-4　过滤网

 二、净化器的工作原理

空气净化器的工作原理是：机器内的电动机和风扇使室内空

气循环流动，污染的空气通过机内的空气过滤网后，各种污染物被清除或吸附。空气净化器还会在出风口处加装负离子发生器（工作时负离子发生器中的高压产生直流负高压），将空气不断电离，产生大量负离子，被微风扇送出，形成负离子气流，达到清洁、净化空气的目的。

虽然市场上的空气净化器种类、名称、功能等不尽相同，但是从其原理上来说主要可以分为两种，一种是被动吸附过滤式的空气净化原理，另一种则是主动式的空气净化原理。

（1）被动吸附过滤式的空气净化原理　被动吸附过滤式的空气净化原理（图15-5）是：用风机将空气抽入机器，通过内置的滤网过滤空气，主要能够起到过滤粉尘、异味、有毒气体和杀灭部分细菌的作用。这种滤网式空气净化器多采用HEPA滤网+活性炭滤网+光催化剂（冷催化剂、多元催化剂）+紫外线杀菌消毒+静电吸附滤网等方法来处理空气。其中HEPA滤网有过滤粉尘颗粒物的作用，其他活性炭等主要是起吸附异味的作用，因此可以看出，市面上带有风机滤网、光催化剂、紫外线、静电等各种不同标签的空气净化器所采用的工作原理基本是相同的，都是被动吸附过滤式的空气净化原理。

（2）主动式的空气净化原理　主动式的空气净化原理（图15-6）就是利用自身产生的负离子作为作用因子，主动出击捕捉空气中的有害物质并分解，其核心功能是生成负离子，利用负离子本身具有的除尘降尘、灭菌解毒的特性来对室内空气进行优化。主动式的空气净化原理与被动式的空气净化原理的根本区别就在于：主动式的空气净化摆脱了风机与滤网的限制，不是被动地等待室内空气被抽入净化器内进行过滤净化，而是有效、主动地向空气中释放净化灭菌的因子，通过在空气中弥漫、扩散的特点，到达室内的各个角落对空气进行无死角净化。

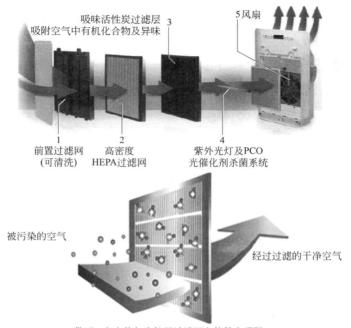

图15-5 被动吸附过滤式的空气净化原理

吸味活性炭过滤层
吸附空气中有机化合物及异味
3
5 风扇

1 前置过滤网（可清洗）
2 高密度HEPA过滤网
4 紫外光灯及PCO光催化剂杀菌系统

被污染的空气

经过过滤的干净空气

带正、负电的灰尘粒子被滤网上的静电吸附

甲醛
细菌
脏空气
灰尘

进风口　　发生极　　收集极　　出风口

1. 空气经过进风口的初过滤网到达发生极
2. 发生极在高压作用下，形成等离子场，并使部分空气分子电离
3. 细菌等有害物质通过等离子场时，被高能量的自由基氧化而杀死，同时甲醛等高分子有机物也被高能量的自由基氧化分解成水和二氧化碳
4. 部分电离的空气在电场力的作用下被加速而碰撞其他离子，并使其带上电荷，通过这样一系列的滚球式的雪崩效应，净化器箱内大部分灰尘细菌都带上了电荷
5. 在电场力的作用下，带电灰尘颗粒向收集极运动，最终在带相反电荷的收集极被吸附
6. 清洁的空气在电荷被中和之后，保持其动能而继续前进，从而形成离子风而使整个空间的空气循环

图15-6 主动式的空气净化原理

315

第二节 净化器的故障检修技能

一、净化器的检修方法

检修空气净化器时可采用看、听、闻、问、测等几种常用的诊断方法，从而判断故障的部位。

1.看

主要是看电源插座是否有电，熔丝管是否烧断，电风扇是否被异物卡住，轴承是否磨损严重，滤网及电极上是否灰尘、污垢太多等。

2.听

就是听负离子发生器是否有异响，如电风扇叶片里发出的撞击声、扇叶旋盖过紧产生的共振声等。

3.闻

用鼻子闻有无烧焦的气味，找到气味来源，故障可能出现在发出异味的地方。

4.问

就是问一下用户，了解机器的使用时间、工作情况及故障发生前兆。

5.测

若采用以上方法仍发现不了问题，就要通过万用表对可疑元器件进行检测从而判断故障的部位。如测电动机绕组是否开路或短路、升压变压器阻值是否正常、整流电路的整流管是否良好等。

二、空气净化器常见故障的检修方法

1.高压指示灯不亮，风扇不转

① 检查电源保险管是否熔断，若已断，应查清原因后再

更换。

② 检查高压产生电路中升压变压器线圈是否烧坏，可用万用表测其阻值，若线圈开路或短路，应更换同型号变压器。

③ 检查倍压整流电路的整流管、电容是否损坏，振荡器是否停振，可用万用表对相关元件逐一检测，更换烧坏的元件即可。

2. 高压指示灯亮，但风扇不转

① 检查扇叶是否被异物卡住、轴承是否严重磨损，若是，则取出异物或更换轴承。

② 检查电动机引线是否断路以及绕组是否损坏，可用万用表测量，若绕组开路或短路，则应更换同规格风扇电动机。

3. 负离子发生器极间打火

引起此故障的原因是：①环境空气的湿度太大；②正、负极片弯曲变形。检修时可用镊子校正极片，若仍打火，则可将空气净化器移到空气干燥的地方试用即可排除故障。

4. 负离子输出浓度低

引起此故障的原因及处理方法如下。

① 滤网及电极上的灰尘、污垢太多：清除滤网和电极上的污垢。

② 正、负极片弯曲变形：校正正、负极片。

③ 高压产生电路有故障导致高压太低：用万用表检查升压变压器、整流管、电容等。

提示

在清洗风扇电动机、电极上的灰尘时，一定要切断电源，拔下插头，短接高压电极放电，用长毛刷刷除灰尘；用镊子夹酒精棉球清洗电极座；负离子发生器的高压电极不要随便拆卸。

第十六章 <<<<<<<
电动自行车维修

第一节 电动自行车的结构组成与工作原理

一、电动自行车的结构组成

电动自行车由车体、电动机、控制器、蓄电池、充电器、仪表、灯具、减振器等组成（图16-1），其中电动机、控制器、蓄电池、充电器是非常重要又比较容易发生故障的部件，俗称四大件。由于各制造厂家设计和选用电气配套部件的不同，其外形、功能、结构、性能和制造成本各不相同。

1.车体

车体包括车架部件与附属部件。车架部件包括车架、前叉、车把等部分。附属部件包括鞍座部件、反射器和鸣响部件、前挡泥板部件、后挡泥板部件、支架部件、车锁部件等。

2.电动机

电动机是驱动车轮旋转的部件，它能将蓄电池电能转换成机械能，使车轮转动。电动机包括有刷电动机和无刷电动机。

3.控制器

控制器是电动自行车电气系统的核心，也是控制电动机转速及能量管理（蓄电池输出电流、电压）和各种控制信号处理的核心部件。

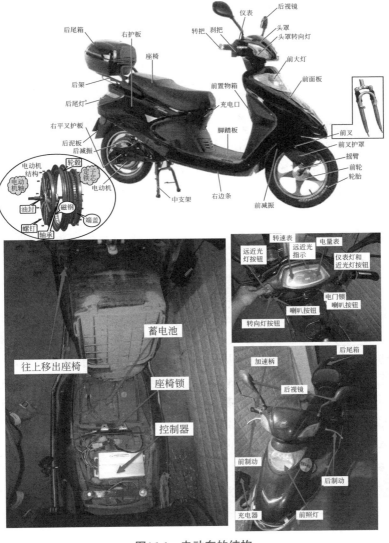

图16-1　电动车的结构

4.蓄电池

蓄电池是提供电动自行车能量的随车能源，它是电动自行车的核心部件，接受充电器的电能并储存起来最终通过电动机将电能输出，输出受控于控制器。目前电动车主要采用铅酸电池。

5.充电器

充电器是给电池补充电能的装置。电动自行车一般采用开关电源充电器，分为两阶段充电模式和三阶段充电模式两种。

6.仪表、灯具

灯具则是起照明作用并指示电动自行车状态的部件。电动自行车的灯具有前照灯、装饰灯、尾灯、转向灯等。电动自行车的仪表有指针仪表、液晶仪表、发光二极管仪表和智能显示仪表等几种，其作用是：提供蓄电池电压、骑行状态、整车速度、灯具状态及整车各电气部件的故障（智能型仪表具有）等显示功能。

二、电动自行车的工作原理

电动自行车的基本原理是：由蓄电池提供电能，电动机驱动自行车，即接通蓄电池电源后，通过手柄控制控制器的输出电压给电动机送电，电动机通电产生旋转磁场，驱动车轮旋转带动自行车行进。车速快慢是通过调速开关变换电压来实现的。骑行者通过转动手柄控制控制器输送给电动机电压的高低，从而控制电动机的转速，也就控制了电动自行车行进的速度；并可通过观察仪表盘了解当前蓄电池电压、车行速度和骑行状态等信息。图16-2所示为电动自行车的电气原理图。

 提示

转把、闸把、助力传感器等是控制器的信号输入部件。转把信号是电动自行车的速度控制信号；闸把信号是当电动车制动时闸把内部电子电路输出给控制器的一个电信号，控制器接收到这个信号后，就会切断对电动机的供电，从而实现制动断电功能；助力传感器是当电动自行车处于助力状态时用于检测骑行脚蹬力矩或脚蹬速度信号的装置，控制器根据助力传感器信号的大小，分配给电动机不同的电驱动功率，以达到人力与电力自动匹配，共同驱动电动机旋转。

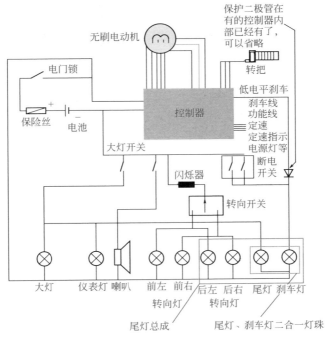

图16-2 电动自行车的电气原理图

第二节 电动自行车的故障检修技能

一、电动自行车的检修方法

电动自行车故障的常用检修方法主要有：目测法、触摸法、电阻法、电压法、代换法和对比法，以下分别进行介绍。

（1）目测法　电动自行车出现故障后，通过观察和嗅觉（闻气味）发现导线和电气组件产生的高温、冒烟、电火花、焦煳气味等，来判断较为浅显的故障部位，如观察充电器输出插头与蓄电池盒的充电插头是否插紧，充电器外壳是否烧坏，电容是否存在漏液现象，电阻是否变色或爆裂，车架有无断裂，链条是否过松，有无掉链现象，蓄电池是否鼓起、有无漏液，蓄电池连接线是否氧化或松动，车轮气压是否正常，前后轴固定螺母是否松动，等等。通过目测即可找到故障部位，为快速维修提供依据。

（2）触摸法　用手触摸电气组件表面，根据温度的高低进行故障诊断。电气组件正常工作时，应有合适的工作温度，若温度过高、过低，则意味着有故障。

（3）电阻法　电阻法就是借助万用表的欧姆挡断电测量电路中的可疑点、可疑组件以及元器件（如二极管、集成电路等）各引脚的对地电阻，然后将所测资料与正常值作比较，可分析判断组件是否损坏、变质，是否存在开路、短路、击穿等情况。这种方法对于检修开路、短路性故障并确定故障组件最为有效。

（4）电压法　电压法是通过测量电路或电路中元器件的工作电压并与正常值进行比较，来判断故障电路或故障组件的一种检测方法。一般来说，电压相差明显或电压波动较大的部位，就是故障所在部位。在实际测量中，通常有静态测量和动态测量两种方式。静态测量是在电器不输入信号的情况下所进行的测量，动态测量是在电器接入信号时所进行的测量。电压检测法一般是检测关键点的电压值，根据关键点的电压情况，来缩小故障范围，快速找出故障组件。注意：在进行电压检测时，应有着明确的目的性，千万不要盲目地带电四处乱量。

（5）代换法　对于难以诊断且故障涉及面较大的故障，可利用更换机件的方法以确定或缩小故障范围。如蓄电池不能充电，若怀疑是充电器本身有问题，则可换用一个新的充电器或将一个能正常工作的充电器拆下来进行代换，若能充电，则说明原充电器损坏，反之应继续查找。

（6）仪表检测法　仪表检测法就是利用万用表、转速表等仪表，对电气组件进行检测，以确定其技术状况。仪表检测法有省时、省力和诊断准确的优点，但要求操作者必须具备熟练应用仪表的技能，以及对电动车组件的原理、标准资料能准确地把握。

（7）对比法　对比法就是找一个型号一致或者相似的充电器，然后以它作为一个模板进行比较，多方面地去排除和缩小故障的范围。这其中包括电阻法、电压法和代换法的应用。

二　电动自行车常见故障的检修方法

1.仪表显示正常，但电动机不转

引起此故障的原因及处理方法如下。

① 闸把损坏：观察电动机是否能运转，若电动机能运转，则说明问题出在制动把上，必要时更换制动把。

② 调速转把损坏：用万用表检测转把电源5V电压是否正常；若正常，则用手转动转把，观测转把信号电压（正常值应在0.8 ～ 4.2V间变化）；若电压小于1V且无变化，则说明转把或其线路有问题。

③ 电动机损坏：若电压大于1V且变化正常，则用手慢慢转动电动机，检测电动机黄、绿、蓝三相霍尔电压的变化情况（正常时每相电压应在0 ～ 5V间变化）；若每相电压无变化，则说明电动机及霍尔元件有问题，必要时应更换电动机或霍尔元件。

④ 控制器损坏：若每相电压变化正常，且5V供电电压也正常，则检查控制器是否有问题（如控制器内部功率管有问题等）。

当控制器损坏后，在更换新控制器前，应检查转把和电动机霍尔开关是否短路，以免造成更换控制器连续损坏。另外，维修中如果更换的部件不配套（如控制器与调速转把不配套），也会造成此现象的发生。

2.电动机时停时转

引起此故障的原因及处理方法如下。

① 电池电压处于欠压临界状态：给电池补充电。

② 电池接头接触不良：调整或更换插头。

③ 调速转把引线要断未断：重新连接调速转把引线。

④ 制动断电开关出现故障：调整或更换制动断电开关。

⑤ 电源锁损坏接触不良：更换电源锁。

⑥ 线路接插件接插不良：重新插接线路。

⑦ 控制器内元件焊接不牢：更换控制器。

⑧ 电动机内电刷及导线线组有虚焊：更换电动机。

3.电动机不转，仪表无显示

引起此故障的原因是：①熔丝烧坏；②电池损坏；③电池线虚焊断路；④电源锁坏；⑤电池触点或插头接触不良。

检修时，首先用万用表电压挡测电池输出端电压是否正常；若无电压，则检查熔丝管和熔丝座、电池、电池连接线是否开路；若电池输出电压正常，则检测控制器电源输入端电压是否正常；若无电压，则检查电门锁和线缆是否断线、插接不良。

4.电动机转速慢

引起此故障的原因及处理方法如下。

① 调速转把损坏：检测调速转把的调速信号线（绿线）电压是否正常（转把在最大角度时，调速端电压应为 4.2V），若电压偏低，则会导致电极转速变慢，此时应更换调速手柄。

② 电池容量不足或充不进电：给电池充电或更换电池。

③ 控制器或电动机有问题：更换控制器或电动机。

5.蓄电池有电，但电动自行车不能行走

引起此故障的原因是：①蓄电池有问题；②供电线路有问题；③控制器有问题；④转把连接线路有问题；⑤电动机有问题。

检修时，首先检查测量控制器主电源及电门锁线的供电是否正常；若不正常，则检查供电线路是否有问题；若没有问题，则检测蓄电池是否正常，如可检测蓄电池输出电压是否正常，若输出电压过低，则说明蓄电池损坏，应更换蓄电池；若蓄电池正常，则用万用表检测转把的＋5V供电是否正常；若不正常，则检查控制器本身是否有问题（无刷电动机也可能是霍尔传感器线路出现短路或霍尔传感器击穿而引起转把供电失常），可以将转把线的+5V短接，若转把转动，则说明控制器没问题；若控制器正常，则检查电动机是否正常。

第十七章 <<<<<<<
液晶电视维修

一、液晶电视的内部实物组成

液晶电视主要由液晶面板（液晶屏）、电源板（或电源适配器、二合一电源高压板）、高压板（又称升压板、高压条、背光板、逆变器）、主板、逻辑板（液晶屏驱动板）、遥控板、按键板、屏线等部件组成（图17-1），另外有些液晶电视还带有TV板（也称高频板）和USB处理板（图17-2）、侧AV板、功率放大板等部件构成。

逻辑板

主板

电源板

背光板

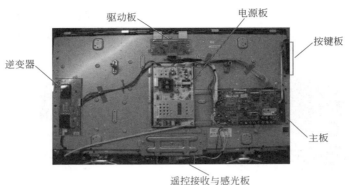

图17-1 液晶电视的内部组成（一）

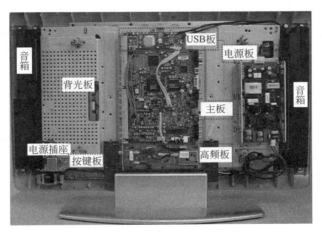

图17-2 液晶电视的内部组成（二）

1.液晶面板

液晶面板是液晶电视的核心部件（图17-3），作用是用来实现显示彩色图像。液晶电视中的液晶屏幕不仅指显示图像的屏结构部分，还包括背光源和集成化行、列驱动电路。

如图17-4所示，液晶面板主要由前框、水平偏光片、彩色滤光片、液晶、TFT玻璃、垂直偏光片、驱动IC与印制电路板、扩散片、扩散板、胶框、背光源、背板、主控制板、背光模组点灯器等组成。传统的液晶屏背光用的是荧光灯管（CCFL），LED电视液晶屏的背光用的是发光二极管（LED），其他都一样。

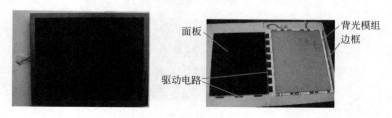

图17-3　液晶面板

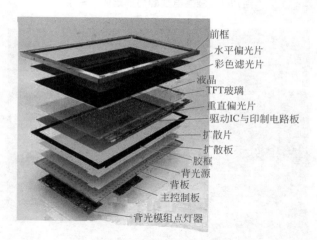

图17-4　液晶面板的结构

2. 主板（信号处理板）

主板也可以称为A/D板、控制板、信号处理板、数字板，是液晶电视中信号处理的核心电路部分，用于将从高频头中输出的中频信号（视频中频和音频中频）或从其他端口输入的视频和音频信号进行解码处理，然后再将信号以数字信号的形式输入到液晶屏。主板主要由CPU、电源转换和输入信号处理集成电路三部分构成，其电路包括稳压电路、VGA电路、模拟视频电路、数字视频信号处理电路和系统控制电路。主板中往往包含着大量的电容、电阻等贴片元器件。

3. 电源板

电源板的主要作用是为液晶电视提供稳定的直流电压，即：电源板将90～240V的交流电压转变为12V、5V、24V等的直流电供给液晶电视工作。电源板按安装方式主要有外置式和内置式两种形式。

4. 背光板

背光板俗称为"高压板"或"高压条"，有时也称为逆变电路、逆变器或升压板。背光板的作用是将12V升压到1500～1800V的高压交流电，用于点亮屏背光灯管（CCFL），即：将电源输出的低压直流电压（12V或25V）转变为液晶板所需的高频600V以上高压交流电，点亮液晶面板上的背光灯。液晶电视的高压板与电源板一样，也有两种形式，即：独立式和电源、高压一体式两种。

背光板由高频变压器（又称高压变压器、升压变压器）、高压开关管、高压输出（接灯管）、振荡IC、供电接口等元器件组成。背光板组件主要由振荡器、功率放大、高压输出、保护检测四个部分组成。

 提示 ------------------------------------

通常液晶屏的灯管有一个、两个、四个、六个或八个，这就需要高压板对应匹配，也就是说，这些灯管要分别由高压板的输出口进行驱动，故高压板有单灯、双灯、四灯和六灯等类型（一般随着电视屏幕尺寸的增大，所采用的灯管也相应增多），并且有宽口（大口）和窄口（小口）之分。高压板宽口和窄口是指高压板与灯管连接的接口宽度，其区别又因灯管数量而异。

5. 逻辑板（液晶屏驱动板）

逻辑板是由屏生产厂家和屏配套提供的，逻辑板也叫屏驱动板、中心控制板、TCON板。逻辑板的作用是把数字板送来的LVDS输入信号（输入信号包含RGB数据信号、时钟信号和控制信号三大类）通过逻辑板处理后，把以并行方式输入的TTL电平RGB数据信号转换成能驱动液晶屏的LVDS信号后，直接送往液晶面板侧的LVDS接收芯片，驱动液晶屏显示图像。

逻辑板主要由时序控制芯片及其外围元器件组成的时序控制电路、伽马校正电路、DC/DC转换芯片及其外围元器件组成的DC/DC转换电路、接插件等元器件组成。

6. 功率放大板

功率放大板的主要作用将主板（或TV板）送来的音频信号进行功率放大输出，推动扬声器发出声音。功率放大板由伴音功率放大块、稳压器、电感、电容、二极管及接插件等元器件组成。

7. TV板（高频板）

TV板（高频板）是接收和解调、解码电视信号的部分。TV板主要由主调谐器和一些外围处理电路组成（包括射频电路、音效处理电路）。主调谐器将RF信号解调为视频信号，通过转接后送入主板作相应处理，同时还承担着对音频信号进行音效处理的任务。该组件的性能直接影响到后级电路对信号处理的质量。

8. 侧AV板

侧AV板主要用于耳机输出、AV输入及S端子输入。

9. USB处理板（转换板）

USB处理板（转换板）组件用户可以将USB设备通过该组件连接起来，使本机成为信息交换的中心。USB处理板主要由音视频处理块、稳压器、存储器、电容、二极管及接插件等元器件组成。

10. 按键板

按键板主要用来提供按键功能，用户可以通过按键板来实现开关机、菜单调整（如亮度、对比度、颜色、图像位置等）等。按键电路安装在按键控制板上，另外，指示灯一般也安装在按键控制板上。按键电路的作用就是使电路通与断，当按下开关时，按键电子开关接通，手松开后，按键电子开关断开。按键板上同时也可以安装指示灯和遥控接收头，但也有遥控接收头和按键板是分开的。

11. 遥控接收板

遥控接收板主要用于完成工作状态的指示及遥控编码信号的接收。遥控接收板由工作指示灯和遥控接收头构成，有的遥控接收板与按键板安装在一起。

二 液晶电视原理概述

液晶电视与CRT电视的原理基本类似，所不同的是其显示系统不同。液晶电视也包括CPU系统控制电路、遥控接收电路、AV和VGA接口电路、信号接收电路、视频和音频信号解调解码电路、视频信号数字转换电路、伴音功率放大电路、电极驱动信号放大电路和背光灯自举升压电路。

液晶电视显示系统是通过电极驱动信号放大电路和背光灯自举升压电路来实现的。它是在两片玻璃之间的液晶内加入电压，通过分子排列变化及曲折变化再现画面，屏幕通过电子群的冲撞制造画面，并通过外部光线的透视反射来形成画面。

玻璃板与液晶材料之间采用透明的电极，电极分为行电极和列电极，在行与列的交叉点上，通过改变电压来改变液晶体发光的状态。液晶材料的周边设计有控制电路和驱动电路，并根据信号电压来控制单色图像的形成。液晶上的每一个像素都是由三个液晶单元构成的，其中每个单元格前面分别有红色、绿色和蓝色过滤片，光线经过过滤片的处理后照射到每一个像素中不同色彩的液晶单元格上，与CRT显像原理一样，利用三基色合成原理（图17-5）组合出不同的色彩。

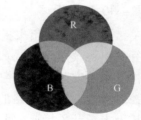

图17-5 三基色合成原理

三、液晶电视的成像原理

液晶电视的屏幕是在两片具有导电特性的玻璃板之间充入一层液晶材料，即液晶分子。液晶分子具有加热时为液态、冷却时就结晶为固态的特性，当外界环境变化时，它的分子结构也会发生变化，从而就能实现通过或阻挡光线的目的。

由于被充入的液晶物体内含有超过200万个红、绿、蓝三色液晶光阀，当液晶光阀被低电驱动激活后，位于液晶屏后的背光灯发出的光束从液晶屏上通过，产生1024×768点阵（点距为0.297mm）和分辨率极高的图像。同时，先进的电子控制技术使液晶光阀产生1677万种R、G、B（256×256×256）颜色变化，还原真实的亮度、色彩度，并再现自然纯真的图像。

简单地说，液晶电视的成像原理，就是在玻璃板内充有液晶分子，屏内有许多交错成格状的微线路，以电极控制液晶分子的走向，从而折射光线产生颜色和画面，相关结构原理如图17-6所

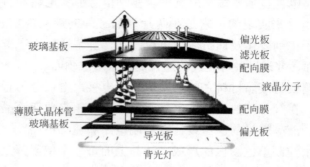

玻璃基板 — 偏光板
滤光板
配向膜
液晶分子
薄膜式晶体管 配向膜
玻璃基板 偏光板
导光板
背光灯

图17-6 液晶电视的成像原理示意图

示。LCD背光源CCFL荧光灯管投射出光源；这些光源会先经过导光板均匀分布在整个屏幕上；然后光线通过一个偏光板，再经过液晶；液晶分子的排列方式会随着控制电压的不同而发生变化，进而改变穿透液晶的光线角度；所有的光线再经过前方的彩色滤光膜与另一块偏光板，才能呈现出各种颜色。

第二节 液晶电视的故障检修技能

一、液晶电视的通用检修方法

液晶电视维修常用的检修方法有感观法、经验法、代换法、测试法、拆除法、人工干预法等几种。在液晶电视实际维修中，所采用的方法应视其型号、故障类型及维修环境而定，切勿随意而定。

1.感观法

感观法包括问、看、听、闻、摸等几种方法。

（1）问　问是指维修人员在维修液晶电视前，要仔细询问有关情况，如故障现象、发生时间等，尽可能多地了解和故障有关的情况。

（2）看　看是指维修人员在维修故障液晶电视时，拆开机壳，对内部各部分进行仔细观察。此方法是应用最广泛且最有效的故障诊断法。

（3）听　听是指仔细听液晶电视工作时的声音。正常情况下，液晶电视无声音，若有不正常的声音，通常是变压器等电感性元器件有故障。

（4）闻　闻是指在液晶电视通电时闻机内的气味，若有烧焦的特殊气味，并伴有冒烟现象，通常为电源短路引起，此时需断开电源，拆开机器进行检修。

（5）摸　摸是指通过用手触摸元器件表面，根据其温度的高低，判断故障部位。元器件正常工作时，应有合适的工作温度，若温度过高、过低，则意味着存在故障。

2.经验法

经验法是凭维修人员的基本素质和丰富经验，快速准确地对液晶电视故障作出诊断。

3.代换法

代换法是液晶电视维修中十分重要的维修方法。根据代换元器件的不同，又可分为两种：元器件代换法与模块代换法。

（1）元器件代换法　元器件代换法是指采用同规格、功能良好的元器件来替换怀疑有故障的元器件，若替换后故障现象消除，则表明被替换的元器件已损坏。

（2）模块代换法　模块代换法是指采用功能、规格相同或类似的电路板进行整体代换。该维修方法排除故障彻底，且维修故障彻底。

4.测试法

在维修液晶电视时通常使用信号波形测试法或使用电流测试法、电压测试法、电阻测试法，通过测量结果来判断故障点，该方法适用范围较广。

（1）信号波形测试法　信号波形测试法是用示波器对液晶电视中信号的波形进行检测，并通过对波形的分析来判断故障的一种方法。在测量波形时，需测其幅度及波形的周期，以便准确地判断出故障的范围。该测试法技术难度相对较大，要求维修人员使用示波器，并熟悉各种信号的标准波形，且能从实际波形和标准波形的差别中分析出故障。

（2）电流测试法　电流测试法是用万用表检查电源电路的负载电流，目的是为了检查、判断负载中是否存在短路、漏电及开路故障，同时也可判断故障位置是在负载还是在电源。

（3）电压测试法　电压测试法是检查、判断液晶电视故障时应用最多的方法之一，即通过万用表测量电路主要端点的电压和元器件的工作电压，并与正常值对比分析，即可判断故障所在。测量所用万用表内阻越高，测得的数据就越准确。

提示

按所测电压的性质不同，又分为静态直流电压、动态电压。静态是指液晶电视不接收信号条件下的电路工作状态，其工作电压即静态电压，如电源电路的整流和稳压输出电压及各级电路的供电电压等。动态电压是液晶电视在接收信号情况下的电路工作电压，其常用来检查判断采用测量静态电压不能或难以判断的故障。判断故障时，可结合两种电压进行综合分析。

（4）电阻测试法　电阻测试法就是利用万用表的欧姆挡，测量电路中可疑点、可疑元器件以及芯片各引脚对地的电阻值，然后将测得数据与正常值比较，可以迅速判断元器件是否损坏、变质，是否存在开路、短路，是否有晶体管被击穿短路等情况。

提示

电阻测试法又分为"在线"电阻测试法、"脱焊"电阻测试法。"在线"电阻测试法是指直接测量液晶电视电路中的元器件或某部分电路的电阻值；"脱焊"电阻测试法是将元器件从电路上整个拆下或仅脱焊相关的引脚再测量电阻，使测量数值不受电路的影响。

使用"在线"电阻测量法时，由于被测元器件大部分要受到与其并联的元器件或电路的影响，因此万用表显示出的数值并不是被测元器件的实际阻值，使测量的正确性受到影响。与被测元

335

器件并联的等效阻值越小于被测元器件的自身阻值，测量误差就越大。

5.拆除法

在维修液晶电视时拆除法也是一种常用的维修方法，该方法适用于某些滤波电容器、旁路电容器、保护二极管、补偿电阻等元器件击穿后的应急维修。

6.人工干预法

人工干预法主要是在液晶电视出现软故障时，采取加热、冷却、振动和干扰的方法，使故障尽快暴露出来。

（1）加热法　加热法适用于检查故障在加电后较长时间（如 1～2h）才产生或故障随季节变化的液晶电视，其优点主要是可明显缩短维修时间，迅速排除故障。常用电吹风和电烙铁对所怀疑的元器件进行加热，迫使其迅速升温，若随之故障出现，便可判断其热稳定性不良。由于电吹风吹出的热风面积较大，因此通常只用于对大范围的电路进行加热，对具体元器件加热则用电烙铁。

（2）冷却法　通常用酒精棉球敷贴于被怀疑的元器件外壳上，迫使其散热降温，若故障随之消除或减轻，便可断定该元器件散热失效。

（3）振动法　振动法是检查虚焊、开焊等接触不良引起的软故障的最有效方法之一。通过直观检测后，若怀疑某电路有接触不良的故障时，即可采用振动或拍打的方法来检查，使用工具（螺丝刀的手柄）敲击电路或用手按压电路板、搬动被怀疑的元器件，便可发现虚焊、脱焊及印制电路板断裂、接插件接触不良等故障的位置。

二　液晶电视专用部件的检修方法

1.电源板的检修方法

（1）电源板的检测方法　检测液晶电视电源板一般使用静态

测试法与动态测试法两种。

静态测试法是指在切断电源的情况下，用万用表的欧姆挡或二极管挡测试电源板中的元器件，找出故障点。该方法主要用于检查熔丝是否烧断（图17-7）、器件有无明显被烧坏的情形以及判断电源模块（图17-8）及开关管（图17-9）是否有故障。

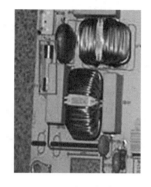

图17-7　电源板熔丝

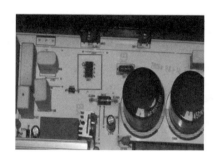

图17-8　电源模块

动态测试法是指通过万用表的电压挡测试电源板关键点的电压，再根据测得的电压来判断故障元器件的方法。该方法主要用于无明显器件烧坏、熔丝完好、继电器有"嘀嗒"声、有部分电压输出、用"静态"法无法测试及查出故障的场合。其中，动态测试法操作步骤如下。

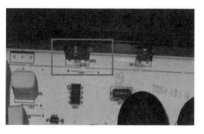

图17-9　电源开关管

步骤一：断开负载，即拔掉主板与电源板相连的连接器（图17-10），查看实物电源板上印刷字符找到STB（电源控制脚）引脚，将STB强制接地。

步骤二：接通电源，继电器接通，测各组输出电压找出异常电压组（一般情况下，正常应有5V、12V、24V三组电压），再测相应的关键芯片各引脚电压，根据异常点找出不良元器件。

图17-10　主板与电源板相连的连接器

　　将STB脚强制接地后，继电器闭合后又随即"嘀嗒"一声断开，此时需先确定电压输出端是否有对地短路或过压引起保护电路启动。如短路时，可用测试对地电阻来查找故障点；如未发现有上述现象，可分别断开保护电路来查找故障，同时需注意观察继电器的动作。

　　（2）电源板常见故障的检修方法　液晶电视电源故障主要表现为无电压输出、输出端电压过低或过高，造成不能开机、整机不动作等故障。其维修操作步骤分别如下。

　　① 无电压输出　造成无电压输出的原因分熔丝烧断和熔丝未烧断两种情况。

　　对于熔丝烧断故障，通常主要检查主电源整流滤波电路中的滤波电容器、整流桥各个二极管等部件。当然，抗干扰电路有故障时，也会引起熔丝烧断且发黑。

　　由开关管击穿引起的熔丝烧断通常还伴随着过流检测电阻器

与电源控制集成电路的同时损坏。负温度系数热敏电阻器也较容易与熔丝一起烧坏，检修时也应注意对它们的检查。

若出现无电压输出但熔丝未熔断故障，则说明开关电源电路没有工作，或者工作以后又进入了保护状态。检修时，先测量电源控制集成电路启动引出脚是否有启动电压。若无启动电压或启动电压太低，则检查启动电阻器与该引脚外接的元器件是否有漏电现象存在；若有启动电压，则再测量电源控制集成电路的输出端在开机瞬间是否有高、低跳变的电平信号。若无跳变，则说明电源控制集成电路本身或其外围振荡电路元器件或保护电路有故障，可以先采用代换电源控制集成电路，然后检查外围元器件的方法查找故障；若有跳变，则一般多为开关管本身不良或损坏，应重点对其进行检查。

 提示 --------------------------------

开关电源无电压输出时应重点检查的器件有熔丝管、开关管、启动电阻和稳压二极管、电源模块等，如图17-11中框内部分所示。

图17-11　开关电源无电压输出时应重点检查的器件

② 输出端的电压过低　当出现开关电源输出端的输出电压过低故障时，首先应检查是否是稳压控制电路异常所致，若不是，则应使用以下方法检修。

检查开关管性能是否下降，从而导致开关管不能正常导通，使电源的内电阻值变大，带负载的能力变差；检查输出端整流桥、整流二极管、滤波电容器（图17-12）是否失效，可用代换法加以判断；检查开关电源的负载是否存在短路故障，特别是DC/DC转换器是否短路或性能是否不良，检修时，可断开开关电源电路的全部负载，来判断故障是出在开关电源电路上还是出在负载电路上，若断开负载电路后，输出端的电压能恢复正常，则说明是负载过重，反之则说明开关电源存在故障。

图17-12　检查输出端整流桥、整流二极管、滤波电容器

 提示

滤波电容容量降低时，容易出现负载能力变差的情况，有时会出现自动关机现象。

③ 输出端的电压过高　出现输出端的电压过高故障，主要是

因开关电源的稳压取样和稳压控制电路存在故障。对于具有稳压控制电路的开关电源，在断开过压保护电路后，在开机的瞬间，迅速测量电源主输出端上的电压，若测量的电压仍比正常值高，通常只要高于1V以上，就都属于电压过高故障。此类故障应重点检查取样电阻器、误差取样放大器、光耦合器、电源控制集成电路等组成的反馈环路中的各个元器件（图17-13）。实际维修中，多因取样电阻器变质、精密稳压放大器或光耦合器损坏的发生率较高所致。

④ 黑屏　电源部分不正常引起黑屏，故障表现为按面板按键无任何反应，指示灯不亮。此类故障首先应检查12V电压是否正常，再检查5V电压是否正常，如果没有5V电压或者5V电压变得很低，则一般是电源电路输入级存在故障，也就是说12V转换到5V的电源部分不良，重点检查熔丝管和稳压芯片。有少数黑屏是由于提供高压板点背光用12V电压异常所致。

图17-13　输出端的电压过高时重点检查的元器件

提示

① 在检修开关电源无电压输出故障时，由于主整流滤波电路中的大滤波电容器两端的电压放电较慢，因此在采用万用表测量

电路时，应先对这类电容器进行放电，以防带电的电容器对人机造成安全隐患。具体方法是：用一只大功率、小电阻值的电阻器（例如线绕电阻器）并接在需放电电容器的两端，一段时间后即可取下并接的电阻器，然后再进行测量。

②在测量开关电源变压器初级电路及其之前的电路时，应选择热地，即将开关电源变压器初级之前的地线作为参考地线；在测量开关电源变压器次级电路及其之后的电路时，应选择冷地，即将开关电源变压器次级之后的地线作为参考地线。热地与冷地之间的跨接元器件有光耦合器、开关电源变压器、耦合电容等元器件（图17-14）。

图17-14 开关电源的热地与冷地

热地一边一般贴有⚠标志，严禁直接用手接触。特别要注意，任何检测设备都不能直接跨接在热地和冷地之间进行测量。

③在维修液晶电视开关电源时，为区分故障是出在负载电路上还是出在电源本身上，需要断开负载，接一个12V或24V的汽车灯泡作为假负载。因为在开关管截止期间，储存在开关变压器一次绕组的能量要向二次侧释放，如果不接假负载，则开关变压器储存的能量无处释放，极易导致开关管击穿损坏。

用灯泡作假负载直观方便，根据灯泡是否发光和发光的亮度可知电源是否有电压输出及输出电压的高低。若没有灯泡，则可采用30W的电烙铁或大功率600Ω～1kΩ的电阻作为假负载。

但对于目前的大部分新型液晶电视，其开关电源的直流电压输出端大多通过一个电阻接地，相当于接了一个假负载，对于这种结构的开关电源，维修时也可不接假负载。

2. 高压板的检修方法

（1）高压板的检测方法　背光灯驱动电路板（又称高压板）是液晶电视中最重要的部件之一。判断液晶屏背光灯驱动电路板好坏的方法如下。

① 外观检测法　外观检测法主要检查背光灯驱动电路板上是否有元器件或集成电路烧黑、炸裂；检查驱动板上的贴片元器件是否掉落；检查背光灯驱动电路板上高压变压器的外观是否有损坏，高压变压器磁芯是否破碎，其引脚附近是否有打火现象；检查背光灯驱动电路板上相关的插座、变压器引脚是否有虚焊。检测输入电压、灯管开关、灯管电流等参数是否正常，例如，普通4灯管15in、17in、19in、22in、24in（1in = 0.0254m）等宽屏液晶电视的高压板，其输入电压一般为12V；开关电压一般为：OFF 0～1.3V，ON 1.5～5V；灯管电流一般为2～7mA；灯管频率一般为40～60kHz。同时要检查背光灯驱动电路板上来自主板的各引脚电压是否正常（图17-15）。

② 电路检测法　电路检测法主要检查背光灯驱动电路板上的熔丝是否开路；检查驱动板上相关集成电路的电源脚和地间是否击穿；检查

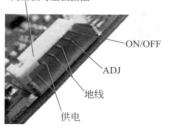

高压板与主板接插

ON/OFF

ADJ

地线

供电

图17-15　背光灯驱动电路板与主板的各引脚接插

驱动板上变压器次级阻值是否异常；检查驱动板上的贴片三极管（图17-16）是否漏电或不良。

图17-16　驱动板上的贴片三极管

 提示

电路检测法基本上是检测电阻，是在背光灯驱动电路板不通电的情况下进行的检测。对于驱动板上变压器的二次绕组阻值，在不知正确值的情况下，可直接测原板上其他变压器初、次级引脚间电阻得知（因为驱动板上有多个高压变压器，所以不可能完全损坏）。

③ 上电测试法　上电测试法主要用于判断背光灯驱动电路板的质量好坏。由于背光灯驱动板装在整机上，工作状态受整机数字主板控制，当数字板存在故障时，将影响背光灯驱动电路板的正常工作，因此，在上电检测中，有时还应切断整机的数字主板对背光灯电路板的控制。

 提示

在实际维修中，可以从背光灯驱动板和数字主板的连接插座中，断开背光灯开启和关闭的控制信号，给5V电源串接一个电阻，直接送入5V电压到背光灯驱动电路板的背光开启和关闭控制端为驱动板提供电源，若该板无故障，则LCD屏的背光灯将点亮。

目前，应用在普通液晶电视上的液晶屏一般有2灯管、4灯管、

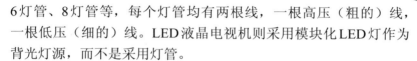

6灯管、8灯管等，每个灯管均有两根线，一根高压（粗的）线，一根低压（细的）线。LED液晶电视机则采用模块化LED灯作为背光灯源，而不是采用灯管。

（2）高压板常见故障的检修方法　高压板（背光驱动板）常见故障有以下几种。

① 瞬间亮后马上黑屏　该故障一般是背光板不良所造成的。检修时主要检查背光板上高压是否过高导致保护模式启动、背光板反馈电路是否有问题（导致无反馈电压和反馈电流过大）、是否有某只灯管损坏、背光灯驱动板输出接口与灯管是否连接不良、逆变电源控制IC输出是否过高、输出变压器是否有问题等。

 提示 --

a. 若将背光灯管取出来单独维修逆变器，可先观察开机瞬间是哪根灯管不亮或亮度异常，再检测对应的变压器和驱动 IC，则会很快找到失效元器件。

b. 如果是高压输出元器件损坏（包括接触不良），则需断电后查找。

c. 当怀疑输出电路中的输出变压器性能不良时，可用示波器检测波形判定其好坏，如没有示波器时要想对输出变压器进行性能判定，则只能采用代换法。如果判定故障在输出变压器，但变压器并没有完全损坏，则在买不到原型号配件的情况下，可采取改变过压保护取样电容的容量的方式应急处理。

d. 有的液晶屏有两个逆变器电路板，有的仅有一个，它们的功能都分成两部分，分别控制屏幕的上半部分和下半部分。若出现开机瞬间屏幕一部分显示LOGO、一部分保持黑屏，随即显示消失，呈黑屏故障，则说明部分逆变器电路板是好的。此时应仔细观察不良的现象，并借助万用表来检查逆变器电路板的电压，准确判断故障部位。

②通电后背光灯不能瞬间点亮 当背光板上无高压产生时就会引起此故障。检修时，首先检测12V与24V电压是否正常、是否有控制电压（CPU控制电路输出给背光灯升压板电路开关控制电压）加入、IC振荡信号与输出是否正常、自激振荡电路是否有问题等。

若检查时发现熔断电阻烧断，不要马上更换熔断电阻，应检查熔断电阻的一端有无短路（多为驱动管击穿损坏或升压变压器漏电短路等）。

③黑屏，但电源指示灯能由红色变为绿色 出现此故障时，应检查背光灯启动信号电平是否变化、高压板供电是否正常等；若以上检查正常，则用金属工具尖端碰触高压变压器输出端，看是否有蓝色放电火花；若有火花，则检查代换CCFL、高压输出电容；若无火花，则检查高压逆变电路。

④无光栅，有伴音 出现此类故障时，首先检查背光灯驱动板中的功率放大器供电电路中的熔断电阻是否正常；若熔断电阻开路，则检查背光灯驱动板中的功率放大器及相关联的二极管与电阻是否有问题；若熔断电阻完好，二次开机后测得开关电源和信号处理电路送往背光灯驱动板的电源电压和开/待机电压正常，但开机瞬间测背光灯驱动板的高压输出接口上无脉冲信号输出，则说明故障也是出在背光灯驱动板上。

a.背光灯驱动板输出的是正弦波脉冲信号，一般是通过示波器来进行测量，但无示波器时可使用数字式万用表进行测量，其方法是：将数字式万用表置于交流200V挡，若背光灯驱动板有高压脉冲信号输出，则在输出接口上可测到150V左右的电压（注：电压高低与表笔和输出接口的位置及距离远近有关）。

b.判定该故障是否发生在激励脉冲形成电路上的方法是：二次开机瞬间测量激励脉冲输出专用集成电路信号输出脚的电压有无变化；若有变化，则故障与激励脉冲形成电路无关；若无变化，则故障在激励脉冲形成电路上。

⑤ 无光栅、无图像、无伴音　若此故障是高压板导致的，则多数均为升压板短路所致，一般很容易测得，如12V对地、自激管击穿、IC击穿等。另外，将电源部分或升压板线路做在同一块板上（即连在一起）的机子，则电源无输出或不正常等亦会导致该故障的产生，维修时可以先切断升压部分供电，确认是哪一方面的问题。

⑥ 使用一段时间后黑屏，关机后再开可重新点亮　此故障一般是高压逆变电路末级或者供电级元器件发热量大，长期工作造成虚焊所致。

通过轻轻拍打机壳观察屏幕是否恢复点亮可以辅助判断，找到故障点后补焊即可。

⑦ 亮度偏暗　此故障一般是亮度控制线路有问题，如查12V与24V电压是否偏低、IC输出是否偏低、高压电路是否有问题。

a.出现上述故障后，有时可能伴随着加热几十秒后进入保护模式，无显示故障。

b.高压电路有一个亮度调节接口，这个接口受MCU发出的亮度调节 PWM 脉冲控制，此接口电压改变，会改变高压输出值，也就会改变 CCFL 的亮度，实现液晶电视的亮度调节。若此电路正常，则在调节亮度时该接口电压会有平滑的高低变化。

⑧ 开机后屏幕亮度不够或随后黑屏，且高压板部位有"嗞嗞"响声　此故障毫无疑问是在背光灯驱动板的输出电路上，主要是输出变压器性能不良所致。检修时，只能采用对存在叫声的输出变压器进行代换的方式来排除故障。

提示

从市场上很难购买到同型号高压变压器配件，不同型号的配件性能不匹配，所以不能代用，一般需要更换整个高压板。

⑨ 屏幕存在干扰（如出现水波纹干扰、画面抖动、有星点闪烁等）　此故障主要发生在高压线路上，但液晶屏有问题也会引起此故障。

⑩ 背光不闪亮，背光板上的熔丝熔断　此故障一般是功率放大电路的元器件、MOS 管或互补 MOS 模块有问题所致。检修时，首先外观检查高压板上 MOS 管、MOS 管驱动模块等元器件是否存在异常现象（一般背光板上有几组相同的驱动电路，可以对比外观发现故障的大致位置）；若外观无异常，则采用万用表进行对比检测来判断故障（如对功率模块进行检测：在背光板不通电的情况下，分别对比检测每只功率模块各引脚对地电阻值，如果有明显阻值偏低的模块，即说明其有故障）。

提示

a. 熔丝熔断说明背光板有严重的过流、短路（轻度过流一般不会熔断熔丝）且已经有元器件短路损坏，此时不要贸然更换熔丝通电开机，否则故障会进一步扩大，甚至影响到整机的其他电路的安全。

b.当检查发现该故障为功率模块损坏时，更换后应通电观察液晶屏的亮度，并注意背光板是否有过热、冒烟的现象；若以上检查均正常，则检查升压变压器本身是否短路。

----

⑪ 背光不亮，背光板上的熔丝完好　出现此类故障时，首先应检查背光板的供电、控制接口端的直流供电、背光开关信号以及亮度控制电平是否正常；若以上检查均正常，则考虑对背光板进行检修。背光不亮的检修流程如图17-17所示。

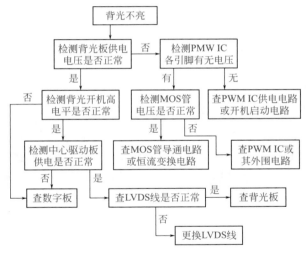

图17-17　液晶电视背光不亮的检修流程

实际维修中，此故障背光控制IC损坏的案例极其少见，多为保护检测电路的问题。

⑫ 通电灯亮，但无显示　此故障一般为升压板线路不产生高压导致，如12V未加入或电压不正常、控制电压未加入、接地不正常、IC无振荡/无输出、自激振荡电路产生不良等均会出现该现象。

3.液晶屏常见故障的检修方法

液晶电视的液晶屏是直接显示图像的，当液晶屏有问题时故障会一直存在。若液晶电视在TV、AV等各通道下故障都存在，在各通道下故障现象也都一样，那么基本可以判定是液晶屏故障。在确定是液晶屏部分有故障时，则要根据不同的故障现象检修相应的故障部位。液晶屏产生的故障大致有以下几种：白屏、花屏、黑屏、屏暗、发黄、白斑、暗斑、黑斑、黑影、亮线、暗线、外膜刮伤等。这些故障中相对而言较容易维修的是屏暗、发黄、白斑、外膜刮伤。

（1）屏暗　液晶屏暗其实就是灯管老化造成的，直接更换就行，更换灯管时要注意安装到位、避免漏光。但屏暗极少数是高压板或高压板的供电以及控制信号电路有问题造成的，检修时可拆开屏框，用一根正常灯管接在高压板上看开机后能否点亮，若能点亮则说明屏灯管损坏，若不能点亮，则加电测试高压板的供电和控制信号电压是否正常。若电压不正常，则查相关线路；若电压正常，则检查高压板是否有问题。

（2）发黄、白斑　液晶屏发黄和白斑是由于背光源存在故障，通过更换相应背光片或导光板即可解决。若屏幕在图像的白底处颜色略为发黄，这种情况多是因为液晶屏灯管老化造成灯管发出的光线不是纯白色的光线。

（3）外膜刮伤　液晶屏外膜刮伤是指液晶玻璃表面所覆的偏光片受损，更换即可。更换时应注意的事项有：换灯管时要注意安装到位，避免漏光；处理背光时要注意防尘，否则屏点亮后就会看到灰尘的斑点；更换偏光膜时要避免撕膜的时候把屏压伤，灰尘更是大忌，一旦在覆膜时有灰尘进入，就会产生气泡，基本就要报废一张膜重新再来了。

（4）白屏　白屏分为两种情况：一种是有信号输入，整个屏幕是白的，看不清图像，这是由于主板有故障（主要查LVDS芯片）；二是能够看到图像，但图像仿佛被一层雾罩住，这是由于屏线或屏的成像系统本身损坏。当怀疑故障是因液晶屏引起时，可拆开屏框，在开机加电状态下测屏线插口上屏的供电和各信号线电压是否正常。如屏的供电和各信号线电压不正常，则查相关线路；如屏的供电和各信号线电压都正常，则判定屏的成像系统有问题，此时可检查 LCD 控制芯片是否虚焊或损坏。当怀疑屏的成像系统有问题时，可用一块正常屏代换原屏以作进一步判断。

（5）花屏　花屏故障主要是液晶屏或逻辑板有问题造成的，机芯板造成的花屏现象一般也会在整个屏上都存在，但是可能会在某个特定的颜色下表现较轻。最常见的是液晶屏从内部碎裂造成花屏，且这种花屏一般都是由局部造成的，面板未损坏的地方还可以正常显示。如果外接显示正常，而液晶屏有花屏或缺色故障，则一般是屏线中有断线或虚接、虚焊现象引起的。此时可拆开屏框，先用对地测阻值的方法看屏线中是否存在断线故障，若屏线已断，则可用"飞线"解决，若屏线中没有断线，则加电开机测试各信号线电压是否正常。若各信号线电压不正常，则查相关线路；若各信号线电压正常，则一般是屏本身损坏，应更换液晶屏。

（6）黑屏　外接显示正常，但液晶屏黑屏。此故障说明屏的背光系统和成像系统都没有正常工作，则检查主板上的屏线插头是否虚插或屏线是否存在断线。此时可拆开开机面板，将屏线插头重新插拔一下看故障是否排除；若不能排除，则加电测试屏线插口、高压板上供电和信号线电压是否正常，若不正常则查相关线路。

（7）黑斑　此故障表现一般有两种。一种是在开机一段时间后会消失，不影响收看节目，一般是 Cell 不良引起的。另一种是固定不变的，这种有时遍布整个屏，有时仅在屏幕的某个区域。遍布整个屏通常是由于液晶长时间使用，其光扩散板发黄所致，更换发黄的光扩散板可以排除故障；而局部区域的黑斑若是由于液晶屏的反射板靠近背光灯一面有污渍与灰尘引起，则更换反射板可以解决，若是Cell引起，则无法处理，只能更换屏。

（8）暗斑　若屏幕四周出现暗斑，则多为液晶屏进灰所致，业余条件下建议不要拆卸液晶屏组件。还有一种情况是液晶屏本身损坏造成的暗斑。

（9）屏幕亮线、暗线　此故障一般是液晶屏的故障，因屏的价格太高，故没有维修价值。亮线故障一般是连接液晶屏本体的排线出了问题，暗线故障一般是屏的本体有漏电。

（10）黑影　此故障表现为：开机后图像显示正常，但有一条弧线的黑影。这是由于Cell与光扩散板之间的橡胶垫脱落引起的，只要将橡胶垫复位固定好，并用专用清洁剂将留在光扩散板和Cell上的污渍清除即可。

由于液晶屏没有图纸以及比较娇贵，因此在维修时最好不要带电维修，宜采用电阻测量维修法。

4.背光灯管常见故障的检修方法

背光灯管常见故障的维修方法如下。

（1）开机瞬间屏幕亮一下就熄灭，但伴音、遥控、面板按键控制均正常　此故障一般是背光灯升压板供电异常引起背光灯电路保护所致。主要检查背光灯管是否开路（如高压板上的灯管插座开焊或未插紧）或某根灯管是否存在断裂现象。

有时灯管没有完全断开，或者灯管没有断而是背光驱动板上的某个升压变压器故障，这时背光驱动就不会自动保护，此时看到液晶屏上某个部分亮度明显比其他地方暗，但是图像整体显示正常。

（2）背光灯时亮时不亮　此故障一般是背光灯升压板的灯管插座与灯管接触不良、背光灯供电高或低造成的（空载或带载时电源板上输出的24V电压都应该稳定）。

（3）开关机时背光灯均无变化，但伴音、遥控、面板按键控制均正常　当出现此故障时，应检查背光灯以下工作条件是否符合要求。

① 从电源送往背光灯升压板电路的供电（常见大屏幕为24V，极少数用120V，小屏幕一般为12V）。

② CPU控制电路输出给背光灯升压板电路的开关（ON/OFF）控制电压，常见的为高电平（多为3～5V）背光灯点亮。

③ 背光灯亮度调光电压BRI/PWM（此电压一般只影响背光灯的亮暗程度）。

若检查以上工作条件均具备，则可以代换背光灯升压板，如果代换背光灯升压板后故障依旧，则是背光灯管本身损坏。

（4）屏幕图像发黄或发红，亮度降低　此故障多为CCFL老化所致，可用同规格新产品替换即可。

（5）屏幕闪烁　此故障一般是由背光灯管老化引起的，极少数是因为高压电路不正常所致。

5.逻辑板常见故障的检修方法

逻辑板故障表现也较多，有很多软故障都是逻辑板的问题。逻辑板造成的故障现象有：花屏、黑屏（背光亮）、白屏、灰屏、负像、噪波点、竖带、图像太亮或太暗等。下面列几个逻辑板常见故障。

（1）花屏　逻辑板造成的花屏故障一般表现为：整个屏上都存在，或者在屏上显示出有规则的从上到下整个区域都显示不正常。花屏时整个屏幕有杂乱的彩色条纹，通常是控制板上的LVDS连接器的插座不良、连接线松脱或LVDS线本身质量有问题引起的。如开机时左上方出现瞬间花屏，通常是由于BLON控制电压异常引起的，重点检查与此电压相关电路即可排除故障。

353

若是屏上为不规则的花屏现象，则故障一般不在逻辑板上。

（2）白屏　当出现白屏故障时，应首先检查三个关键电压，然后再检查屏线是否装到位或存在接触不良，最后检查DC变换电路中滤波电容、IC等元器件是否有问题。若以上步骤全部检查后还不能排除故障，则可直接更换逻辑板。

提示

三个关键电压是：第一个电压是由5V（或3.3V）的屏供电电压经过一个简单升压后产生的一个电压，为10V或12V；第二个电压是由DC/DC转换电路输出的电压，为25V或30V；第三个电压也是由DC/DC转换电路输出的电压，为−7V。若这三个电压都正常，则检查主芯片是否虚焊以及是否损坏等。

（3）黑屏　逻辑板出现黑屏故障时，表现为开机后无显示。故障一般不会影响背光驱动，所以整机背光也可以正常点亮（但是个别屏幕的控制方式不同，可能会出现逻辑板不工作，造成背光板工作不正常），可从液晶电视的后盖散热孔或拆开后盖看到背光灯亮着。有背光说明逆变器板工作正常，则应重点检查液晶屏的控制板（逻辑板）是否有问题（如查控制板上5V供电电路中熔丝、保护二极管等元器件）。

逻辑板故障造成的黑屏故障不会影响机芯，故遥控和按键待机都可以正常作用。如果机芯板输出至逻辑板的供电电压正常，LVDS信号输出也正常，则基本可以确定是逻辑板故障；如果黑屏（背光亮）而机芯板输出至逻辑板的供电电压正常，则有可能是逻辑板上的熔丝熔断了，此时直接更换熔丝即可。

① 逻辑板因电压较低，元器件不良故障不多见，黑屏故障最重要的就是电路和连接正常，所以应对排线进行重点检查（排线因引脚多易出现虚焊或者连接不实）。

② 由于屏制程不同，一般32in以上的屏在逻辑板没有供电电压时会黑屏，26in以下的屏则是白屏。

（4）无图像，屏幕垂直方向有断续的彩色线条，也无字符　出现此类故障时，首先检测上屏电压（5V或12V）是否正常，然后再检测LVDS输出接口上的静态电压与动态电压是否变化，若不变化则可判断故障在逻辑板上。

当判断故障出在逻辑板上时，有条件的话最好用一个格式一样的逻辑板进行代换，只要格式和上屏电压一样都可以代换测试。从主板到逻辑板的LVDS线都有一定规律，边上红色的是电源，绞在一起的是LVDS信号线，现在的逻辑板和屏是连在一起的，由于配件及技术和精密的特点一般不好维修，售后维修也是换板或者连屏一起更换。有时候有图无声也是逻辑板有问题，重点检查逻辑板上的电容就可以了。

（5）屏幕出现规则的垂直或水平的亮线、亮带、彩线、彩带、黑带等　此故障一般发生在液晶屏上的逻辑板和行、列驱动电路上。检查信号处理板送往逻辑板的供电电压是否正常；若电压正常，则检查电源稳压电路是否有问题。

屏幕出现竖线、竖带或左右半屏异常，则是T-CON部分的输出数据线附近的问题。有一部分液晶电视为了维修判断的方便，设置了测试图信号，当有显示故障出现时，可用示波器观察T-CON芯片测试图卡的方式来判断故障范围，若测试图卡显示不正常，则问题出在后端的T-CON部分；若测试图卡显示正常，则检查前面的信号处理部分。对于黑带，要先判断液晶屏周边驱动集成电路的供电是否正常。

逻辑板的供电不是由开关电源直接提供的，而一般是由信号处理板上的稳压电路提供的。若测得逻辑板上集成电路的工作电压正常，更换逻辑板后故障依旧，则需要更换液晶屏才能排除故障。判断T-CON部分故障时应配备一台精度较高的能定量分析波形的示波器和一块精度较高的数字电压表，很多时候都是数字处理电路的供电不正常而引发的故障。

6.主板（信号处理板）常见故障的检修方法

（1）有伴音，无光栅　出现此故障时，应检测24V电压和开/待机控制电压是否正常；若24V电压正常，但开/待机控制电压不正常，则故障一般发生在主板上。此时只有更换信号处理板或对信号处理板进行器件级维修才能排除故障。

若检测24V电压和开/待机控制电压正常，则故障出在高压板上。

（2）图像出现花屏　此故障一般是发生在主板上，故障点主要是在格式变换电路和帧存储器之间的电路上。检修时可对格式变换电路和帧存储器以及它们间的电路进行逐个检查；也可采用直接更换整块主板的方法进行检修。

（3）图像不稳定或彩色不正常　此故障一般发生在信号处理板上，因为液晶电视的图像信号处理电路全部安装在信号处理板上。

（4）伴音正常，屏幕无图像、有字符　电视有字符且有伴音，说明液晶电脑板中的控制系统电路在工作，逻辑板及液晶屏正常，故障应在主板上隔行转逐行及SCALER处理芯片电路上或者解码电路上，可输入不同信号源然后用示波器来进行判定。

（5）自动开关机　主板上DDR部分工作异常、主芯片内核电压异常、主芯片复位电路与晶振有问题、主芯片I²C总线控制的IC出现通信异常（比如挂在I²C总线上的某个IC与主芯片通信的线路过孔不良引起通信中断）、软件方面有问题等均会造成自动开关机故障。

提示 -

① 主板DDR部分电路工作异常。对于该部分电路首先应检测DDR的供电、参考电压是否正常；然后再检查DDR与主芯片通信是否畅通，同时还应注意对DDR和主芯片进行补焊、通信的排阻是否不良。

② 由于主芯片内核电压（不同的主板该电压可能会有差异，一般为1.1 ～ 1.3V左右，因主芯片方案稍有差别）较大，且对纹波要求较严，因此一般均由单独的DC/DC转换电路生成。这个电压偏低或是过高亦或是纹波过大都易引起此类故障。必要时可以加大该电压输出端的滤波电容，或是在一定范围内改动CORE电压DC/DC转换电路的反馈电阻以小幅提高该电压。

③ 机器软件不良。此时可以通过升级，代换FLASH及用户存储器来验证。

- -

（6）不开机　在确认电源板正常的前提下，可检测主板上CPU、存储器、程序存储器、I/O芯片供电是否正常；若均正常，则从软件入手，首先代换用户存储器，若故障依旧，则可升级本机的FLASH程序存储器试一试。一般主板上导致不开机的原因有：CPU的工作条件（包括供电、晶振、复位、SDA/SCL、存储器通信、FLASH程序存储器通信）、FLASH存储器的工作条件、用户存储器工作条件不符合要求。

三 液晶电视常见故障的检修方法

1. 液晶电视电源指示灯亮但不能开机

出现电源指示灯亮但不能开机的故障时，先按以下两步进行检修。

① 检查遥控器"POWER"键或面板"POWER"键是否正常。二者均坏的情况比较少见。

② 检查遥控接收板（图17-18）是否异常或遥控器是否异常。

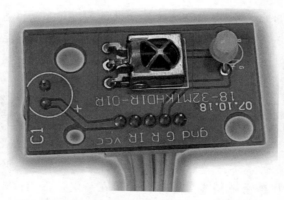

图17-18　MTK8201高清液晶电视的遥控接收板

经过以上检查，若电路正常，则去掉机芯板，进入维修模式，单独给模组通电进行如下检查。

① 如果模组可以正常点亮，则为机芯板故障，更换机芯板即可。

② 如果模组无法正常点亮，则可能是模组有故障，应根据逻

辑板的状态进行以下检查。

a.若逻辑板指示灯不亮，则说明低压电路存在故障，重点检查电源板，可用通用电源板代换进行检查。

b.若逻辑板指示灯先亮后灭，则说明高压板存在故障，重点检查输出电压是否正常。若正常则更换X驱动板；若不正常，则更换Y驱动板。

c.若逻辑板指示灯一直亮，则说明逻辑板存在故障，应更换逻辑板。

2.液晶电视不能开机，电源指示灯也不亮

①检查电源插头是否两端都紧密地插入插座内；②检查电源开关是否开启；③检查电源熔丝是否熔断；④检查电源线是否断线。在确定以上检查都没有问题时，则用液晶电视通用电源板（如图17-19所示为32in以下液晶电视通用电源板）进行代换。若指示灯仍不亮，则说明故障在机芯板供电电源上；若电源板均正常，则检查主板。

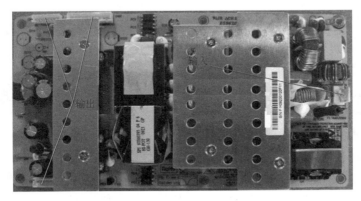

图17-19　32in以下液晶电视通用电源板

3. LED液晶电视无光栅、无伴音、无图像

液晶电视出现无光栅、无伴音、无图像故障的原因是主开关

电源未能输出 +12V 直流电压。检查时，先通电开机，通过观察红色指示灯是否发亮及发光强弱来判断主电源的工作状态，其具体检修方法如下。

（1）LED 不发光　一般是电源集成电路损坏或未能起振工作所致。应先检查熔断器是否熔断；若已熔断，则检测整流滤波电路有无元器件损坏，开关变压器是否存在短路；若经更换损坏的元器件后，故障仍不能排除，则可能是电源集成电路内部损坏，应用同型号的集成电路进行更换。

（2）LED 发光正常　可在电源集成电路加上 +16V 维修电压，看电源能否起振。若电源能起振，则检查电源电路中的开关管、启动电阻是否损坏；若电源仍不能起振，则可判断为电源厚膜块本身损坏，应用同型号集成电路更换。

（3）LED 发光很暗　应先检查电源 +12V 输出是否正常；若低于正常值，则说明开关电源工作在窄脉冲激励状态，应重点检测光耦合器和误差放大器是否不良；若光耦合器、误差放大器均无异常，则可能是放大电路中的某一电阻变值，应用同型号电阻更换。

4.开机保护

液晶电视开机屏幕闪一下就黑屏，则在保护状态下测量 24V 及 BLK 启动电压是否正常，若正常，则说明背光板损坏，其具体检修方法如下。

① 背光灯在交流开机瞬间亮一下就熄灭，且伴音、遥控、面板按键控制功能均正常，则说明背光灯电路处于保护状态，应检查背光灯升压板供电是否异常。对于 CCFL 背光源电路，某一个背光灯管开路（常见为背光灯升压板上的灯管插座开焊或插座未插紧）或某根灯管断裂均可造成上述故障。

② 背光灯开关机无变化，且伴音、遥控面板按键控制功能均正常，则检查背光源升压板电路的供电是否正常，检查 CPU 控制

电路输出的背光灯升压板振荡器工作的开关控制信号是否正常，检查背光灯升压板是否正常。若上述情况均正常，则说明液晶屏组件中的背光灯管损坏。

③ 背光灯时亮时不亮，则检查背光灯升压板的灯管插座与灯管是否接触不良及背光灯供电电压是否正常。

5. 黑屏

屏幕亮需满足两个条件：第一，电源板至背光板要有24V电压；第二，BLK ON/OFF启动脚要有3.3V/4.95V电压。若测24V电压异常，则判断电源板有故障。若BLK端无电压，则判断主板有故障。若这两个电压均正常还出现黑屏，则说明背光板和液晶屏本身有故障。其具体检修方法如下。

① 出现黑屏故障时，若电源指示灯不亮，则说明主板工作异常，用万用表测量各主要工作电压是否正常，检查熔丝是否熔断，用电阻挡测量各主要电源工作点有无短路，检查MCU是否有故障。

② 出现黑屏故障时，若电源指示灯亮，则说明背光板工作异常，检查主板到背光板的连接有无接触不良，检查液晶屏工作电压是否正常（若无电压或电压过低，应检查CPU输出电平及三极管工作状态是否正常），检查液晶屏工作电源控制电路是否正常。

6. 花屏

液晶电视出现花屏故障时，需测量主板时钟输出是否正常；检查主板信号R、G、B由输入到主芯片部分线路有无虚焊/短路，电容、电阻有无错值；检查主板信号输出到屏的连接座部分线路有无虚焊/短路，其具体检修流程如图17-20所示。

提示

若上述情况均正常，则需替换液晶屏。

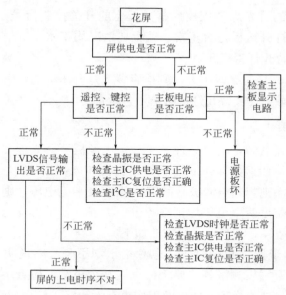

图17-20 花屏的检修流程

7.无伴音

液晶电视出现无伴音故障时可按图17-21所示流程进行检修。

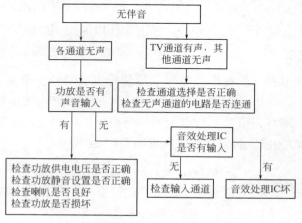

图17-21 液晶电视无伴音的检修流程

8. 背光不亮

液晶电视背光不亮的检查方法如图17-22所示。

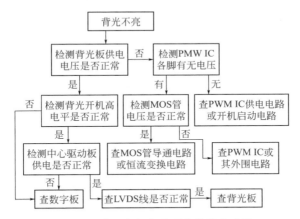

图17-22　液晶电视背光不亮的检查方法

9. 背光亮度闪动

液晶电视背光亮度闪动的检查方法如图17-23所示。

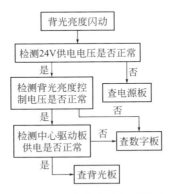

图17-23　液晶电视背光亮度闪动的检查方法

10. 背光灯亮后熄灭

液晶电视背光灯亮后熄灭的检查方法如图17-24所示。

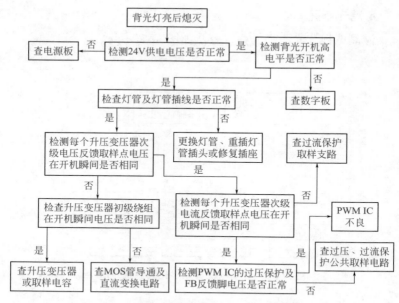

图17-24　液晶电视背光灯亮后熄灭的检查方法

11.有图像无伴音

液晶电视有图像无伴音，可按图17-25所示流程进行检修。

12.有声音无图像

液晶电视有声音无图像，可按图17-26所示流程进行检修。

四、液晶电视维修的注意事项

液晶电视维修时应注意以下事项。

① 不可以使用与本机不相同的适配器，反之，会造成着火或者损坏。

② 移动显示器之前应拔掉电源接线。

③ 运输和搬运时要特别小心，剧烈的振动可能导致玻璃屏破裂或者驱动电路受损，因此运输和搬运时一定要用坚固的外壳包装。

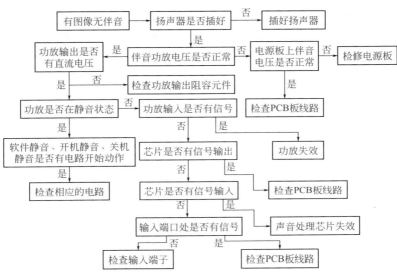

图17-25 液晶电视有图像无伴音的检修流程

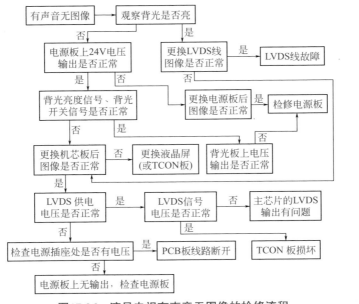

图17-26 液晶电视有声音无图像的检修流程

④ 不要在不良环境下进行操作或安装，如潮湿的浴室、洗衣房、厨房，以及靠近火源、发热设备器件，或者暴露在阳光下等类似环境，否则将会产生不良的后果。

⑤ 不要改变主板的原先设置，如果被调整则亮度不符合白平衡的规格。

⑥ 储存时要放在一个环境可控的地方，避免温度和湿度超过说明书规定的范围。如果要长时间放置，则应罩上防潮袋集中统一堆放。

⑦ 指针式万用表的$R\times10k$电阻挡具有9～15V直流电压，这是一个高阻挡，可以测出影响显示的各种通、断情况。但是由于万用表输出的是直流电压，因此最好在检测时持续时间不要太长，以免屏幕电极发生电化学反应而提前老化。可以用以下方法减少直流电流的破坏作用：即将一支表笔握于手中，然后用手指握住液晶显示屏的某段电极，再用另一表笔探测其余段电极，此时，检测的内阻会大大增加，从而减小了直流电流对电极的破坏作用。

⑧ 当怀疑有断线故障时，测量连线的阻值时一定要注意。

有的连线和其他连线的阻值有2Ω左右，不要小看这2Ω电阻，对信号的衰减作用是非常大的。因为它不是一个纯电阻，而是电路中有接触不良的地方产生的一个电阻，可以有电流、电压通过，对数字信号脉冲有很大的阻碍，使数字信号不能通过。

测量线阻时，用数字式万用表的小挡位测量会比较准确，千万不要用万用表上的短路报警挡测量，因为这个挡位在50Ω左右仍然会报警，有的甚至在100Ω左右一样会报警，这样就造成一个假象，从而会走很多弯路。

⑨ 当把液晶电视拆开后，要注意即使关闭了很长时间，背景照明组件中的CFL换流器依旧可能带有大约1000V的高压，这种高压能够导致严重的人身伤害。

⑩ 液晶电视中电路大部分是由CMOS集成电路组成的，要注意防止静电。因此维修液晶电视前，一定要采取防静电措施，保

证各接地环节充分接地。

⑪ 液晶屏的工作电压在700～825V的范围内，如果要在正常工作状态对系统测试操作或者刚断电时操作，必须采取合适的措施以保证人身和机器的安全，不要直接触摸工作模块的电路或者金属部分，在断电1min后方可进行相关操作。

⑫ 安装LCD时，不要使LCD组件受到弯曲、扭曲或者显示表面施加压力的挤压、碰撞，以防发生意外。

⑬ 如果一些异物（如水、液体、金属片或其他杂物）不慎掉进该模块中，必须马上断电；并且不要挪动模块上的任何东西，因为可能导致碰到高压或者短路从而导致火灾或电击。

⑭ 如果该模块出现冒烟、异味或异常声响，应马上断电。同样，如果上电以后或者操作过程中发现屏不工作，也必须马上断电，并且不要在同样条件下继续操作。

⑮ 不要在该模块工作或刚刚断电时，拔插模块上的连接线。这是因为驱动电路上的电容仍然保持较高的电压，如要拔插连接线，应在断电后至少等待1min。

⑯ 液晶屏维修的注意事项如下。

a.不同型号的液晶屏存在差异，不可直接代用，务必用原型号的液晶屏进行更换。

同一型号的液晶电视可能使用不同型号的液晶屏。液晶屏型号不同，不但屏的供电电压和主信号处理板与屏的接口不一样，而且屏的驱动软件也不一样。若主信号处理板与液晶屏接口不匹配，则根本无法安装。液晶屏的工作电压通常由主信号处理板提供，若主信号处理板的上屏电压与屏要求电压不一致，则即使接口相同，也不能用。

b.液晶屏背后有许多的部件连接线，维修或搬动时注意不要碰到或划伤，这些连接线一旦损坏将导致屏无法工作，且无法维修。

c.操作过程中拆卸要谨慎，特别要防止损坏Cell。Cell是由两块玻璃板组成的易碎件，不可撞击硬物或折弯。如果玻璃板破裂，整个屏就得报废。

d.由于液晶屏上有许多集成电路，因此在操作过程中需采取防静电措施，维修人员要戴防静电腕带或采取其他防静电措施。

e.清洁液晶显示屏前，应关电源，使用微湿的软布或液晶屏专用清洁剂，切勿使用挥发性物质来清洁显示器或液晶屏，也不要将清洁剂洒到显示屏表面以防短路。应在液晶屏幕完全干燥后接通液晶显示器电源。

f.不要拆卸液晶屏。液晶显示屏内部有很多线缆或精密光电器件，必须保持高度清洁。拆卸会损害液晶显示屏或令杂质进入液晶显示屏，导致其不能正常工作。

第十八章 <<<<<<
电视机顶盒维修

第一节 电视机顶盒的结构组成与工作原理

一、结构组成

（一）有线高清数字电视机顶盒的外部组成

有线高清数字电视机顶盒的外部由外壳、前面板、后面板及遥控器（图18-1）组成。前面板上有控制部分，后面板上有接口部分，如图18-2所示（以海信DB-651HDC型为例进行介绍）。

控制部分主要由开关键（此键对接收机进行电源的接通和切断）、向上移动键（播放时用于频道增加）、向下移动键（播放时用于频道减小）、向左移动键（播放时用于音量减小）、向右移动键（播放时用于音量增加）、菜单键（相当于遥控器上的菜单键）、退出键（相当于遥控器上的退出键）、确定键（相当于遥控器上的确定键）、电源指示灯（通电后即点亮）、锁频指示灯（当频点被锁定后被点亮）。

接口部分主要由RF输入接口（接数字有线电视电缆线）、RF输出接口（可接另一台数字电视接收机）、S/PDIF接口（输出数字音频信号，需接相关设备）、S-端子接口（用S端子连接线接到有S端子输入功能电视机的S端子输入接口上，而其音频输入接到本

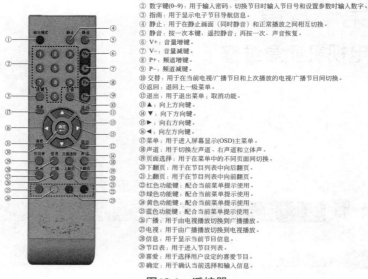

① 输出模式：用于在不同的视频输出模式间切换。

② 数字键(0~9)：用于输入密码、切换节目时输入节目号和设置参数时输入数字。

③ 指南：用于显示电子节目导航信息。

④ 静止：用于在静止画面（同时静音）和正常播放之间相互切换。

⑤ 静音：按一次本键，遥控静音；再按一次，声音恢复。

⑥ V+：音量增键。

⑦ V-：音量减键。

⑧ P+：频道增键。

⑨ P-：频道减键。

⑩ 交替：用于在当前电视/广播节目和上次播放的电视/广播节目间切换。

⑪ 返回：退回上一级菜单。

⑫ 退出：用于退出菜单；取消功能。

⑬ ▲：向上方向键。

⑭ ▼：向下方向键。

⑮ ►：向右方向键。

⑯ ◄：向左方向键。

⑰ 菜单：用于进入屏幕显示(OSD)主菜单。

⑱ 声道：用于切换左声道、右声道和立体声。

⑲ 页面选择：用于在菜单中的不同页面间切换。

⑳ 下翻页：用于在节目列表中向后翻页。

㉑ 上翻页：用于在节目列表中向前翻页。

㉒ 红色功能键：配合当前菜单提示使用。

㉓ 绿色功能键：配合当前菜单提示使用。

㉔ 黄色功能键：配合当前菜单提示使用。

㉕ 蓝色功能键：配合当前菜单提示使用。

㉖ 广播：用于由电视播放切换到广播播放。

㉗ 电视：用于由广播播放切换到电视播放。

㉘ 信息：用于显示当前节目信息。

㉙ 节目表：用于进入节目列表。

㉚ 喜爱：用于选用用户设定的喜爱节目。

㉛ 确定：用于确认当前选择和输入信息。

图18-1　遥控器

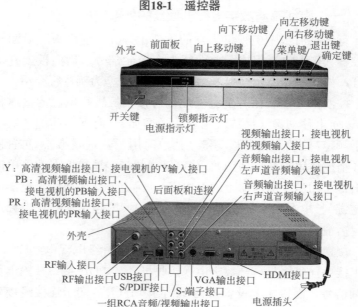

图18-2　有线高清数字电视机顶盒的外部组成

机音频输出接口上）、一组RCA音频/视频输出接口（用随机提供的音频/视频连接线与电视机相连）、HDMI接口（高清音频/视频输出接口，接电视机的HDMI输入接口）、VGA输出接口（VGA视频输出接口，接电视机的VGA输入接口）、USB接口（预留功能）等组成。

（二）卫星数字电视机顶盒的外部组成

卫星数字电视机顶盒的外部由外壳、前面板、后面板及遥控器（图18-3）组成。前面板上有控制部分，后面板上有接口部分，如图18-4所示（以海信DB625S1型为例进行介绍）。

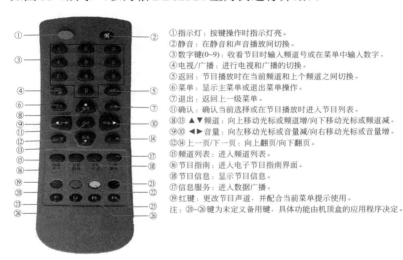

①指示灯：按键操作时指示灯亮。
②静音：在静音和声音播放间切换。
③数字键(0~9)：收看节目时输入频道号或在菜单中输入数字。
④电视/广播：进行电视和广播的切换。
⑤返回：节目播放时在当前频道和上个频道之间切换。
⑥菜单：显示主菜单或退出菜单操作。
⑦退出：返回上一级菜单。
⑪确认：确认当前选择或在节目播放时进入节目列表。
⑧⑬ ▲▼频道：向上移动光标或频道增/向下移动光标或频道减。
⑨⑩ ◄►音量：向左移动光标或音量减/向右移动光标或音量增。
⑫⑭上一页/下一页：向上翻页/向下翻页。
⑮频道列表：进入频道列表。
⑯节目指南：进入电子节目指南界面。
⑱节目信息：显示节目信息。
⑰信息服务：进入数据广播。
⑲红键：更改节目声道，并配合当前菜单提示使用。
注：⑳~㉖键为未定义备用键，具体功能由机顶盒的应用程序决定。

图18-3 遥控器

控制部分主要由电源键（此键对接收机进行电源的接通和切断）、锁频指示灯（当频点被锁定后被点亮）、显示面板（显示机顶盒当前状态）、频道增加键（播放时用于频道增加）、频道减小键（播放时用于频道减小）、音量增加键与音量减小键（播放时用于音量增加或减小）、确定键（相当于遥控器上的确定键）、菜单键（相当于遥控器上的菜单键）。

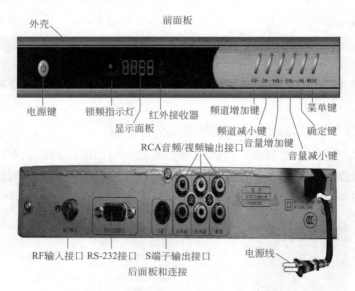

图18-4 卫星数字电视机顶盒的外部组成

　　接口部分主要由RF输入接口（接数字电视电缆线）、RS-232接口（外接RS-232标准的串行通信口）、S-端子输出接口（用S端子连接线接到有S端子输入功能电视机的S端子输入接口上，而其音频输入接到本机音频输出接口上）、RCA音频/视频输出接口（用随机提供的音频/视频连接线与电视机相连）、电源线（应插到交流110～250V、50Hz的电源上）等组成。

（三）机顶盒的软件组成

　　不管是哪一种机顶盒，其软件大同小异。机顶盒的软件一般由应用层、中间层、操作系统和驱动层三层组成，每一层都包含了诸多的程序和接口等，如图18-5所示。

1.应用层

　　应用层位于数字机顶盒软件结构的最上层，它又由应用程序和应用层API（应用程序接口）组成，应用程序可以分成驻留应用程序和可下载应用程序两部分。不同的应用程序可以提供不同类型的数字交互式电视服务，典型的应用程序包括电子节目浏览（EPG）、准视频点播、视频点播、数据广播、简单的下载游戏、IP电话和可视电话等。

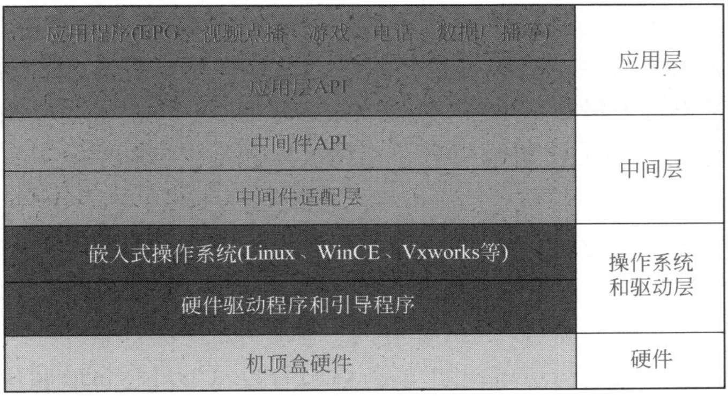

应用程序(EPG、视频点播、游戏、电话、数据广播等)	应用层
应用层API	
中间件API	中间层
中间件适配层	
嵌入式操作系统(Linux、WinCE、Vxworks等)	操作系统和驱动层
硬件驱动程序和引导程序	
机顶盒硬件	硬件

图18-5　软件组成

2.中间层

中间层是数字电视接收系统的软件平台，为数字电视应用提供运行环境和软件接口，它位于数字机顶盒软件结构的中间，由中间件API（程序接口）与中间件适配层组成。中间层主要由一些驱动与库函数组成，为各个应用程序提供共同、常用的服务程序，其功能主要包括：与业务有关的网络通信控制；视频控制；导航控制；应用协议处理；用户/业务管理；图形显示以及用户界面的编程接口。

3.嵌入式操作系统和驱动层

嵌入式操作系统有Linux、WinCE、Vxworks等，它们主要完成进程调度、中断管理、内存分配、进程间通信、异常处理、时钟提取等工作。硬件驱动部分提供外围硬件设备的驱动，包括I^2C总线、异步串行通信口、并行通信口、非易失内存、键盘、遥控器、调谐器、信道解码模块等。

二 机顶盒的工作原理

目前市面上的机顶盒有三种，即DVB-C有线数字电视机顶盒、DVB-S卫星数字电视机顶盒和DVB-T地面数字电视机顶盒。DVB-C有线数字电视机顶盒接收来自有线电视电缆的信号到高频头，DVB-S卫星数字电视机顶盒和DVB-T地面数字电视机顶盒分别接收天线来的RF射频信号。三种机顶盒工作机制不同，工作原理也不同。

① 有线数字电视机顶盒的基本工作原理（图18-6）是：将有线电缆送来的电视系统传输的数字广播信号（48～860MHz），通过调谐器和解调器进行QAM解调、解复用/解扰［通过读卡器读取CA（条件接收）智能卡中的数据用于数字电机节目的解扰，从而达到付费控制的目的］、解码、音视频编码，输出可供数字/模拟电视机使用的音频、视频信号。

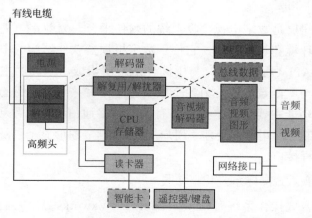

图18-6 有线数字电视机顶盒的工作原理

② 卫星数字电视机顶盒的基本工作原理是：高频头将卫星天线接收到的射频信号（950～2150MHz）变成第一中频信号，然

后送到前端电路进行QPSK解调和纠错，得到数字信号，数字信号经过解码后送到AV信号的MPEG解码器进行解压缩，然后进行视频、音频编码（PAL/NTSC）和D/A转换，还原出模拟音视频信号到监视机或电视机。

③ 地面数字电视机顶盒的基本工作原理：来自地面接收天线的地面电视广播数字信号通过接收电路变成第一中频信号，然后送到前端电路进行QPSK解调和解复用器解复用，得到音视频码流，音视频码流经过解码后送到AV信号的MPEG解码器进行解压缩，然后进行视频、音频编码（PAL/NTSC）和D/A转换，还原出模拟音视频信号到监视机或电视机。图18-7所示为卫星数字电视机顶盒与地面数字电视机顶盒的工作原理。

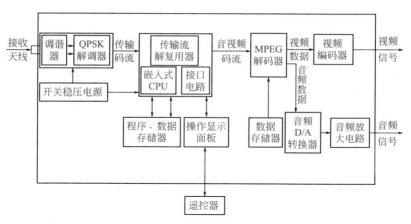

图18-7 卫星数字电视机顶盒与地面数字电视机顶盒的工作原理

④ 不管是哪一种机顶盒，其工作电源均是采用开关电源提供的。开关电源主要由交流输入电路、整流滤波电路、开关振荡电路、开关变压器、次级整流滤波电路和稳压电路组成。

⑤ 不管是哪一种机顶盒，除硬件之外必不可少的还有软件系统。软件系统包括驱动程序、主芯片自带的实时操作系统及运营商提供的电视和管理软件。

第二节 电视机顶盒的故障检修技能

一、 电视机顶盒常见故障的检修方法

机顶盒常见故障的检修方法主要以下几种。

1. 观察法

观察法是维修判断过程中的第一要点，贯穿于整个维修过程中，是最基本、最直接、最重要的一种方法。当机顶盒出现故障后，先不要接通电源，打开机壳，对机内可视部位进行全面检查，看元器件有无烧断、烧焦、熏黑、开裂等明显损坏现象；插头座有无松动、脱落、断线等问题，各部分之间的连接是否正常；导线是否有短路、被夹断等异常现象；指示灯、发光二极管指示是否正常；电源熔丝是否正常；看软硬件配置是否正常（如软件版本、参数设置），等等。

2. 替换法

替换法是用规格相同、性能良好的元器件或电路，代替故障电器上某个被怀疑而又不便测量的元器件或电路，从而来判断故障的一种检测方法。对于难以诊断且故障涉及面较大的故障，可利用更换机件的方法以确定或缩小故障范围，如用好的板卡去代替怀疑有故障的板卡，以此判断故障部件。

机顶盒更换板卡（有SM板、显控板、电源板、主板等）时应首先检查与故障板卡相连接的连接线、信号线等，其次替换怀疑有故障的板卡，再替换供电部分，最后替换与之相关的其他板卡。根据板卡的故障率高低来确定最先替换的板卡，对故障率高的板卡应先进行替换。

3. 比较法、对比推断法

比较法与替换法类似，即用好的部件与怀疑有故障的部件进行外观、配置、运行现象等方面的比较，也可对两台机顶盒进行

比较，以判断故障机顶盒在环境设置、硬件配置方面的不同，从而找出故障部位。

对比推断法是一种简单易行的检查方法，通过对相同型号的正常机顶盒和故障机顶盒的直流电压、在路电阻等参数进行逐一对比找不同之处，推断故障的部位。此法主要适用于检修一些没有电气原理图的机顶盒。

4.断路法

断路法又称断路分割法，它通过割断某一电路或焊开某一组件、接线来压缩故障范围，是缩小故障检查范围的一种常用方法。如某一电器整机电流过大，可逐渐断开可疑部分电路，断开哪一级电路后电流恢复正常，故障就出在哪一级。此法常用来检修电流过大、烧熔丝故障。

5.敲击法

当怀疑机器中的某板卡、排线有接触不良，某处电路有虚焊等现象时，就可以采用敲击法来进一步检查。具体方法为：倒握螺丝刀，用螺丝刀柄敲击印制电路板边沿，振动板上各元器件，常常能快速找到故障部位。

6.触摸法

用手触摸电器组件表面，根据温度的高低进行故障诊断。电器组件正常工作时，应有合适的工作温度，若温度过高、过低，则意味着有故障。

7.升、降温法

升温法是用电烙铁或电热吹风给某个怀疑有故障的组件加热，使故障现象及早出现，从而确定损坏组件。降温法是用蘸酒精的棉球给某个怀疑有故障的组件降温，使故障现象发生变化或消失，从而确定故障组件。这两种方法主要用于电路中组件热稳定性变差而引发的软故障的检修。

8.干扰法

干扰法就是用手拿螺丝刀和镊子的金属部分碰触有关检测点，同时观察屏幕上的杂波反应或监听喇叭发出的声音来判断故障部位。该方法常用于检查图像信道和伴音信道，其检查顺序应从后级向前级，检查到哪级无杂波反应哪级就有问题。

9.仪表检测法

仪表检测法就是利用仪表（如万用表、示波器等）对电器组件进行检测，以确定其技术状况。仪表检测法有省时、省力和诊断准确的优点，但要求操作者必须具备熟练应用各种仪表的能力，以及对电器组件的原理、标准资料能准确地把握。仪表测量法主要有电阻检测法、电压检测法、电流检测法、信号注入法几种。

（1）电阻检测法　就是借助万用表的欧姆挡断电测量电路中的可疑点、可疑组件以及集成电路各引脚的对地电阻，然后将所测数据与正常值作比较，可分析判断组件是否损坏、变质，是否存在开路、短路、击穿等情况。这种方法对于检修开路、短路性故障并确定故障组件最为有效。

（2）电压检测法　是通过测量电路或电路中元器件的工作电压，并与正常值进行比较来判断故障电路或故障组件的一种检测方法。一般来说，电压相差明显或电压波动较大的部位，就是故障所在部位。在实际测量中，通常有静态测量和动态测量两种方式。静态测量是在电器不输入信号的情况下进行的测量，动态测量是在电器接入信号的情况下进行的测量。

（3）电流检测法　是通过检测晶体管、集成电路的工作电流，各局部的电流和电源的负载电流来判断电器故障的一种检修方法。

（4）信号注入法　是将信号发生器发出的信号或其他正常的视频、音频或射频信号逐级注入电器可能存在故障的有关电路中，然后再利用示波器和电压表等测出波形或数据，从而判断各级电路是否正常的一种检测方法。

二、电视机顶盒的故障检修技能

（一）数字接收机音频电路的检修技能

无论是数字卫星接收机还是数字有线接收机，它们的音频电路原理都差不多，都是由D/A转换模块进行数模转换，然后进行音频放大。有的主芯片集成了音频解码功能，此时外置电路就只需要音频放大电路即可。当音频电路出现问题后，会表现为无声音输出或声音小及伴音中有杂音等故障，检修技能如下。

首先应检查是设备故障还是附件存在故障，如音频连接线是否存在接触不良或折断现象、接收机本身音频设置是否关闭或声道设置不正确等。确认附件无故障后，再打开机盖对接收机电路进行检修。

电路故障多发生在音频解码电路、D/A转换电路、音频放大电路以及CPU控制芯片等部位，其中D/A转换电路、音频放大电路是故障多发部位。对于音频故障的维修应本着音频电路原理的先后次序进行检查。可采用干扰法对音频输出前后级进行检查，即先在音频放大电路部分输入端注入干扰信号，细听扬声器是否有声音发出，若扬声器有"嘟嘟"声发出，则说明音频放大电路正常，再依次向前检查，以便确定故障的位置。也可采用示波器从前向后进行排查，即通过观察某一部位（如D/A数模转换器输入与输出端的信号）有无波形输出来判断故障的位置。

当确定故障出在某一电路上后，应对以该电路为主的集成电路供电电压和外围电阻、电容等元器件进行检查，若集成电路外围元器件均无故障，则问题可能是出在集成电路本身，此时用新件更换即可。

 提示 -

① 对于CPU已经集成音频解码的芯片，在没有确认的情况下不要轻易更换（因为主芯片集成度高，且不易损坏）。

② 对于芯片的更换可依照先小后大的次序进行，维修故障则采用先易后难的判断方法。

③ 当接收机发生无音频输出故障时，除了对音频电路进行重点检查外，还应对存储芯片进行检查。

（二）接收机视频电路的检修技能

视频电路一般由视频编码电路和视频输出电路组成，其中视频编码电路因机型不同，采用的视频编码器也有所不同。当视频电路出现问题后，会表现为无图像输出或图像无彩色及图像上有干扰条等故障，检修技能如下。

首先应检查是设备故障还是附件存在故障，如视频连接线是否存在接触不良或折断现象、接收机本身视频设置是否关闭或设置不正确等。确认附件无故障后，再打开机盖对接收机电路进行检修。

检修视频电路故障时，可采用示波器、万用表等工具进行检修，即：用示波器观察某一部位（如视频编码器输出的视频信号）有无波形输出来判断故障的位置；用万用表检测某一部位的电压是否正常来判断故障位置。当确定故障出在某一电路后，应对以该电路为主的集成电路外围电阻、电容等元器件进行检查，若集成电路外围元器件均无故障，则问题可能是出在集成电路本身，此时用新件更换即可。

 提示

在确认视频输出电路正常的情况下，也可采用代换法，代换编码器来确定其是否损坏。

（三）接收机开关电源的检修技能

接收机开关电源一般由输入电路、整流滤波电路、主转换电

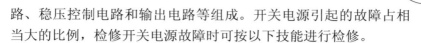

路、稳压控制电路和输出电路等组成。开关电源引起的故障占相当大的比例，检修开关电源故障时可按以下技能进行检修。

1.询问

首先向机主了解机器发生故障前后的情况，如机器有什么现象、有无异味或异响、供电电压是否稳定等。

2.直观检查

目测检查接插件与线路是否有问题，机内熔丝管是否熔断，电解电容顶部是否开裂、漏液或鼓包，开关管或集成电路是否炸裂，电阻是否存在烧黑、变形，带散热片的元器件是否过热，机内是否有烧焦气味，电路板底的焊点是否存在虚焊等现象。

3.电压、电阻检测

（1）电压检测　可用万用表检测关键点电压的方法来判断故障大致范围，例如：测量桥式整流电路后的滤波电容两端有无300V直流电压，若有300V电压则可断定抗干扰电路及整流电路工作正常；测量开关管基极或专用开关电源模块启动端有无启动电压，若有启动电压则说明启动电路无故障，应检查开关变压器一次绕组、反馈电路是否有问题。

电压检测法还可根据电源输出端各组输出电压确定故障范围，判断开关电源是否启动工作、工作有无异常等，例如以下几种情况。

① 若开关电源各组输出电压均无，则故障可能是主转换电路未工作引起的。首先要测量电源控制芯片的启动脚是否有启动电压，若无启动电压或者启动电压太低，则要检查启动电阻和启动脚外接的元器件是否漏电；若有启动电压，则测量控制芯片的输出端在开机瞬间是否有高、低电平的跳变。若无跳变，则说明控制芯片及其外围振荡电路元器件或保护电路有问题；若有跳变，则一般为开关管不良或损坏。

② 若开关电源有输出电压，但输出电压过高，则故障一般来

自于稳压取样和稳压控制电路。

③ 开关电源输出电压过低。输出电压过低大多数是稳压控制电路（误差取样放大和反馈电路）有故障引起的，但还有以下几种原因也会引起：开关电源负载有短路；输出电压端整流二极管、滤波电容失效等；开关管性能不良；开关变压器不良、300V滤波电容失效等。

（2）电阻检测 电阻检测法主要是检测开关电源电路或元器件的对地电阻及元器件本身的电阻值。例如：可通过检测开关电源输出端的对地电阻判断电路的负载是否有问题，若对地电阻值异常，则说明负载有问题；可通过检测电源模块各引脚的阻值判断以开关电源模块为核心元器件的主转换电路是否有问题，若阻值不为0的引脚电阻测量值为0，则可断定集成电路已击穿损坏。

第十九章 〈〈〈〈〈〈

电冰箱（柜）维修

一、电冰箱的结构组成

电冰箱主要由保温箱体/门体、制冷系统、电气系统、应用附件、包装零件等组成。图 19-1 所示为电冰箱的结构。如图 19-2 所示为电冰箱分解图（以海尔 BCD-220SCGM 型电冰箱为例）。

① 保温箱体由侧板、背板、上/中/下梁、箱胆、底板组件、保温层、排水管、接水盘、压缩机安装板、滚轮、调平脚、上/中/下铰链、箱顶盖等组成。

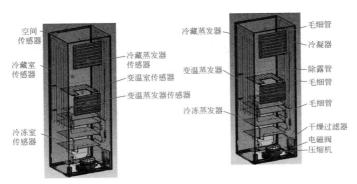

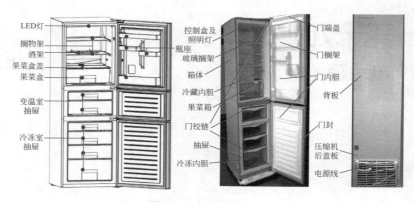

图19-1 电冰箱的结构

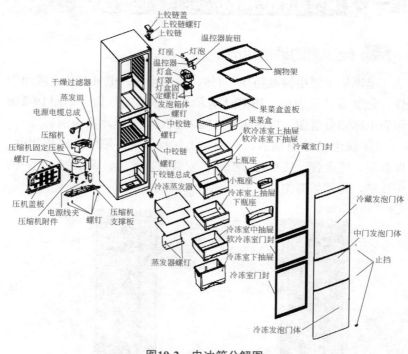

图19-2 电冰箱分解图

② 保温门体由门壳（或玻璃）、门端盖、立柱、门胆、保温

层、门封条、卡挡、自锁机构、中空玻璃等组成。

③ 制冷系统由压缩机、冷凝器、蒸发器、除露管、毛细管、干燥过滤器、制冷剂、连接管路等组成。图19-3为制冷系统循环透视图。

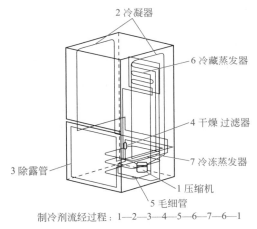

制冷剂流经过程：1—2—3—4—5—6—7—6—1

图19-3　制冷系统循环透视图

④ 电气系统由温控器、传感器、电磁阀、照明灯、灯座、补偿加热器、开关、线束、电脑控制器、化霜加热器、化霜温控器、温度熔断器等组成。普通冰箱、电控型冰箱、风冷型冰箱的电气系统组成略有差别，如图19-4所示。

普通冰箱	电控型冰箱	风冷型冰箱
压缩机： 　PTC启动器 　过载保护器 　运行电容 　启动电容 电源、接地线 温控器 照明灯(开关) 补偿加热器(开关)	控制主板 显示板 调节按钮 电磁阀 温度传感器 温控器 补偿加热器、补偿开关	风扇电机 除霜加热器 除霜温控器 除霜熔断器 定时器

图19-4　电气系统组成

⑤ 应用附件有搁架、门托盘、温控盒、果菜盒、抽屉、除臭器、保鲜器、制冰盒等。

二、电冰箱的工作原理

电冰箱是利用蒸发制冷或汽化吸热的作用达到制冷的目的。制冷循环包括压缩、冷凝、节流、蒸发四个过程，即：电冰箱采用压缩机作为制冷动力，用压缩机将制冷剂进行循环压缩，当制冷剂由毛细管流入蒸发器时，制冷剂膨胀蒸发，由液态变成气态，产生物理吸热作用；当制冷剂从蒸发器通过回流管和压缩机再回到冷凝器时，由气态变成液态，产生物理散热作用。故蒸发器变冷而冷凝器变热，蒸发器通过热交换使电冰箱或冷藏柜内部空气变冷，冷凝器通过热交换将热量散发到空中，从而达到制冷效果。图19-5所示为电冰箱的工作原理示意图。

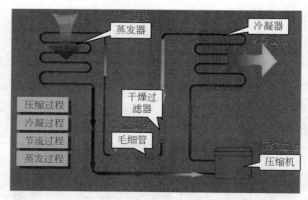

图19-5　电冰箱的工作原理示意图

1. 压缩过程

压缩过程（图19-6）是在压缩机（它是制冷系统的"心脏"）中进行的，为升压、升温过程。压缩机将从蒸发器流出的低压制冷剂蒸气压缩，使蒸气的压力提高到冷凝温度对应的冷凝压力，从而保证制冷剂蒸气在常温下被冷凝液化，而制冷剂经压缩机压缩后温度也升高了。

图19-6　压缩过程

2.冷凝过程

冷凝过程（图19-7）在冷凝器中进行，为恒压过程，为了让制冷剂蒸气能被反复使用，需将蒸发器流出的制冷剂蒸气冷凝还原为液态，向环境介质放热。冷凝器分为入口段（为冷却段）和出口段（为冷凝段），入口段把过热蒸气冷却为饱和蒸气，这一段的温度较高，是一个降温段；出口段把饱和蒸气冷凝为饱和液体，这一段温度接近室温，是一个恒温段。在入口段制冷剂不发生相变，放出显热，使制冷剂温度降低。在出口段放出潜热，使制冷剂由气态变为液态。

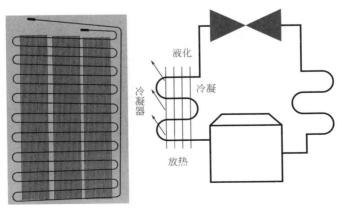

图19-7　冷凝过程

3.节流过程

节流过程（图19-8）在节流阀（毛细管）中进行，为降压、降温过程，保证冷凝器与蒸发器间有一定的压力差。液态制冷剂节流后有少量液体变为气体。节流后的液体愈多、气体愈少，蒸发器中的制冷量就愈大。

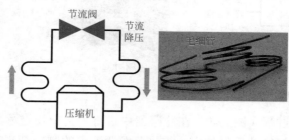

图19-8 节流过程

4.蒸发过程

蒸发过程（图19-9）在蒸发器中进行，为恒压、恒温过程。蒸发器入口的制冷剂既有液态又有气态，但绝大部分为液态。液态制冷剂流过蒸发器时蒸发吸热，变为气态，并产生制冷效应，因此，需要制冷的地方就要设置蒸发器。气态制冷剂流经蒸发器时不发生相变，不产生制冷效应，因而应限制毛细管节流汽化效应，使流入蒸发器的制冷剂中液态愈多、气态愈少，制冷效果愈好。

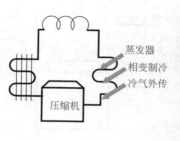

图19-9 蒸发过程

第二节　电冰箱的故障检修技能

一、电冰箱的检修方法

电冰箱的常见检修方法有以下几种。

1.看

看就是根据故障类型有针对性地观察某个器件的工作情况或外部表现，就能很快地判断出故障发生的系统或部位。

①看制冷系统各管路是否有断裂，各焊接点处是否有泄漏，如有泄漏，必有油渍出现；②看压缩机吸、排气（高、低压）压力值是否正常；③看蒸发器和回气管挂霜情况，如冷冻蒸发器只挂有一部分霜或不结霜均属于不正常现象（冷藏蒸发器不能照此判断）；④看冰箱主控制板的各种显示状态；⑤看冰箱门封、箱体、台面、保温层状态和保温环境。

2.听

听就是用耳朵细听冰箱发出的声音从而判断故障发生的系统和部位。

①听压缩机运转时的各种声音（正常运转时一般发出轻微但又均匀的"嗡嗡"的电流振动声），若出现"咚咚"声，则说明压缩机内有大量制冷剂或冷冻油进入气缸；若出现"当当"声，则说明压缩机内运转部件松动；"嘶嘶"声是压缩机内高压管断裂发出的高压气流声，"咯咯"声是压缩机内吊簧断裂后发出的撞击声；"嗵嗵"声是压缩机液击声，即有大量制冷剂湿蒸气或冷冻机油进入气缸。

②听蒸发器里气体流动（在压缩机工作的情况下打开箱体门，侧耳细听蒸发器内的气流声，"嘶嘶嘶"并有流水似的声音是蒸发器内制冷剂循环的正常气流声）；若没有流水声，则说明制冷剂已渗漏；若蒸发器内没有流水声、气流声，则说明过滤器或毛

细管有堵塞，与堵、漏区别。

③ 听温控器、启动继电器、主控板继电器、电磁阀的换向声音是否正常。

3.摸

摸是针对具体的故障现象，用手触摸部件，根据部件表面温度的高低及有无振荡感进行故障诊断。部件正常工作时，应有合适的工作温度，若温度过高、过低，则意味着有故障。

① 压缩机正常运转时，其温度不会超过90℃，当压缩机运转5～10min后，用手摸冷凝器时，其温度应上部较高、下部较低，说明制冷剂在循环；若冷凝器不发热，则说明制冷剂泄漏了；若冷凝器发热数分钟后又冷下来，则说明过滤器、毛细管有堵漏。对于风冷式冷凝器，可用手感觉冷凝器有无热风吹出，无热风则说明不正常。

② 用手摸干燥过滤器时，手会有微热感，比所处环境的温度略高。若出现显著低于环境温度的凝露现象，则说明其中滤网的大部分网孔已阻塞，致使制冷剂流动不畅通，从而产生节流降温。

③ 用手摸制冷系统感觉排气冷热程度时，应是很热的，烫手，这是正常工作状态。采用封闭压缩机制冷系统，一般吸气管不挂霜、不凝露，如挂霜和凝露则是不正常（刚开机时出现短时结霜、凝露属正常现象）。

4.测

测就是利用万用表、钳形表、绝缘电阻表等来测量电流、电压、绝缘电阻、运转电流量是否符合要求，用卤素灯或电子检测仪检查制冷剂有无泄漏。

① 压缩机不能启动时，首先检测供电电压是否正常，然后检测电动机三点接线柱的阻值及电源插头间的阻值是否正常等，从而判断压缩机是否发生故障。

② 测量工作电流。若工作电流大于额定电流，则说明制冷剂

充入量过多，制冷系统微堵、压缩机局部短路；若工作电流小于额定电流，则说明制冷系统有泄漏或系统完全堵塞。

③ 测量绝缘电阻和直流电阻。对于匝间短路不严重或匝间绝缘不良的电动机绕组，用电阻测量方法很难分辨电动机故障，因此只能采用测量工作电流的方法来判断。

④ 测压力。若吸气压力过高，则通常是制冷剂充入过多、新换毛细管过短、压缩机性能不良的原因引起；若吸气压力为负压，则通常是因为制冷剂不足，系统内有堵塞现象，新换毛细管太细、太长。

5. 调试法

调试法是指通过调节电冰箱上各种器件来确定电气系统是否有问题，调节的器件一般有温度控制器、化霜定时器、门灯开关、温度补偿器以及用户家庭使用的电冰箱保护器和稳压器。

（1）压缩机不启动　可通过以下调试法进行检修。

① 将温度控制器调节到"强冷"或"速冻"位置，如果此时压缩机能运行，则说明温度控制器有问题；反之，如果压缩机仍不能运行，则说明故障出在电气系统中。

② 在环境温度低于10℃的情况下，如果将温度控制器置于"速冻"或"强冷"挡，压缩机启动并运行正常，则说明电冰箱自身系统正常，故障是由于环境温度低于要求所致，对于设置有低温补偿电路的机型，可打开低温补偿电路。

③ 旋转化霜定时器强制化霜，看压缩机能否运转，如果压缩机启动运转，则说明化霜电路有问题；如果压缩机仍不能启动运转，则说明压缩机电路有问题。

④ 在环境温度低于10℃，压缩机不启动或启动与停机时间间隔过长时，可将冷藏室设置的温度补偿开关置于"开"的位置，同时观察压缩机能否正常启动；如果能正常启动，则说明电冰箱自身系统正常，故障是环境温度过低所致；如果电冰箱不能启动，

则说明低温补偿电路或压缩机电路有问题。

⑤ 去除电冰箱保护器，将电源插头直接插到家庭电源插座，观察电冰箱能否启动。如果能正常启动，则说明电冰箱保护器有问题；如果不启动且门灯不亮，则说明电源插座或电源线有问题；如果不启动但门灯亮，则说明电冰箱电气系统有问题。

（2）能制冷但不停机　可通过以下调试法进行检修。

① 当遇到能制冷但不停机故障时，可将温度控制器挡位调到最小位置，如果仍不能停机，则说明温度控制器有问题。

② 当遇到制冷差但不停机故障时，首先将化霜定时器调到强制化霜挡位，然后观察配电盒上电流表有无化霜电流。如果有0.5A的化霜电流，则说明化霜电路无问题，故障原因是制冷管路泄漏；如果无化霜电流，则检查化霜电路有无问题。

6.分析法

经一看、二听、三摸、四测、五调试后进一步分析故障的所在处，由于制冷系统、电气系统、空气循环系统等彼此均有联系又互相影响，因此，要综合起来进行分析。

二　电冰箱常见故障的检修方法

1.不制冷

① 首先检查冰箱是否接通电源（如查电源插头是否接触良好、电源断路器是否断开、冷藏室门灯是否亮），然后检查温控器是否在工作挡位［温控器处于停机挡（0挡）时，压缩机不会工作］。

② 观察压缩机是否运转来判断故障。若压缩机不能运转，则将温度控制器两端短路，观察压缩机是否转动。若压缩机能运转，则检查温度传感器部分是否漏电或接点是否接触不良。若压缩机不运转，则将定时器设定在冷却运行侧，观察压缩机是否转动。若仍不转动，则检查温度熔丝是否熔断，化霜加热器是否导

通，双金属开关是否导通；若能运转，则检查PTC热敏电阻是否正常；若PTC热敏电阻正常，则检查接插件是否接触良好；若接插件接触良好，则检查压缩机的线圈导通是否良好。

若压缩机能运转，则检查冷凝器是否结霜；若冷凝器表面未结霜，则检查制冷系统是否泄漏；若制冷系统未泄漏，则检查制冷系统是否堵塞；若制冷系统未堵塞，则检查压缩机的低压管道是否吸气良好。

提示

对于直冷式电冰箱，当出现压缩机运转正常但不制冷的故障时，应打开冷冻室门，听有无毛细管节流后的"嘶嘶"流动声；如果没有听到流动声，则说明制冷回路堵塞或内部无制冷剂，应对制冷系统进行检查。对于间冷式电冰箱，除了听制冷剂的流动声外，还应留意冷冻室风扇是否运转。若风扇不运转，则说明风扇及风扇开关有问题。

2.压缩机不能启动

引起此故障的原因及检修方法如下。

① 主电路电源未接通。用万用表或电笔测量输入电源电路是否有电、电源熔丝是否熔断、电源开关接触是否良好、电源电压是否符合使用要求（一般应在187～242V之间）。

② 电源电路有问题。拆开启动继电器盒盖，用万用表测量各条线路的接线点是否存在断路或虚接。

③ 检查启动继电器是否有问题，如过载接点动作后双金属片不能复位、启动继电器的热阻丝烧断等。

④ 检查温度控制器是否有问题，如控制器的电源接线柱因受潮引起放电、温控器感温剂泄漏（旋动温度控制器的温度控制调节旋钮至最冷温度，看接点是否闭合；若不闭合，则可给感温包

加热，若仍不闭合，则说明感温管内的感温剂泄漏了。

3.压缩机长时间运转，但冰箱内不降温

引起此故障的原因及处理方法如下。

（1）制冷剂泄漏 当系统出现严重泄漏时，蒸发器不结霜，也听不到制冷剂流动声，冷凝器不热，压缩机排气管也不热；当出现微漏时，电冰箱虽能制冷，但制冷程度达不到要求，蒸发器结霜不全，冷凝器微热。检修时可采用油污检漏法和卤素灯、卤素检漏仪检漏法。

（2）毛细管或干燥过滤器堵塞 一般是脏堵或冰堵引起的。

① 脏堵 脏堵是由于制冷系统清洗不彻底、有杂质（氧化皮、铜屑、焊渣），或电冰箱使用一段时间，压缩机发生磨损，制冷系统内有污物时，这些污物极易在毛细管或过滤器内发生堵塞。脏堵有微堵和全堵两种：微堵时，故障表现为冷凝器下部会集聚大部分的液态制冷剂，流入蒸发器内的制冷剂明显减少，蒸发器内只能听到"嘶嘶"的过气声，有时听到一股一股的制冷剂流动声，蒸发器结霜时好时坏；全堵时，故障表现为蒸发器内听不到制冷剂的流动声，蒸发器不结霜，此情况可判断为毛细管脏堵。

② 冰堵 冰堵是制冷系统进入水分所致。因制冷剂本身含有一定的水分，加之维修或加制冷剂过程中抽空工艺要求不严，使水分、空气进入系统内。蒸发器出现周期性的结霜，可以判断为这台电冰箱发生冰堵。确定毛细管冰堵后先将制冷剂放掉重新进行真空干燥处理，最好对蒸发器、冷凝器进行清洗，在重新连接制冷系统时，最好更换新的干燥过滤器。

（3）压缩机本身有问题 如压缩机内高压减振管断裂、高压密封垫击穿、阀片破裂等故障。压缩机外壳很热，但冷凝器不热，有时压缩机会发出"嘶嘶"的气流声等。

（4）无霜电冰箱除霜系统有问题 当除霜系统有问题时会使蒸发器上的冰不能按时融化，冰霜层过厚，会使风道堵塞，使冷气不能循环，从而引起冰箱内不能降温；另外，当风扇口积霜过多时，会使风扇不能正常运转，从而造成排水通道堵塞，当积水越来越厚时，风道也逐渐被堵塞。

4.压缩机运转不停，冰箱内温度过低

引起此故障的原因如下。

（1）使用不当　如温度控制器旋钮置于"不停"或"强冷"位置；或温度控制器感温管脱开蒸发器，造成感温失调。

（2）温度控制器有故障　如温控器接点粘连或动作机构失灵，温度控制器接线接错，热敏元件短路或电阻值变小（由于弱酸、弱碱或含盐分溶液的侵蚀，使热敏元件引线端的绝缘遭到破坏）。

5.压缩机启动频繁

引起此故障的原因及处理方法如下。

① 温度控制器的温度控制范围太小，箱内温度稍有升降，温度控制器的接点就接通或断开。

② 温度控制器的接点接触不良，造成接点不能迅速接通或切断，此时把打毛的接点用砂皮磨光滑即可。

③ 电冰箱磁性门封不严，保温差。门封不严的处理：①在密封不好的地方，拿电吹风用热风吹该处，吹风时间不宜过长，使塑料门封变软即可，在停止吹风2min左右，门封条变形消除，漏气即修复；②若门封条属于轻微变形，平面不平直，则可将固定门封条的螺钉松开，在有缝隙处平面垫入白胶皮，再重新拧紧螺钉，消除缝隙。

三、变频电冰箱常见故障的检修方法

1.变频电冰箱不制冷

引起变频电冰箱出现不制冷故障的原因有：压缩机不运转，制冷管路堵塞，电磁阀损坏，继电器损坏，控制电路板、信号传

输电路板、变频板出现故障。检修时，其具体步骤如下。

首先检查压缩机是否运转。若压缩机不运转，将导致电冰箱的制冷剂无法流通，进而造成电冰箱不制冷的故障。

若压缩机运转，则检查制冷管路是否堵塞。若制冷管路堵塞，将导致制冷剂不流通，进而造成电冰箱不制冷的故障。

若制冷管路良好，则检查电磁阀是否损坏。若电磁阀出现故障，将导致制冷剂无法流通，进而使电冰箱不制冷。

若电磁阀良好，则检查继电器是否损坏；若继电器良好，则检查控制电路板是否有故障。

2.变频电冰箱制冷效果差

引起变频电冰箱制冷效果差的原因有：制冷剂过多或过少、风扇电动机不运转、门开关不正常、制冷管路泄漏、制冷管路堵塞、冷冻油进入制冷管路。检修时，其具体步骤如下。

首先检查制冷剂是否过多或过少。当电冰箱出现制冷剂不足时，其蒸发器会出现明显的结霜现象；而若制冷剂充注过量，则主要体现为电冰箱的吸气管有结霜或结露现象。

若制冷剂正常，则检查冷冻油是否进入制冷管路中。当冷冻油大量进入到制冷管路中时，制冷剂在制冷管路所占用的通道和内部空间将受到限制，使制冷剂的流通量减少，进而导致电冰箱制冷效果下降。

若冷冻油未进入制冷管路，则检查制冷管路是否泄漏。若制冷管路泄漏，将引起电冰箱的制冷剂泄漏，从而使电冰箱在工作过程中制冷管路中的制冷剂逐渐减少，导致电冰箱的制冷效果逐渐变差。

若制冷管路未泄漏，则检查制冷管路是否堵塞。若制冷管路堵塞，将造成电冰箱中的制冷剂无法循环流通，从而导致电冰箱制冷效果差。

若制冷管路未堵塞，则检查风扇电动机是否损坏。若风扇电动机损坏，将导致电风扇不运转，进而引起电冰箱的冷气无法良好地进行循环制冷，从而导致电冰箱的制冷效果变差。

若风扇电动机良好，则检查门开关是否损坏。若门开关损坏，将导致风扇电动机不运转或始终运转的情况，进而造成电冰箱制冷效果差。

3. 变频电冰箱开机时间长

引起变频电冰箱开机时间长的原因有：制冷效果差、温度控制器性能下降、感温管盘制过少、温度传感器损坏、箱体内胆轻微脱落。检修时，其具体步骤如下。

首先检查制冷效果是否良好。若制冷效果差，则使电冰箱运行较长的时间才能达到所设定的温度，进而使温度控制器的触点断开，压缩机停机。

若制冷效果良好，则检查温度控制器是否损坏。若温度控制器性能下降，将导致其感知电冰箱内的温度不够敏感，进而导致电冰箱冷冻室、冷藏室制冷效果强于正常工作状态，甚至有的冷藏室出现结冰现象。

若温度控制器良好，则检查温度传感器是否损坏。若温度传感器损坏，将导致其为主控板提供的温度信号失常，从而使电冰箱开机时间过长。

若温度传感器良好，则检查箱体内胆是否正常。箱体内胆在正常情况下应紧粘在电冰箱的内藏蒸发器表面。若两者脱离，则固定在内胆表面的感温管不能正确感知蒸发器的温度，导致电冰箱开机时间过长。

提示

温度控制器的感温管盘制过少主要出现在二次返修的电冰箱中。如果感温管盘制过少、圈数不足，将造成电冰箱的感知温度不正确，导致电冰箱出现开机时间过长的故障。

4.变频电冰箱结霜严重

引起变频电冰箱结霜严重的原因有：开门频繁、食物放置过多、门封不严、温度控制器损坏、传感器损坏、电磁阀损坏。检修时，其具体步骤如下。

首先检查开门是否频繁、食物是否放置过多。开门频繁、食物放得过多等很容易造成电冰箱内的温度过高，导致电冰箱不停机，进而造成电冰箱结霜严重的故障。

若开门次数正常、食物放置正常，则检查门封是否损坏。若门封不严，将导致电冰箱内的温度无法达到制冷要求，致使蒸发器上面出现较厚的霜层。

若门封良好，则检查温度控制器是否损坏。若温度控制器损坏，将无法准确地感应电冰箱内部的温度，使压缩机一直处于工作状态，压缩机不能正常地启停，从而使得蒸发器上出现较厚的霜层。

若温度控制器良好，则检查传感器是否损坏。若传感器损坏，将导致其感温功能失灵，进而导致电冰箱的主控板指令失常，出现电冰箱结霜严重的故障。

若传感器良好，则检查电磁阀是否损坏。若电磁阀烧坏或不换向，将造成冷藏室的温度过低。会导致冷藏室内结有厚厚的霜层。

5.变频电冰箱不化霜

出现此类故障时，首先检查主控板是否损坏。若主控板损坏，则更换主控板；若主控板良好，则检查化霜控制器是否损坏；若化霜控制器良好，则检查化霜加热器是否损坏；若化霜加热器良好，则检查化霜传感器是否损坏。

第二十章 <<<<<<<
定频空调器维修

第一节 定频空调器的结构组成与工作原理

一、分体壁挂式空调器的结构

分体式房间空调器由室内机、室外机、连接管道、遥控器四部分组成。室内机主要包括换热器组件（蒸发器组件和冷凝器组件）、风机、截止阀及电气控制组件，如主控板、开关板、显示器等。室外机主要包括压缩机、气液分离器、换热器组件（蒸发器组件和冷凝器组件）、风扇、毛细管及电气控制组件等。

1.室内机

壁挂式空调器室内机的结构如图20-1所示，主要由换热器（蒸发器）、贯流风扇及电动机、自动风向系统（水平和垂直叶片、导风板等）、排水系统、电控盒（包括主板、变压器、环温和管温传感器等）等组成，通过盘管以及配件连接各个系统。图20-2所示为壁挂式空调器室内机分解图。

换热器的作用主要是用来冷却（或加热）室内空气的；风扇和电动机的作用是让室内的空气形成一个循环状态；自动风向系统又称摇风机构，它是为使空调器向室内送风均匀、舒适而设置的（室内机组配置自动上下摆动的送风百叶，由一台微型电动机带动并由微处理器进行控制；导向器（导流叶片）可按左、中和右的方向对风向手动调整，以满足舒适性的需要）；排水系统的作用是在制冷的过程中，室内换热器（此时为蒸发器）会产生冷凝水，这些冷凝水就是通过排水系统中的排泄管排到室外适当位置的；电控系统相当于"大脑"，用来控制空调器的运行，一般使用微电脑MCU控制方式。

图20-1　室内机的结构

2.室外机

壁挂式空调器室外机的结构如图20-3所示，主要由制冷系统

（压缩机、冷凝器、四通阀、毛细管、过冷管组）、电控系统（室外风机电容、压缩机电容）、通风系统（室外风机、轴流风扇）、辅助部件（电动机支架）等组成。图20-4为壁挂式空调器室外机分解图。

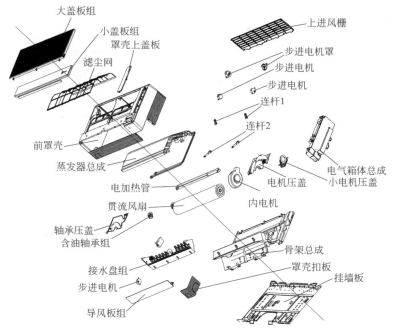

图20-2　壁挂式空调器室内机分解图

室外机通风系统使用轴流式通风系统，用来解决散热问题；四通换向阀的作用是抽真空和加制冷剂；压缩机的作用是将制冷剂压缩成液体，然后通过管道进入室内的换热器，完成制冷和供暖的任务。在室外机组侧面管路上有两个阀，一个是二通阀和室内机的液管（细的一种）连接，另一个是三通阀和室内机的气管（粗的一种）连接，三通阀中有一个维修口可以抽真空和加制冷剂。

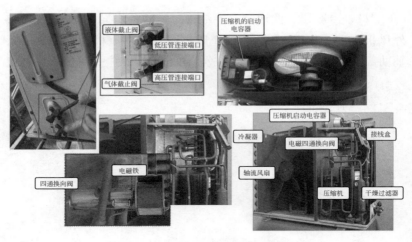

图20-3 壁挂式空调器室外机的结构

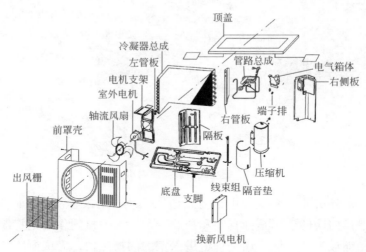

图20-4 壁挂式空调器室外机分解图

3.遥控器

空调器遥控器的外部主要由控制键、液晶显示屏组成，内部主要由电路板、红外线信号发射窗、电池仓等组成，如图20-5所示。

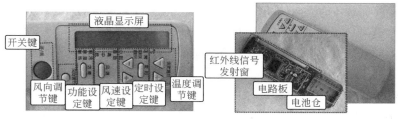

图20-5　遥控器的组成

二　分体柜式空调器的结构

柜式空调器和壁挂式空调器一样，也由室内机、室外机、连接管道、遥控器四部分组成。

1.室内机

柜式空调器室内机组为立柜形，主要由前面板、室内换热器、离心风扇、电气盒、连接管路、网栅等组成，如图20-6所示。其

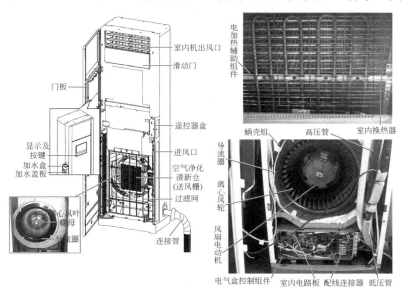

图20-6　柜式空调器室内机组的结构

403

中前面板上部为出风口、中间部分为显示屏、下部进风格栅主要为进风口；换热器安装于机壳内进风栅的后部，即机壳内上部；离心式风叶和风扇电动机机装于机壳内送风栅的后部，即机壳内下部；电气盒装于离心式风扇电动机的上部或下部，主要由室内机主板和电控系统辅助部件、电动机电容、接线端子等组成。图20-7为柜式空调器室内机组的内部结构分解图〔以格力空调KFR-72LW/E1（72588L1）D1-N1为例〕。

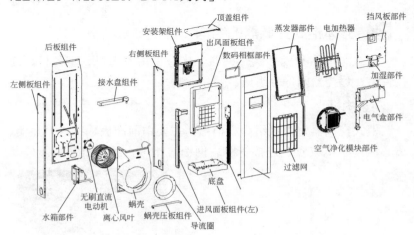

图20-7　柜式空调器室内机组的内部结构分解图

2.室外机

柜式空调器室外机组的组成与挂壁式空调器一样，也是由冷凝器、压缩机、轴流风机、风扇电动机、电磁换向阀、除霜开关、压力保护器、制冷剂连接管、高低压阀门以及电气盒等组成的。

三、空调器的系统组成

空调器的形式有很多，不同类型、不同品牌的空调器的外形结构、功能有所差异，但其内部组成、原理都基本相同，一般由制冷（制热）系统、电气控制系统和空气循环系统等组成，其中每个系统又由若干不同的元器件组合而成。

1.制冷（制热）系统

一般采用蒸气压缩式制冷，系统内充以R22制冷剂。制冷（制热）系统包括压缩机、热交换器（冷凝器、蒸发器）、二通阀（细管阀）、三通阀（粗管阀）、毛细管、四通阀（又称换向阀，制热空调器用）、气液分离器（又称储液器）等部件，这些部件通过管道连接形成一个封闭的系统，系统中充注着制冷剂，在电气系统的控制下由压缩机压缩制冷剂循环。图20-8所示为制冷、制热系统的组成示意图。

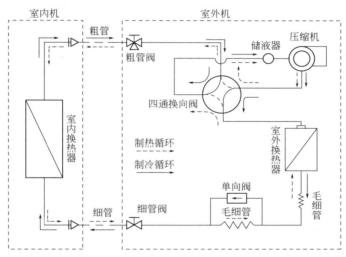

图20-8 制冷、制热系统的组成示意图

2.电气控制系统

电气控制系统的主要作用是通过采集一些输入信息，经过微控制单元的分析和处理，结合电控功能的要求控制相应负载工作，从而达到制冷、制热的目的。通过逻辑控制技术使空调器控制系统具有自动调整的智能特性，将传感器测定的实际环境状态与人们所期望的设定状态进行比较，得出最佳的动态控制参数，并对

空调器中的各项执行单元实施控制，从而使空调器的工作状态随着用户要求和环境状态的变化而自动变化，迅速、准确地达到用户的要求，并使空调器的运行保持在最合理的状态下。目前新型空调器通常采用电脑控制系统，典型空调器电脑控制系统的结构如图20-9所示。

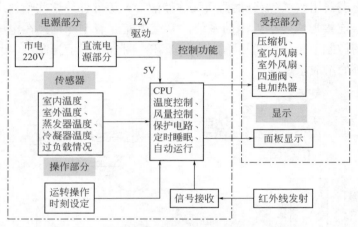

图20-9　典型空调器电脑控制系统的结构框图

　　空调器的电气控制系统一般由电动机、温控器、继电器、电容器、熔断器及开关、导线和电子元器件等组成，它的主要作用是控制和调节空调器的运行状态，并且具有多种过载保护功能，使各种元器件具有良好的运转性能。

　　空调器电气控制系统的接线如图20-10所示，除冷/热选择开关、四通换向阀和交流接触器因空调器种类不同而不同外，其他器件都是必备件。当冷/热选择开关置于"冷"的位置时，交流接触器不工作，其常闭触点接通，空调器制冷；当冷/热选择开关置于"热"的位置并设定好温控器温度时，交流接触器动作，其常开触点吸合，使四通换向阀动作，改变制冷剂的流向，从而进入制热状态。

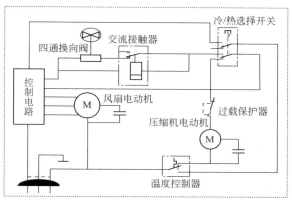

图20-10 空调器电气系统的接线

分体式空调器室内机的电气系统主要由室内显示部分、室内机电控盒、接收器、控制器、风摆电动机、室内机风扇等部件及外围线路（如室外检测板）组成；分体式空调器室外机的电气系统主要由室外配管传感器、四通阀线圈、压缩机、室外机风扇、过载保护器等部件及外置线路组成。分体式空调器的电气系统如图20-11所示。

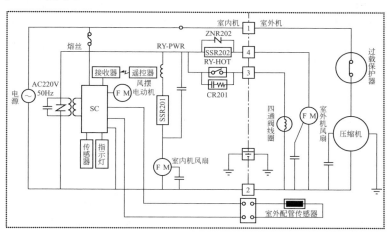

图20-11 分体式空调器的电气系统示意图

3.空气循环系统

空气循环系统（又称通风系统）一般由离心风扇、轴流风扇、电动机、空气过滤器、风门、风道、出风栅等组成，它的主要作用是将室内空气吸入空调器内，经滤尘净化后，强制室内、室外热交换器进行热量交换，再将制冷或制热后的空气吹入室内，以达到房间各处均匀降温（升温）的目的。

对室内机组而言，吸入室内的空气，排出制冷或制热的空气，迫使空调的空气在房间流动，以达到设定的温度；对室外机而言，采用排风扇将冷凝器散发的热量快速排向室外，提高热交换能力。通风系统是由室内侧风扇电动机、室外侧风扇电动机和过滤网等组成。空调器的风扇电动机是由风扇与电动机两部分组成的，空调中使用的风扇电动机是低噪声风扇电动机，它的转速是750～1300r/min。室内侧的风扇电动机分为高速、中速、低速三挡速度。

四、定频空调器的工作原理

所谓定频空调器是只能改变室内外风机的转速，通过改变送风量，在较小范围内改变空调器的制冷量和制热量。定频空调器只能工作在50Hz的频率下，压缩机转速不可调节，只能通过开和关的状态来控制空调器运转。

1.制冷原理

空调器制冷原理如图20-12所示，整个制冷工作过程如下。

① 空调工作时，制冷系统内的低压、低温制冷剂蒸气被压缩机吸入，经压缩变为高压、高温的过热蒸气后排至冷凝器。

② 同时室外侧风扇吸入的室外空气流经冷凝器，带走制冷剂放出的热量，使高压、高温的制冷剂蒸气凝结为高压液体。

③ 高压液体经过节流元件（毛细管）降压降温流入蒸发器，并在相应的低压下蒸发，吸取周围热量。

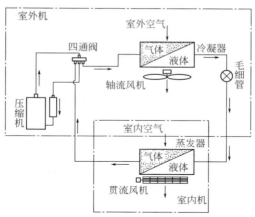

图20-12 空调器制冷循环图

④ 同时室内侧风扇使室内空气不断进入蒸发器的肋片间进行热交换，并将放热后的变冷的气体送向室内。

⑤ 如此，室内外空气不断循环流动，达到降低温度的目的。

2.制热原理

空调器制热是利用制冷系统的压缩冷凝热来加热室内空气的，如图20-13所示，整个制热工作过程如下。

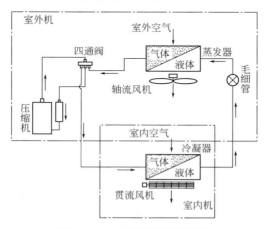

图20-13 空调器制热循环图

① 低压、低温制冷剂液体在蒸发器内蒸发吸热，而高温高压制冷剂气体在冷凝器内放热冷凝。

② 空调器制热时通过四通阀来改变制冷剂的循环方向，使原来制冷工作时作为蒸发器的室内盘管变成制热时的冷凝器。

③ 这样制冷系统在室外吸热、室内放热，实现制热的目的。

第二节 定频空调器的故障检修技能

一、空调器故障的基本判断方法

对于空调器的维修，可借鉴检修其他家用电器的方法，采用看、听、摸、闻、测，按先外后内、先简单后复杂的检修程序排查故障。

1.看

即通过看来判断故障部位和原因，具体如下。

① 看室内、室外连接管接头处是否有油迹，主要是看连接管接头处是否存在松动、破裂；看室内蒸发器和室外冷凝器翅片上是否有积尘、积油或被严重污染。

② 看室内、室外风机运转方向是否正确，风机是否有停转、转速慢、时转时停现象。

③ 看压缩机吸气管是否存在不结露、结露极少或者结霜的现象；看毛细管与过滤器是否结霜，判断毛细管或过滤器是否存在堵塞。

④ 看故障代码显示，并根据其含义来判断故障点。

⑤ 查看压敏电阻、整流桥堆、电解电容、三极管、功率模块等是否有炸裂、鼓包、漏液；或者线路是否存在鼠咬、断线、接错位及短路烧损故障现象。图20-14所示为拆开空调器外机观察机内元器件是否存在明显的故障。

图20-14 拆开空调器外机观察机内元器件是否存在明显的故障

2.听

即通过听来判断故障部位和原因，具体如下。

① 听室内、室外风机运转声音是否顺畅；听压缩机工作时的声音是否存在沉闷摩擦、共振所产生的异常响声。

② 听毛细管或膨胀阀中发出的制冷剂流动声是否为正常工作时的液流声。

③ 听电磁四通阀换向时是否有电磁铁带动滑块的"啪"声和气流换向时的"哧"声，如图20-15所示。

图20-15 听电磁四通阀换向时电磁铁带动滑块的"啪"声

3.摸

即通过摸来判断故障部位和原因，具体如下。

① 摸风机外壳、压缩机外壳是否烫手或温度过高；摸功率模块表面是否烫手或温度过高。

② 摸四通阀各管路表面温度是否与空调的工作状态温度相符

合，或者说该冷的要冷，该热的要热。

③ 摸单向阀或旁通阀两端温度是否存在一定的差别，以判断阀芯是否打开、开度是否正常。

④ 摸毛细管与过滤器表面温度是否比常温略高，或者出现低于常温和结霜现象。

4.闻

即通过闻来判断故障部位和原因，具体如下。

① 闻风机或压缩机的机体内外接线柱或线圈是否有因温度升高而发出的焦味；闻线路板、三极管、继电器、功率模块等是否有焦味。

② 闻切开制冷管路后管路及压缩机排出的制冷剂和冷冻油是否带有线圈烧焦的味道或冷冻油污浊的味道。

5.测

即通过使用专用维修仪表工具对相关部位进行测量，来判断分析故障部位和原因，具体如下。

① 测量室内、室外机进、出风口温度是否正常。

② 测量压缩机吸、排气压力是否正常。

③ 测量电源电压和整机工作电流与压缩机运转电流是否正常。

④ 测量风机、压缩机线圈间的电阻值是否存在开路、短路或碰壳。

⑤ 测量功率模块输出端电压是否存在三相中不平衡、缺相或无电压输出的现象。

⑥ 测量线路及元件的阻值、电压、电流等来判断分析线路及元件是否存在不良及损坏，如图20-16所示。

6.先外后内

定频空调故障可分两大类：一类是空调外部因素导致的不是故障的故障；另一类是空调自身故障。因此在分析处理定频空调故障时，首先要考虑排除空调的外部故障，采用先外后内的顺序排查故障。

图20-16　测量线路及元件的阻值、电压、电流等判断
分析线路及元件是否存在不良及损坏

如用户的电源电压是否过高或过低；电源线是否存在容量不足；电源线路是否存在接触不良；外机排风口有无杂物遮挡或不畅通；空调外机是否长时间有太阳晒；遥控器功能设置是否正确等。在排除空调外部因素后，再考虑空调的自身故障。

7.先简单后复杂

在检查过程中，要分析是制冷系统故障还是电气系统故障。通常在检修过程中，要先判断或检测制冷系统是否存在漏制冷剂、缺少制冷剂或制冷剂过量的情况，制冷系统是否存在管路堵塞、冷凝器是否散热不良或通风不畅，四通阀和电子膨胀阀是否存在关闭不严、串气或开度有问题等。排除这些简单的物理性故障后，再考虑排除电气系统故障。

电气系统故障一般较为复杂，通常要先考虑排除电源故障，包括室内机和室外机电源，特别是采用开关电源的电路；再考虑排除电控部分故障，比如压缩机和风机故障、继电器或双向晶闸管的接触不良、开路或短路故障；最后考虑排除电路故障，比如驱动电路、电压检测电路、电流检测电路、判断或检测主控芯片电路、晶振电路、复位电路及存储器电路等的故障。综合考虑缩小故障范围，加速查找故障部位和原因。

二、定频空调常见故障的检修方法

1.不能启动

引起此故障的原因及处理方法如下。

① 空调器专用电路中的熔丝被烧断，或电源开关接触不良，或电源缺相：排除内外熔丝烧断的原因，并做好防止再烧断的措施。

② 电源电压太低：等电压正常后使用或选用质量可靠的电源稳压器。

③ 温度控制器上的拨钮未拨到适当的位置上：将温度控制器上的拨钮调到需要的位置上。

④ 冷凝压力过高：排除冷凝压力过高的原因，使其冷凝压力恢复到正常压力。

⑤ 制冷系统中制冷剂不足：排除制冷剂不足的原因并重新加注适量的制冷剂。

⑥ 压缩机、风扇电动机的电流过大，使过载保护继电器动作而切断电源：确定压缩机电动机、风扇电动机过载的原因，并排除之。

2.制冷效果差

引起此故障的原因及处理方法如下。

① 过滤网太脏或堵塞：清洁过滤网。

② 门或窗户未关好：关好门窗。

③ 进风口或出风口有阻塞物：清除堵塞物。

④ 毛细管堵塞：更换毛细管并重新充注制冷剂。

⑤ 压缩机制冷效率下降：检查压缩机吸排气压力，更换压缩机。

⑥ 制冷剂不足：补充制冷剂到规定值。

3.制热效果差

引起此故障的原因及处理方法如下。

① 系统缺氟：加氟即可。

② 内外机出风不畅：清洗过滤器、通风口。

③ 四通阀串气：更换四通阀。

④ 单向阀或毛细管漏气：更换单向阀或毛细管。

⑤ 压缩机老化烧坏：更换压缩机。

⑥ 辅助电加热功能失效：更换电加热管。

⑦ 化霜控制器失灵：更换化霜控制器。

4.不制冷

引起此故障的原因及处理方法如下。

① 压缩机无输出：检查压缩机继电器及压缩机电容是否损坏，必要时更换损坏件。

② 制冷剂泄漏：检查制冷剂压力是否正常并查找泄漏点，必要时补漏并加注适量的制冷剂。

③ 管路堵塞：清除堵塞物。

④ 四通阀串气（四通阀正常时，它的四个管是两热两凉）：对四通阀单独间断通电，用橡皮锤轻轻振动试一下，如不行则只能换四通阀。

5.压缩机工作，但不能制热

引起此故障的原因及处理方法如下。

① 压缩机继电器及压缩机电容损坏：必要时更换损坏件。

② 换向阀无输入：检查换向阀是否上电，上电则换向阀损坏；检查换向阀继电器是否有输出，必要时更换损坏件。

③ 制冷剂泄漏：检查制冷剂压力是否正常并查找泄漏点，补漏并加注适量的制冷剂。

④ 管路堵塞：必要时清除堵塞物。

6.风机不转

引起此故障的原因及处理方法如下。

① 风机线接插件接触不良：修复或重新插接。

② 室外风机控制继电器开路、接线端子松动或接触不良：更换继电器或紧固接线端子。

③ 风机电容损坏：更换风机电容。

④ 室外风扇电动机绕组断路，用万用表测量阻值为无穷大：更换风扇电动机。

⑤ 室外风扇电动机绕组匝间短路或绝缘被击穿：更换风扇电动机。

⑥ 风扇电动机过载保护器损坏：更换即可。

⑦ 风扇叶片或电动机轴卡死：更换风扇叶片或电动机轴。

7.自动停机

引起此故障的原因及处理方法如下。

① 检查电源电压是否偏低，电源熔丝是否熔断。

② 检查空调安装时系统内是否有空气，室内放水管是否漏水，空调的外界环境是否温度过高，蒸发器、过滤器是否严重脏污。

③ 检查制冷剂是否充入过量或制冷剂是否不足。

④ 检查压缩机、风扇电动机是否有问题。

⑤ 检查电脑板有无问题，负载或接线电路是否有故障。

8.压缩机不运转

引起此故障的原因及处理方法如下。

① 压缩机的过载保护器处于断开状态：冷却后即恢复。

② 压缩机的运转电容坏：测量其阻值是否为无穷大或被击穿，若是则更换电容即可。

③ 压缩机电动机损坏：用万用表测量其绕组阻值是否为无穷大或为零，若是则更换电动机。

④ 压缩机启动继电器损坏：更换继电器。

第二十一章 «««««««
变频空调器维修

⋯⋯⋯ **一、 壁挂式变频空调器的结构组成**

变频空调器的基本结构和制冷原理与定频空调器几乎是相同的，主要由压缩机、室内外换热器（蒸发器和冷凝器）及膨胀阀等构成。压缩机（选用了专用压缩机，增加了变频控制系统）、节流机构（膨胀阀）、室内风扇电动机、室外风扇电动机是变频空调器区别于定频空调器的主要零部件，这些零部件的不同组合也就形成了形形色色的变频空调器。

1.室内机

室内机一般由进风格栅、空气过滤网、开关键、显示屏和遥控接收窗、换热器（蒸发器）、室温传感器、管温传感器、电气盒、导风电动机等组成，如图21-1所示。

空气过滤网简称过滤网，用于过滤除尘，防止灰尘进入空调器；摆风板又称导风板，用于关闭和打开室内机的出风口；显示屏用于显示空调器的工作状态或故障代码；遥控接收窗里侧设置有遥控接收器，用于接收和解码遥控器发出的用户指令；开关键用于对空调器输入操作指令，实现人机对话；室温热敏电阻（室温传感器）用于检测室温，固定在室内换热器表面的塑料卡槽内；内盘温热敏电阻（管温传感器）用于检测室内换热器盘制铜管的温度，固定在室内换热器侧的专用铜管内；导风电动机用于控制导风板的开闭及上下摆动速度；电气盒内的室内电脑板是室内机的控制核心。

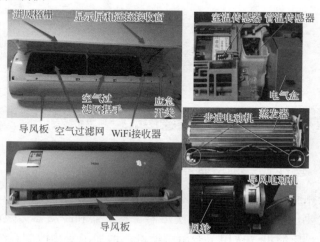

图21-1 室内机的结构

2.室外机

室外机主要由换热器（冷凝器）、外风扇扇叶、外风机、室外电脑板、变频板、变频压缩机、四通阀、电子膨胀阀、高/低压管等组成，如图21-2所示。

二通阀、三通阀又分别称为高压截止阀、低压截止阀，用于控制室外机内制冷管道与外界的通/断；高压管又称供液管，用于室内外之间的管道连接；低压管又称回气管或气管，制冷时被室内换热器完全蒸发气化后的低温低压气态制冷剂，由此管被室外机的压缩机吸入；室外机电脑板是室外机的控制核心，如检测室外各温度、电网电压、室外机电流，与室内机通信，控制压缩机、外风扇、四通阀的工作等，变频板受室外电脑板控制，把+300V

电压变换为相应频率和电压的三相电,控制压缩机的转速。

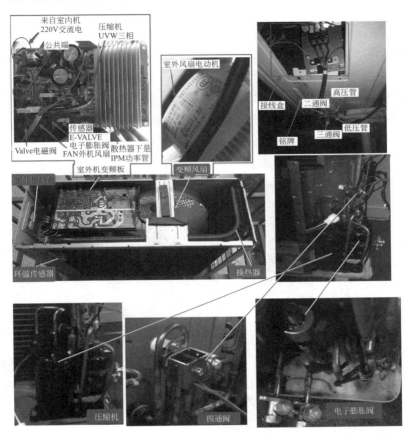

图21-2 室外机的结构

二 柜式变频空调器的结构组成

柜式变频空调器也包括室内机组和室外机组、配管与连接线等。

1.室内机

分体柜式变频空调器的室内机的体积比壁挂式变频空调器的

室内机大，主要由进/出风口、离心风扇组件、机壳、空气过滤器（过滤网）、负离子空气净化器、导风板组件、室内换热器（蒸发器）、步进电动机、电控盒、PTC电加热器、排水管等组成。柜式变频空调器室内机的电路相较于壁挂式变频空调器室内机的电路结构更复杂，但同样由控制电路、电源电路、通信电路和显示接收电路等构成。柜式变频空调器的室内机结构如图21-3所示，图21-4为室内机分解图（以海信柜式变频空调为例）。

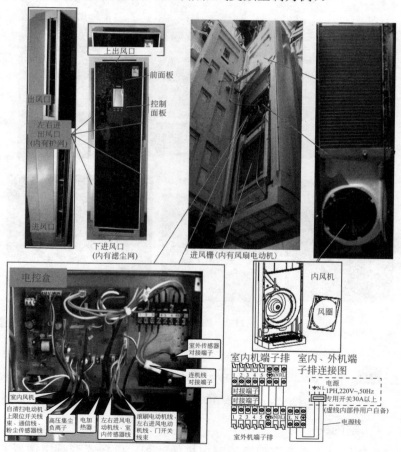

图21-3　柜式变频空调器的室内机结构

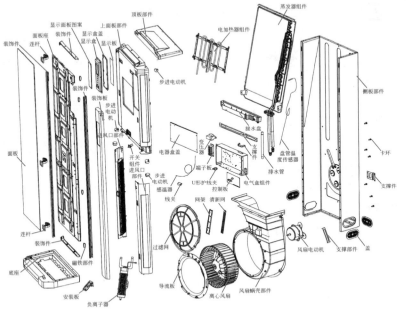

图21-4 柜式变频空调器的室内机分解图

2.室外机

柜式空调室外机组的结构与分体壁挂机室外机组基本相同，只是体积、功率大一点。变频柜式空调器室外机也是由室外风扇组件、变频压缩机、电子膨胀阀组件、四通阀组件、冷凝器、电控盒、传感器等组成的。变频空调器室外机通过其电源电路板上的通信电路实现室内机的信号传输，接收由室内机传输的控制信号，并送入控制电路中，由控制电路对室外机的各个部分进行控制，将控制信号送入变频驱动电路、四通阀、室外风扇等部分。变频驱动电路主要由变频模块及其驱动电路构成，用于驱动变频压缩机运转，是变频空调器用于区别定频空调器的最主要的部分。

三、变频空调器的原理及系统组成

变频是相对于传统定频而产生的概念。变频空调器与定频空调器的区别，主要是通过变频模块对压缩机供电电压及频率的处理，来调节压缩机的转速（频率），以控制压缩机的排气量，实现制冷/热量与房间热/冷负荷的自动匹配。变频空调器的核心部分是变频压缩机，它的工作原理是：通过变频压缩机转速的不同而输出冷/热量的不同来控制温度，不像定频空调器那样依靠压缩机的启动和停机来控制输出冷/热量。

变频空调系统一般由制冷（制热）系统、通风系统和控制系统等组成。

1.制冷（热）系统

变频空调器制冷（热）系统主要由变频式压缩机、室内/外机换热器（冷凝器、蒸发器）、电磁换向阀（四通阀）、节流装置和截止阀等部件组成（图21-5），这些部件通过管道连接形成一个封闭的系统，系统中充注着制冷剂，在电气系统的控制下由压缩机压缩制冷剂循环。

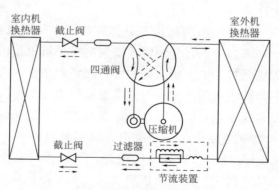

图21-5 制冷（热）系统示意图

变频空调器制冷系统可分为两种，一种采用毛细管节流（以海信KFR-32GW/21MPB变频空调器为例，制冷系统如图21-6所

示），它与定频空调器的制冷系统完全相同，缺点是制冷、制
热量调节范围小；另一种采用电子膨胀阀节流（以海信KFR-
72LW/08FZBPH-3变频空调为例，制冷系统如图21-7所示），该系
统制冷量调节范围比较宽，启动性能好，利用电磁旁通阀或电子
膨胀阀还可实现不停机除霜。

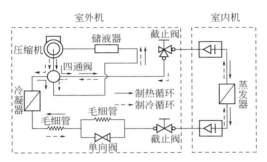

图21-6　采用毛细管节流的变频空调器制冷系统

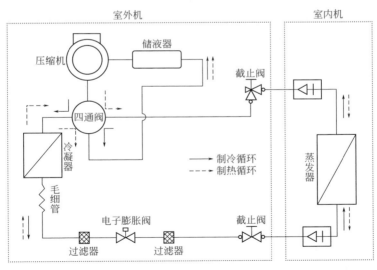

图21-7　采用电子膨胀阀节流的变频空调器制冷系统

2.控制系统

变频空调控制系统由室内机主板和室外机主板以及压缩机组成，图21-8。室内机、室外机中都有独立的电脑芯片，室内机、室外机两块控制板之间通过火线、零线和通信线连接，完成供电和相互交换（即室内、室外机组的通信）来控制机组正常工作。

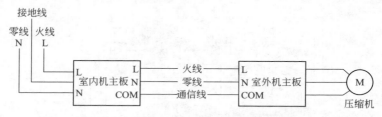

图21-8　室内机、室外机主板连接示意图

（1）室内机控制系统的主要作用　接收用户发来的温度需求信息；采集环温、管温等相关信息并传至室外机；显示各种运行参数和保护状态信息。

变频空调器室内控制电路与定频空调器室内控制电路差别不大，它由电源电路、接收电路、温控电路、单片机（CPU）外围电路、显示驱动电路等组成。变频空调器相对于定频空调器，其室内电控多一个通信电路，另外风扇速度检测电路中风扇电动机采用直流电动机或交流调速电动机，风扇电动机也常采用晶闸管控制。图21-9为室内机电气控制框图（以海信KFR-35GW/77ZBP空调器为例）。

（2）室内机控制系统的主要作用　接收室内通信，综合分析室内环境温度、室内设定温度、室外环境温度等因素，对压缩机变频调速控制；根据系统需要，控制室外风扇、四通阀、压缩机电加热等负载；采集排气、管温、电压、电流、压缩机状态等系统参数，判断系统在允许的工作条件内是否出现异常。

变频空调器室外控制电路一般可分为三大部分：室外主控板、室外电源电路板、IPM变频模块组件。电源电路板完成交流电的滤波、保护、整流、功率因数调整，为变频模块提供稳定的直流电源。主控板执行温度、电流、电压、压缩机过载保护、模块保护的检测，压缩机、风机的控制，与室内机进行通信，计算六相驱动信号，控制变频模块。变频模块组件输入310V直流电压，并接受主控板的控制信号驱动，为压缩机提供运转电源。

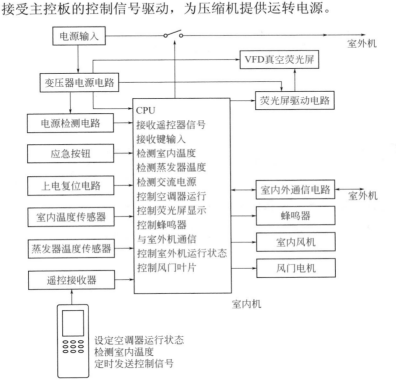

图21-9　室内机电气控制框图

3.通风系统

通风系统也称空气循环系统，它一般由空气过滤器、风道、风扇、出风栅和电动机等组成，它的主要作用是将室内空气吸入空调器内，经滤尘净化后，强制室内、室外换热器进行热量交换，再将制冷或制热后的空气吹入室内，以达到房间各处均匀降温

（升温）的目的。

对室内机组而言，吸入室内的空气，排出制冷或制热的空气，迫使空调的空气在房间流动，以达到设定的温度；对室外机而言，采用排风扇将冷凝器散发的热量快速排向室外，提高热交换能力。通风系统是由室内侧风扇电动机、室外侧风扇电动机和过滤网等组成的。空调器的风扇电动机是由风扇与电动机两部分组成的，空调中使用的风扇电动机是低噪声风扇电动机，它的转速是750～1300r/min。室内侧的风扇电动机分为高速、中速、低速三挡速度。

第二节　变频空调器的故障检修技能

一、变频空调器的检修方法

变频空调器故障的检修方法主要有以下几种。

1.听

听室内、室外机是否有噪声，室内、室外风扇电动机运转声音是否顺畅；听压缩机工作时的声音是否存在沉闷摩擦、共振所产生的异常响声；听四通阀换向时气流声是否正常；听换向阀线圈通电是否有吸合声；听毛细管或膨胀阀中的制冷剂流动是否为正常工作时发出的液流声，等等。

2.看

看室内、室外连接管接头处是否有油迹（如看连接管接头处是否存在松动、破裂）；看室内蒸发器和室外冷凝器翅片上是否有积尘、积油或被严重污染；室内、室外风扇电动机运转方向是否正确，风扇电动机是否有停转、转速慢、时转时停的现象；看压缩机的冷冻油是否正常；看压缩机吸气管是否存在不结露、结露极少或者结霜的现象；看压缩机吸排气压力与室外温度是否正常；看毛细管与过滤器是否结霜；看压敏电阻、整流桥堆、电解电容、三极管、功率模块等是否有炸裂、鼓包、漏液的现象；看印制电路板正反面上是否有水浸、腐蚀、脏物、短路烧损的现象。用故障显示代码来判断故障点。

3.摸

用手摸风扇电动机与压缩机外壳感觉温度是否正常；用手摸毛细管与过滤器表面感觉温度是否比常温略高或者温度低于常温和出现结霜现象；用手摸压缩机吸排气管感觉温度是否正常；用手摸四通换向阀四根管子感觉温度是否正常（各管路表面温度是否与空调的工作状态温度相符合；或者说该冷的要冷，该热的要热）；用手摸单向阀或旁通阀两端感觉温度是否存在一定的温度差；用手摸IPM功率模块表面感觉是否烫手或温度过高等。

4.闻

闻制冷剂与冷冻油气味是否正常；闻电器电子元器件（如线路板、三极管、继电器、功率模块等）是否有烧焦的气味；闻风扇电动机或压缩机的机体内外接线柱或线圈是否有因温升高而发出的焦味；闻切开制冷管路后管路及压缩机排出的制冷剂和冷冻油是否带有线圈烧焦的气味或冷冻油污浊的气味。

5.测

测一般是用仪器、仪表（如压力表、半导体点温计、钳形电流表、检漏仪、万用表等）等工具对空调器的参数和状态进行检测，如用钳形电流表检查电流、电压、电阻；用歧管表检测高、低压力；用检漏仪检查有无制冷剂泄漏；用万用表测量电源电压及运转电流等。

如：测空调器室内、室外机的进出风口温度是否正常；测压缩机吸排气压力是否正常；测电源电压和整机工作电流与压缩机运转电流是否正常；测功率模块输出给变频压缩机的电压是否正常（如测功率模块端电压是否存在三相中不平衡、缺相或无电压输出等现象）；测风扇电动机、压缩机线圈间的电阻值是否存在开路、短路或碰壳；通过温度传感器感知温度是否正常；测量线路及元器件的阻值、电压、电流等来判断线路及元器件是否存在不良及损坏。

二、变频空调器常见故障的检修方法

1.室内风机不转

① 挂式变频空调出现此故障时，首先开机用工具推动一下室内风机观察室内机风扇是否能正常启动。若能启动，则说明室内机主板有问题，一般是室内风机启动电容损坏所致；若不能启动，则可能是室内风机或是室内机主板有问题（可取出室内机主板后再通电，用万用表的表针短接一下晶闸管的驱动对面的那两脚，观察一下室内风机是否能够正常转动，若能正常运转，则问题出在室内机主板上，若不转，则检查室内电动机是否损坏）。

② 柜式变频空调出现此故障时，首先也用工具试推动一下风扇看是否能运转。若能运转，则是室内机主板启动电容损坏；若不能运转，则短接一下机座上的零线与风机上的高、中、低任何风速挡位观察一下风机是否能正常运转。若能运转则说明问题在室内机主板中，若不能运转则是电动机有问题。

2.室外风机不转

引起此故障的原因及处理方法如下。

① 室外风扇叶片被杂物缠绕：取出杂物。

② 风机电容与外电动机引线连接不良：重新连接好引线。

③ 风机电容损坏：更换风机电容。

④ 风扇电动机线圈短路或开路：更换电动机。

⑤ 轴承磨损或润滑不良：加注润滑油或更换轴承。

3. 室内机不通电

① 检查电源电压是否稳定，相序是否正确，电源线线径、开关、插座等容量是否匹配，接线是否牢固。

② 检查空调器室内机的电源插座或空气开关接线和用户的进户电源开关接线是否良好，如果电源电压正常，只是接线不良，就容易导致空调器有时使用正常，有时会出现自动关机现象。

③ 如果是农村自建房和用户私自安装的电源线，应检查用户的电源线的容量是否足够，若电源电压不稳定或者电源线的容量不够，会引起空调器运行后自动保护停机或者因启动电流较大而不能启动的现象。

④ 检查空调器的电源电压是否正常，空调器的工作电压范围一般为 190 ~ 230V，在此基础上可以变化 ±20V。这个变化值是空调器工作电压的极限值，空调器在此范围内可以工作，但不能长期工作，如果电压变化不稳定，空调器就会自动保护。

⑤ 空调器室内机一般都采用变压器电源。通电不工作时，如果检查交流供电正常，则测量电源变压器输出端是否有输出电压，如果有就换室内机主板，没有则换变压器，如图21-10所示。

如果测得电源变压器输出端无电压，则说明电源变压器损坏

图21-10　检测电源变压器

4. 室外压缩机不工作

引起此故障的原因及处理方法如下。

① 压缩机至端子排连接线路存在接触不良：重新连接线路。

② 压缩机电容与压缩机引线连接不良：重新连接线路。

③ 制冷系统堵塞：更换毛细管和过滤器。

④ 压缩机电容损坏：更换压缩机电容。

⑤ 压缩机卡死：用锤子敲几下，若故障依旧则更换压缩机。

⑥ 压缩机线圈烧坏：更换压缩机。

5. 导风叶步进电动机不工作

引起此故障的原因及处理方法如下。

① 步进电动机至电脑板连接线路不良：重新连接线路使之连接良好。

② 步进电动机引线被夹断：重接引线。

③ 导风板被卡住或步进电动机轴脱落：拔出导风板或重新安装步进电动机轴到轴套内。

④ 步进电动机本身损坏：更换步进电动机。

⑤ 室内电脑板有问题：修理或更换电脑板。

6. 制热模式下不工作，无热风吹出

引起此故障的原因及处理方法是：

① 遥控器的设定温度低于室内温度：重新设定温度高于室温。

② 管路堵塞：清洁管路堵塞点。

③ 四通阀不工作：排除四通阀不工作的原因。

④ 压缩机轻微串气：重新加氟或重新抽空注氟。

7. 变频空调四通阀不工作

引起此故障的原因及处理方法如下。

（1）电磁阀电磁线圈烧毁　断电用万用表电阻挡测量电磁线圈的直流电阻值和通断情况，若测量直流电阻值远小于规定值，则说明电磁线圈内部有局部短路，更换同型号的电磁线圈。更换时，应注意在没有将线圈套入中心磁芯前，不能做通电检查，否则易烧毁线圈。

（2）四通阀的活塞上泄气孔被堵　此时可反复多次接通，切断电磁线圈的电路，使换向阀连续换向，将污物冲除；如仍冲不通，则拆下换向阀进行冲洗或更换电磁四通换向阀。

（3）四通换向阀活塞碗泄漏　可将处于制冷的空调的温度控制旋钮时针旋到底，使空调器停止工作，待3min后高、低压力趋于平衡，换向阀再通电；若如此往复多次后故障仍依旧，则更换新的电磁四通换向阀。

（4）四通换向阀右气孔关不严密　此时可使电磁四通阀多次通电，若右气孔仍关不严密，则更换新的电磁四通换向阀。变频空调电磁四通阀正常工作后，空调处于制热状态，此时换向阀右侧毛细管应该较冷，左侧高压毛细管应该较热，若左、右2根毛细管均变热，则说明是换向阀的右气孔关不严密。

（5）电磁四通换向阀上的毛细管堵塞　此时可反复多次接通、切断电磁线圈的电路，使换向阀连续换向，以便冲除污物；若冲不通，则拆下冲洗或更换毛细管。

（6）制冷剂泄漏，使高、低压差减小，造成换向阀换向困难　此时应进行查漏、补焊、抽真空或加注制冷剂。

（7）压缩机故障　若冷凝器出风温度低，电磁四通换向阀上高压毛细管不烫，则说明压缩机有故障，应视其压缩机故障情况，予以修理排除。

8. 变频空调器不制冷

引起变频空调器不制冷的原因及处理方法如下。

① 室外机周围温度过高或室外机安装在较为封闭的空间：移离高温环境或使室外机的周围空气更容易流通。

② 功率不够（如房间太大、房间存在较多发热源等）：选择好与房间相匹配的变频空调或减少使用环境中的制热源等。

③ 变频空调较脏（如室外机的散热器上有较多污垢等）：清洗保养空调。

④ 若能制热，则是四通换向阀及控制电路有问题，此时若测室外机的四通阀线圈两端无交流电压220V，则属于制冷状态，说明电脑板上的四通阀控制电路正常，四通阀故障，很可能是阀体卡阻，用螺丝刀轻轻振动阀体即可。

第二十二章 ‹‹‹‹‹‹‹

洗衣机维修

一、波轮式全自动洗衣机的结构组成

波轮式全自动洗衣机有机电式和微电脑式，它们的主要区别在于电气控制部分，其总体结构基本相同，主要由机械支撑系统、电气控制系统、洗涤/脱水系统、传动系统、进/排水系统组成，如图22-1所示。图22-2和图22-3为波轮式全自动洗衣机分解图。

（1）机械支撑系统　包括箱体（外壳）、吊杆、工作台等。

① 箱体　外箱体是洗衣机的外壳，主要是对箱体内部零部件起保护及支撑、紧固的作用。箱体正前方右下角装有调整脚，保证洗衣机安放平稳。箱体内壁上贴有泡沫塑料衬垫，用以保护箱体。箱体上部的四角处装有吊板，用于安装吊杆，电容器通过固定夹固定在箱体的后侧内壁上，电源线、排水口盖、后盖板等也固定在箱体上。

② 弹性支撑结构（吊杆）　洗衣机在脱水时，由于洗涤物的分布不均匀是不可避免的，高速离心脱水将使内、外桶产生剧烈的振动和晃动，因此，常将外桶吊挂在机箱壳上的一种弹性支撑

结构上来减振，即箱体的四个角上分别固定一根弹性吊杆，吊杆下部装有减振弹簧、阻尼套、隔振垫，通过底盘将两只桶固定（图22-4）。

③ 洗衣机工作台　工作台位于洗衣机的上部，主要用于安装和固定电气部件和操作部件。操作面板上装有各种控制开关或旋钮，面板内装有电脑板、进水阀、水位传感器（水位开关）、安全开关、进水盒等部件。

（2）电子控制系统　包括程序控制器、传感器、安全开关、进水阀、牵引器、排水泵等。

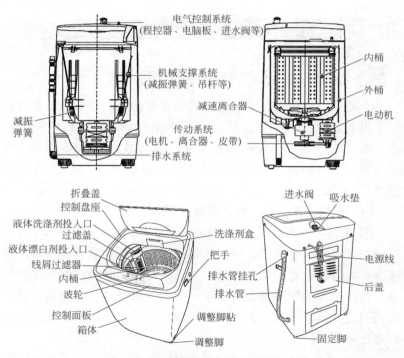

图22-1　波轮式全自动洗衣机的结构

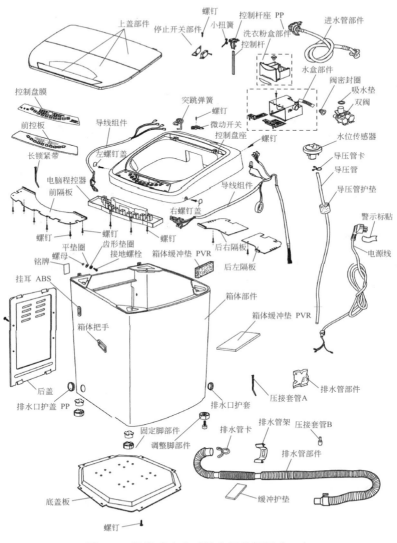

上盖部件　螺钉　停止开关部件　小扭簧　控制杆座　PP　进水管部件

控制杆
洗衣粉盒部件
控制盘膜
水盒部件
阀密封圈
吸水垫
双阀
前控板
导线组件
突跳弹簧
螺钉
微动开关
控制盘座
螺钉
水位传感器
长锁紧带
左螺钉盖
导压管卡
导压管
电脑程控器
前隔板
右螺钉盖
导线组件
导压管护垫
螺钉　螺钉　螺钉
警示标贴
平垫圈　齿形垫圈　接地螺栓　箱体缓冲垫　PVR
后右隔板
电源线
铭牌　螺母
后左隔板
挂耳　ABS
箱体部件
箱体把手
箱体缓冲垫　PVR
后盖
排水口护盖　PP
排水口护套
压接套管A
排水管部件
固定脚部件
排水管卡　排水管架　压接套管B
调整脚部件
排水管部件
底盖板
缓冲护垫
螺钉

图22-2　波轮式全自动洗衣机分解图（一）

435

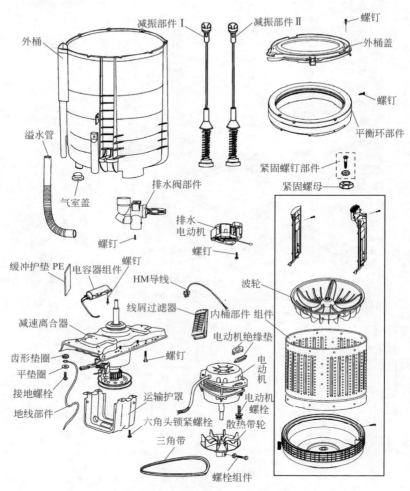

图22-3　波轮式全自动洗衣机分解图（二）

①　程序控制器　程序控制器俗称电脑板，安装在控制面板内部，如同人的大脑一样，接收指令，发出指令，控制洗衣机的整个工作过程，如图22-5所示。

②　传感器　传感器有水位传感器、布量/布质传感器、污染度传感器、温度传感器等。水位传感器的作用是控制水位；布量/

布质传感器主要用于模糊控制洗衣机，作用是对洗涤物的质地和数量作出判断；污染度传感器的作用是对洗涤液进行检测，从而判断衣物的脏污程度；温度传感器用于检测室温及洗涤液的温度。

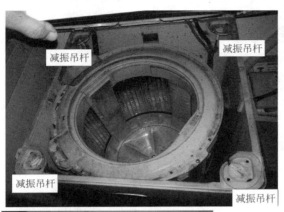

图22-4　吊杆

③ 安全开关　控制洗衣机在脱水时的开盖和脱偏。

④ 进水阀　根据控制器的指令进行运作，执行开关水源的动作。

图22-5　程序控制器

⑤ 牵引器　根据控制器的指令进行运作，控制排水阀及离合器的动作。

⑥ 排水泵　用于上排水。

（3）洗涤/脱水系统　主要包括波轮、洗涤桶、盛水桶、线屑过滤装置等部件，衣物的洗涤、漂洗、脱水都在这部分进行，如图22-6所示。

① 洗涤桶　洗涤桶又称为内桶、脱水桶或离心桶，它的主要功能是盛放衣物。洗涤桶侧面凹凸不平的筋和槽与搓衣板的结构相似，当波轮带动水及衣物转动时起到搓洗作用，增大衣物洗净比。洗涤桶侧面有许多小孔，当脱水时，由于高速运转产生离心力，在其作用下，衣物紧贴桶壁，衣物内的水在离心力的作用下通过许多小孔进入盛水桶排出机外，达到脱水的目的。

② 盛水桶　盛水桶又称为外桶，主要用来盛放洗涤液和漂洗水，电动机、离合器、排水电磁阀等部件都安装在桶底下面。盛水桶上部设有溢水口，经溢水管直接与排水管相通；下部开有气室口，与桶壁外的气室相通。盛水桶固定在钢制底板上，通过4根吊

杆悬挂在洗衣机箱体上。洗涤桶和盛水桶同轴套装在一起，所以称为套装桶波轮式洗衣机。盛水桶的直径与脱水桶的直径接近，其口缘装有密封盖板，防止水滴和肥皂泡沫溅到洗衣机箱体底盘上。

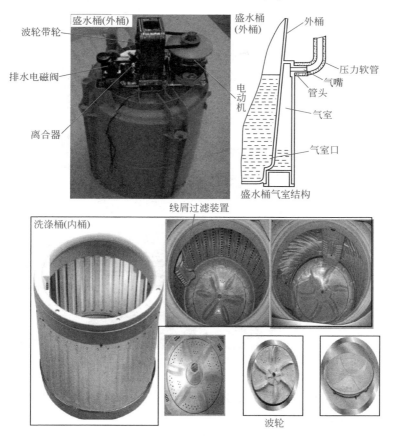

图22-6　洗涤/脱水系统

③ 波轮　波轮的功能是在波轮式全自动洗衣机进行洗涤、漂洗过程中对衣物产生机械作用，它在动力系统作用下能产生螺旋式水流，由此产生洗涤所需的机械作用力。波轮是产生水流的主要部件，其形状、高低、大小、安装位置、转速及运转方式等，

对洗衣机的洗净比和磨损率有着重要的影响。

④ 线屑过滤装置　全自动洗衣机的洗涤桶内设有线屑过滤装置。

（4）传动系统　全自动洗衣机的传动系统设在洗衣机脱水桶的底部，主要由波轮、脱水桶、离合器、传动带、电动机、电容、电磁铁及减振系统组成。由单相电容式电动机通过V带带动离合器的内外轴，实现洗涤和脱水两种功能。其洗涤和脱水的相互转换，是利用离合器组件、抱簧和制动杆来实现的。部分传动系统部件如图22-7所示。

图22-7　传动系统部件

① 电动机　电动机是洗衣机的动力来源。洗涤时，电动机在程序控制器的控制下，产生的运转状态是短时的正转—停—反转；脱水时，通过电动机侧的传动轮和离合器侧的传动轮进行减速，带动离合器中的脱水轴作单方向的高速旋转。波轮洗衣机上使用的电动机以单相感应电动机为主，少数用变频电动机和无刷电动机。

② 离合器　离合器是波轮全自动洗衣机的关键部件，安装在桶的底部，主要作用是完成洗涤和脱水的动力转换以及减速。目前全自动洗衣机通常采用减速离合器，它主要由波轮轴、脱水轴、

扭簧、行星减速器、制动带、拨叉、离合杆、棘轮、棘爪、抱簧、离合套、外套轴以及齿轮轴等组成（图22-8）。减速离合器的动作受排水电磁铁的控制，有洗涤和脱水两种状态：洗涤时，通过减速离合器降低转速带动波轮间歇正反转，此时洗涤脱水桶不转动；脱水时，通过离合器不减速（即高速）带动洗涤脱水桶顺时针方向运转，进行脱水，此时波轮也随着洗涤脱水桶一起运转。

图22-8　离合器

③ V带　将电动机的动力传给离合器。

④ 电容　洗衣机采用的是单相异步电容运转式电动机，电容

器是其中一个重要组成部分，其作用是：使主、副绕组电流产生相位差，从而产生旋转磁场，使电动机正常运行。单相异步电容运转式电动机使用的电容器通常为金属化纸介质或聚丙烯薄膜介质电容器，容量为12～15μF，耐压400V以上（交流），外形有圆柱体形的，也有长方体形的。

（5）进/排水系统 包括进水阀、排水阀（电磁阀和牵引器）、水位开关、排水管等。套桶式全自动洗衣机的进水管一头接在水龙头上，另一头接在进水电磁阀上，由微电脑程控器控制电磁阀的开、关，控制洗衣机的进水。排水系统由电磁铁牵引器和排水阀体组成，电磁铁牵引器由微电脑程控器控制。排水时，电磁铁牵引器将排水阀的排水水封拉到一定位置，使洗涤液通过排水口排出机外；排水结束后，电磁铁牵引器断电，排水阀的弹簧复位，拉动排水水封堵塞排水口，完成整个排水过程。

二、波轮式全自动洗衣机的工作原理

波轮式全自动洗衣机的洗涤原理是：将洗涤脱水桶套装在水槽内，根据电脑程控器设定的程序，控制电动机带动装在筒底的波轮正、反旋转（图22-9），带动水流运动，运动的水流带动衣物在桶内翻转，使衣物与衣物之间、衣物与桶壁之间在水中进行摩擦配合洗衣液/洗衣粉来达到清洗的效果。波轮全自动洗衣机在同一桶内自动完成洗涤、漂洗、排水、脱水的整个洗涤过程；其洗涤过程主要是在机械产生的排渗、冲刷等机械作用和洗涤剂的润湿、分散作用下，将污垢拉入水中来实现洗净的目的。

图22-10为波轮式全自动洗衣机电气原理图。当洗衣机打开电源启动后，根据衣物的多少、类型及污染程度来选择电脑板上相应的水位、程序及功能等，按启动键洗衣机开始进入洗涤状态，电脑程控器发出指令给进水阀，进水阀电源接通，进水口打开，开始进水，随着水位增高水压增大，水位开关簧片动作，等达到设置水位时，将信号反馈给电脑程控器，进水阀电路切断，停止

进水，同时洗涤电动机电源接通，在电脑程控器控制下电动机间歇正反转，通过传动带及减速离合器使波轮转动，进行洗涤动作。

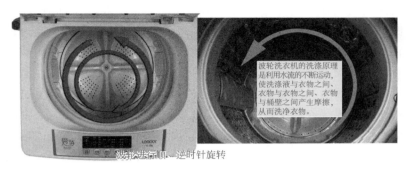

波轮洗衣机的洗涤原理是利用水流的不断运动，使洗涤液与衣物之间、衣物与衣物之间、衣物与桶壁之间产生摩擦，从而洗净衣物。

波轮进行顺、逆时针旋转

图22-9　波轮式洗衣机洗涤原理

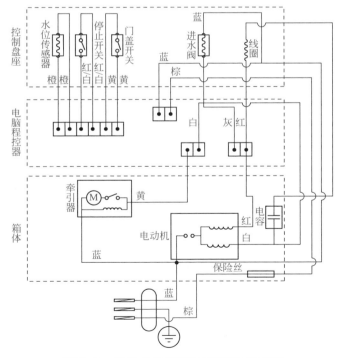

图22-10　波轮式全自动洗衣机电气原理图

等洗涤到大约15min后，电脑程控器切断电动机电路，同时接通牵引器电源，打开排水阀，开始进水，牵引器同时拉开离合器制动臂，使离合器棘轮与棘爪分离，离合器制动带同时放松，做好脱水准备，等几分钟后排水结束，电动机进行单方向高速运转的脱水动作；脱水进行一定时间后，牵引器及电动机电源被切断，排水阀关闭，离合器制动臂复位，棘轮复被棘爪卡住，制动带抱紧。然后又回到洗涤状态，又按照以上类似的程序重复进行两次，完成洗衣漂洗过程，再进行最后的脱水动作。此时，电动机通过V带减速并将动力传递至离合器，再由离合器带动内桶高速旋转，高速旋转产生的离心力将水分从衣物中分离出去，达到甩干衣物的目的，完毕后报警并自动断电。

提示

全自动洗衣机按控制方式不同可分为机电式和微电脑式两类。机电式全自动洗衣机是由机电程控器控制触点的开关来完成洗涤、漂洗和脱水全过程的。微电脑式全自动洗衣机是由微电脑式程控器输出控制信号，来实现对洗涤、漂洗和脱水全过程的自动控制。

三、滚筒式全自动洗衣机的内部结构组成

滚筒式全自动洗衣机型号很多，但基本结构大致相同，主要由机箱体、洗涤筒、料盒、门组件、冷水阀、温水阀、压力传感器、平衡块、排水泵、挂簧、减振器、电动机等部件组成，如图22-11所示。滚筒式全自动洗衣机内部主要分为五部分，即洗涤部分、传动部分、进排水部分、支撑部分、电气控制部分。

1. 洗涤部分

洗涤部分主要由内筒、外筒、内筒叉形架、转轴及滚筒轴承等组成。图22-12为内、外筒总成分解图。

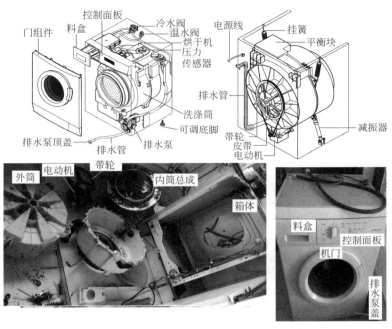

图22-11 滚筒式全自动洗衣机的内部结构

　　内筒又称滚筒（洗涤筒、脱水筒），是洗衣机对衣物进行洗涤、漂洗和脱水的运转部件。内筒叉形架与内筒铆接在一起，是用来支撑内筒的器件。该叉形架是用铝合金压铸而成的，在压铸过程中主轴和轴衬套被压铸在叉形架上成为一体，然后与内筒固定在一起，支撑内筒与外筒配合完成洗涤工作。

　　外筒也称盛水筒，主要用于盛放洗涤液，由外筒前盖、外筒密封圈、外筒扣紧环、外筒叉形架等组成。因洗衣机的重要电气部件一般都安装在外筒筒体底部，故外筒不仅要盛放洗涤液，还要支撑电动机、配重块、减振器、加热器、温控器等部件。外筒支架是一个由铝合金压铸而成的十字形支架，中心有内外两个轴承（是传递动力的重要部件）和一个油封，通过主轴将内筒十字架和外筒连接在一起。外筒支架的作用是把内筒与外筒隔开，保证内筒在外筒内能顺利旋转。

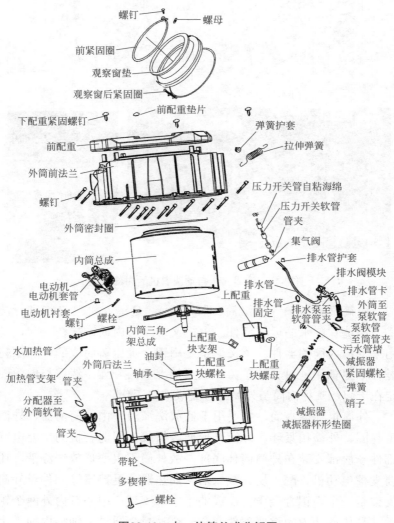

图22-12　内、外筒总成分解图

2.电气控制部分

电气控制部分有机械控制和电脑控制之分，均由程序控制器、水位控制继电器、水温控制器及电源开关、节能开关、门安全开关等控制回路组成；另外还有加热器、恒温器、电动门锁、电子调速板、琴键开关、烘干定时器、传感器、滤波器等其他功能部件。其中，程序控制器、水位开关、安全开关与波轮式全自动洗衣机的结构和工作原理相同。

3.支撑部分

支撑部分主要由横梁、吊装弹簧、加强筋、两个支撑固定的阻尼减振器及外箱体、底脚和后盖等组成，该部分把整个机芯与机箱及底座连接起来，能起到减振或隔振的作用。箱体主要起支撑洗衣机框架的作用。

4.传动部分

传动部分主要由电动机、传动轮及传动带等组成。电动机是洗衣机的"心脏"，提供动力来源。滚筒洗衣机则以串励电动机为主，此外还有变频电动机、无刷电动机、开关磁阻电动机等。

5.进、排水系统

进、排水系统主要由进水管过滤器、进水管、进水电磁阀、洗涤剂料盒、溢水管、排水过滤器、排水泵、排水管等组成。

四、滚筒式全自动洗衣机的工作原理

洗涤原理是：将被洗涤物放在滚筒内，进水电磁阀打开，自来水通过洗涤剂盒连同洗涤剂冲进滚筒内，依靠电动机带动滚筒连续转动或定时正反向旋转，衣物便在滚筒内翻滚揉搓，一方面，衣物在洗涤剂的水溶液中与内筒壁以及筒壁上的提升筋互相摩擦，产生揉搓作用；另一方面，滚筒内多根凸出的提升筋（一般洗涤筒的内壁上沿轴向装有三条凸筋，如图22-13所示）会将衣物不断带起一起转动，衣物被提升出液面并接近顶部时，由于重力作用跌落至筒底，如此反复摔打，产生类似棒打、摔跌的洗衣效果。这样内筒不断正转、反转，衣物不断上升、跌落，加上洗涤液的轻柔运动，都使衣物与衣物之间，衣物与洗衣液之间、衣物与内筒之间产生摩擦、扭搓、撞击，与手搓、板搓、刷洗等手工洗涤方式相似，从而达到洗涤衣物的目的，最终将衣物洗涤干净，同时将对衣物的磨损降到最低。

图22-13　滚筒式全自动洗衣机的洗涤原理

第二节 全自动洗衣机的故障检修技能

一、洗衣机的维修步骤

维修洗衣机的基本步骤应该是：根据故障现象，判断可能故障点或故障部件，再通过检测对故障点或故障部位进行判断和确定，最后进行更换或修复。

1.询问用户

当接收到待修洗衣机时，应对用户进行详细询问，了解洗衣机的使用年限、故障现象、是否请人维修过等情况。通过询问，初步掌握洗衣机故障的可能原因和部位。

2.掌握资料

每台洗衣机在出厂时都附有一份随机资料，包括基本电路和使用说明书，通过对资料的掌握，对待修洗衣机结构原理及各运转程序中的工作电路和机械部件所处的工作状态有所了解，以便在维修中进行分析和判断，提高维修的工作效率。

比如说，现在许多电脑控制型洗衣机都具有无水试验、自动报警等功能，在检修时，利用这些功能，就可以少走弯路、减少很多维修麻烦。

3.直观检查

直观检查就是对洗衣机通电试机或手动转动，观察洗衣机的运转状态，初步判断故障原因。例如，洗衣机不得电，指示灯不亮，就有可能是插座接触不良；电动机有"嗡嗡"声但不运转或运转无力，就有可能是电源电压过低（低于187V）；脱水时不能脱水，就有可能是脱水筒未盖好；不排水、脱水并报警，就可能是排水管设置不当。

全自动电脑控制洗衣机一般都有自动报警装置，如果指示灯闪烁并伴有蜂鸣声，则可能是使用不当引起的，只要进行调整即可，而如果指示灯闪烁但蜂鸣器不响，则可能是洗衣机出现了故障。

4.确定故障性质

洗衣机是一种机电一体化设备，当出现故障时，有可能是机械损坏而引起的，也可能是电气元器件损坏引起的。检修时，首先应将故障缩小在一个较小的范围内，然后再确定排除故障的具体方法。

在确定故障性质时，可先通过通电操作检查负载部件工作是否正常，如果负载部件工作正常，则可能是机械部分有故障。如果负载部件工作不正常，则可用手动检查机械部分是否有问题，若机械部分正常，则故障出在电气部分，可用仪表测量其电压、电阻等进行判断。

5.查找故障元器件

当故障性质确定后，应有目标地查找故障部件和元器件。但在具体判断某一元器件是否损坏时，还应了解并检查该元器件正常工作所需要的条件，以免造成误判。如当电动机不能启动时，应先检查电容器是否损坏；水位开关失灵时，应检查空气压力传递管路是否漏气、堵塞，接头是否损坏；波轮转动失常时，应仔细观察是顺时针方向旋转失灵还是逆时针方向旋转失灵，如果是顺时针方向失灵，则可能是制动带有油污。

6.修理或更换元器件

在修理洗衣机时，对于已确定损坏的部件和元器件都应该换新，并在修理或更换元器件时，注意以下几个方面。

① 如果熔断器熔断，应注意观察熔断器的熔断状态，如端部熔断或内壁烧黑，则说明电路中存在短路故障，应在排除故障后再更换熔断器。

② 如果电脑程控器损坏，则应在更换前检查电脑程控器外围控制件的机械、电气件是否有故障，应在排除这些故障后更换，否则有可能引起电脑程控器再次损坏。

③ 注意正确接线。电脑控制型全自动洗衣机对某些接线有具体要求，因此，在接线前应参阅洗衣机上的电气接线图，一般厂家的电气接线图上都标有接线颜色，应按线色对应连接防止接错。

7.试机

修理完毕后，对整机各部件进行复查，确认无误后，再接通电源让机器运转几分钟，观察原有故障是否排除，若故障彻底排除，即可交付使用。

二、 洗衣机的常用检修方法

检查洗衣机的常用方法有以下几种。

1.询问法

询问法就是接收待修的洗衣机时，对用户进行详细询问，通过询问了解待修机的机型、购买时间以及故障现象等，为分析和判断故障提供思路。

2.观察法

观察法是检修洗衣机最直接、最方便、最常用的一种方法，它是利用人体感觉器官来接触待修机，对待修机的故障作初步判断。观察法是通过以下方法进行的。

（1）看　看待修机的电路有无断裂现象，电路板有无折断现象，机件之间是否紧固良好，焊点是否虚焊、脱焊，电容是否胀裂、漏液，各触点是否氧化、发黑等。

例如：洗衣机出现洗涤时脱水筒跟转的故障时，应看制动带是否松脱、制动带是否严重磨损以及制动带与制动轮上是否沾有油污等原因引起制动性能下降；洗衣机出现漏水故障时，应仔细观察漏水点在哪个部位（如进水管接头漏水、大小油封漏水、储水部件漏水或进/排水管漏水等）。

（2）听　就是通电试机，仔细听机内发出的声音是否正常及发出异常声音的部位来判断是电气故障还是机械故障。

例如：洗衣机在工作时发出"嗞嗞"声，此时首先卸下洗衣机后盖和传动带，接通电源，让洗涤电动机空转，若"嗞嗞"声仍未消失，则"嗞嗞"声来自主轴部件，一般是主轴轴承严重失油所致；洗衣机脱水时电动机有"嗡嗡"声，但脱水筒不转，此种情况说明电动机已通电，不能启动可能是电容器不良所致。

（3）嗅　就是开机运行，通过嗅觉闻洗衣机有无焦煳味及其他异味，并确定异味发生的部位。

例如：洗衣机在洗涤时电动机不转，且有焦臭味，一般是电容器已烧坏或熔丝已熔断；洗衣机开机几分钟后就闻到有油漆焦煳味，可能是机内有局部短路现象，碰到此种情况应立即断电停机，以免烧坏电动机。

（4）触 用手去触摸各部件的温度，从而判断故障部位。例如，机器运行一段时间后，用手触摸电动机，检查电动机有无过热现象（注意，触摸之前必须用验电笔检测电动机外壳是否带电）；对于全自动洗衣机来说，电脑板电路短路或击穿元器件时，也会出现发热现象。

3.操作法

操作法包括手动操作和按键操作两种。

（1）手动操作 就是在不通电状态下用手转动洗衣机可转动的部件，如波轮、电动机、减速器等，判断其运行是否顺畅，有无卡阻现象。

（2）按键操作 就是当机器在通电状态下时操作各按键，观察机器的运转情况，为分析和判断故障原因及故障部位提供依据。

4.测量法

测量法就是使用仪表测量洗衣机的电阻、电压和电流值，与正常值对比，从而找出故障部位和故障元器件。

（1）测量电阻 就是用万用表欧姆挡对故障相关元器件的电阻值进行测量，从而判断其电路或元器件是否有故障。

例如：洗衣机进水不止，可能是水位压力开关及导气管路有故障，此时可在不通电的情况下，通过导气管向水位压力管吹气，用万用表欧姆挡测水位开关两接线片之间的电阻，吹气时阻值应接近于零，不吹气时阻值应在10kΩ以上，否则说明水位开关有故障；洗衣机出现不排水故障，但检查程控器和安全开关正常，怀疑电磁铁不良，此时可用万用表测排水、牵引电磁铁的电阻值（正常值应为40Ω），若趋于零则说明排水电磁铁线圈短路，若所测得的电阻值为正常值3倍以上，则说明电磁铁线圈断路。

（2）测量电压 就是用万用表电压挡对故障相关元器件的电

压值进行测量，从而判断其电路或元器件是否有故障。一般电脑程控全自动洗衣机的单片机IC（集成电路）的控制元器件及IC所控制的传感器在电路图上均标有正常值电压，当洗衣机出现故障时，可通过电压的检测判断具体元器件是否已损坏。

例如：洗衣机进水不止，怀疑故障可能在水位传感器输入电路，此时可通过测试单片IC的相关控制引脚电压是否正常来判断；洗衣机出现不排水故障时，判断故障发生在程控器、电磁铁和安全开关上，此时可用万用表测电磁铁两端电压，如无220V直流电压，则说明程控器内部有故障，应更换电脑控制板。

（3）测量电流　在洗衣机维修中，测量电流一般用于电动机的检测。即通过测量整机电流或部分线圈的电流值并与正常值比较，从而判断电动机是否有故障。

5.短接法

在洗衣机的电路中，常用一些简单的触点开关实现电路的通断，如水位开关、安全开关等。当怀疑某开关有问题时，可将此开关拆下，用导线直接将电路短接，然后通上电源，看洗衣机能否正常运行，若能正常运行，则判断此开关损坏。

提示 ---

在用导线短接时，必须注意绝缘，以防止造成电路损坏。

6.替换法

替换法就是采用替换零部件来检修洗衣机的一种方法。即在检修过程中，当怀疑某一零部件有问题时，将其拆下，采用一个同型号、同规格、性能良好的零部件替换，看故障能否消除，若能消除则说明原零部件已损坏。

替换法能加快检修速度，在检修洗衣机电路中的电容器和程序控制器时，大多采用替换法。

三、滚筒式全自动洗衣机常见故障的检修方法

1.进水不止

引起此故障的原因及处理方法如下。

① 进水阀阀芯卡住或弹簧弹性差：可修复或更换进水阀。

② 水位开关有问题：更换水位开关。

③ 压力管磨损破裂或压力管与水位开关及外筒气嘴接触不良或脱开引起漏气：更换压力管及排除漏气点。

④ 气嘴口被异物堵住：把堵住气嘴的异物取出。

⑤ 电脑板有问题：更换电脑板。

2.不进水

引起此故障的原因及处理方法如下。

① 进水阀口的滤网被脏物堵住：拆下清洗干净。

② 门没有关好或者是门延时开关损坏：需更换微延时开关。

③ 进水阀线圈烧坏：更换新的进水阀。

④ 程控器损坏：更换程控器。

3.不启动

引起此故障的原因及处理方法如下。

① 电源插头与插座接触不良：使其接触良好。

② 机门未关严、微延时开关接触不良：关好机门或夹紧开关插线。

③ 电动机插线接触不良或电动机损坏：夹紧电动机插线或更换电动机。

④ 水龙头未打开：打开水龙头重新选择程序开始。

4.不排水

引起此故障的原因及处理方法如下。

① 排水管弯折堵塞：处理好排水管。

② 排水泵有问题：将电源线N、L两端接通排水泵，看运转

是否正常，不良则更换。

③ 电脑板有问题：更换电脑板。

5. 振动噪声大

引起此故障的原因及处理方法如下。

① 包装螺钉未卸下：卸下包装螺钉。

② 洗衣机离墙太近：调整洗衣机与墙的距离。

③ 载荷超过标定值：减少洗衣载荷。

④ 机内有异物：排除机内异物。

⑤ 洗衣机不是水平状态：调整洗衣机至水平。

⑥ 减振器固定螺栓、配重块固定螺栓、水加热管螺钉、电动机固定螺栓等内部螺栓松动，旋紧内部螺栓和螺钉。

⑦ 传动带松动：增加传动带张力。

⑧ 三脚架总成不好：更换三脚架总成。

6. 漏水

引起此故障的原因及处理方法如下。

① 水路连接处有漏水（如进水管、电磁阀至分配器软管、分配器至外筒软管、观察窗垫、外筒至泵软管、排水泵、集气阀、分配器等部位）：处理好漏水点。

② 外筒加强件焊接不好：更换外筒。

③ 观察窗垫上有杂质：去掉窗垫上的杂质。

四、波轮式全自动洗衣机常见故障的检修方法

1. 不进水

引起此故障的原因及处理方法如下。

① 自来水水压太低：待其正常后再使用。

② 进水电磁阀过滤网被异物堵塞：若清洁过滤网后还未解决应更换进水阀，可能是进水阀阀芯卡死无法打开所致。

③ 进水电磁阀线圈烧毁：更换进水电磁阀。

④ 水位开关触点接触不良：更换水位开关。

⑤ 程控器损坏：更换程控器。

2.进水不止

引起此故障的原因及处理方法如下。

① 进水电磁阀损坏（拔下电源插头，如进水还不停，则说明进水电磁阀损坏）：更换进水电磁阀。

② 水位开关气压传感装置有问题：如水位开关内部漏气则更换；若气室与压力软管的连接处连接不良、脱落则重新固定。

③ 水位检测开关触点氧化脏污或烧蚀：检修或更换水位开关。

④ 程控器有问题：更换程控器。

3.不排水

引起此故障的原因及处理方法如下。

① 排水管路堵塞：清除堵塞物。

② 排水阀阀芯拉簧脱落或锈蚀断裂：清理或更换损坏件。

③ 排水电磁铁有问题：排水电磁铁插线脱落，重新插入后即可使用；如未脱落，则可用万用表测量排水电磁铁两端子间的电阻，如电阻值为无穷大或小于30Ω，则说明排水电磁铁已断路、短路，应更换。

④ 程序控制器损坏：更换程序控制器。

4.不脱水

引起此故障的原因及处理方法如下。

① 安全开关有问题：如触点氧化则可用细砂布仔细打磨，如损坏严重则应更换。

② 离合器中的抱簧未拨紧：检查离合器棘爪是否放松棘轮，如未放松则应调整，无法调整的只能更换。

5.噪声大

引起此故障的原因及处理方法如下。

① 整机安放不平稳：调节底脚螺栓、螺母或用橡胶等垫稳洗衣机脚。

② 进水电磁阀阀芯松动：更换进水电磁阀。

③ 波轮安装不平或者波轮变形：重新安装波轮或者更换波轮。

④ 离合器损坏：更换离合器。

⑤ 电源电压过低，排水电磁铁吸合时产生的电磁吸力不够或磁轭表面生锈、有灰尘和杂物使排水电磁铁不能吸合：待电源电压正常后再使用或清除污物。

⑥ 电动机损坏：修复或更换电动机。

6.水到位后波轮不运转，且有"嗡嗡"声

引起此故障的原因及处理方法如下。

① 传动带松脱或严重磨损：重新紧固或更换。

② 电容器损坏：更换电容器。

③ 波轮被卡住：清除异物。

④ 离合器损坏：修复或更换离合器。

第二十三章 «««««

热水器维修

第一节 热水器的结构组成与工作原理

一、燃气热水器

（一）燃气热水器的结构组成

燃气热水器外部由烟管、进出水管、进气管、供电电源线、控制面板、外壳等组成；燃气热水器内部由进气比例阀、分配器、燃烧器、陶瓷电加热器、热交换器（俗称水箱）、电脑板、水量传感器、变压器、风压开关、排风电动机、防冻温控器、集烟罩等组成，如图23-1所示。

（1）进气比例阀　用于调节燃气输出的比例。以前的机械式旋钮产品没有进气比例阀，那时用的是水气联动控制。

（2）燃烧器　火排在里面；用不锈钢制成。

（3）分配器（分段电磁阀）　用于控制分段燃烧，一个电磁阀控制一段火焰。

（4）加热防冻保护装置　这个保护装置的原理就是采用一个电加热丝（陶瓷电加热器），一旦检测到环境温度达到冰点，立即开始加热，保护水箱不被冻坏。

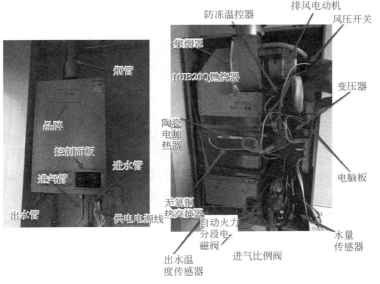

图23-1　燃气热水器结构（强抽式）

（5）热交换器　俗称水箱，但它不储水，铜制的最好，由盘管、翅片和外壳组成。

（6）控制器（电脑板）　里面有电路板和电子元件，用来实现自动控制。

（7）传感器　水量传感器是由霍尔传感器和水流转子组件构成的。温度传感器的作用是检测出水温度。

（8）变压器　调节到合适的电压供给电动机和内部电路使用。

（9）风机（排风电动机）　将空气鼓入燃烧室内。强抽式的产品风机在顶端，强鼓式的风机鼓风强些、抽烟弱些，强抽式的则相反。

（10）温控器　防冻温控器的作用是当温度低于限定温度后，就会自动断开电路。有些机型还有防干烧温控器，它的作用是当温度超过限定温度后，就会自动断开电路。

（11）风压开关　　检测外风是否倒流到烟管内，若外风风力过大，倒流到烟管内，则风压开关启动，燃气热水器停止工作。

（12）集烟罩　　集烟罩就是专用于收集烟气的，将烟气收集后传送到烟管排出。冷凝式产品的集烟罩较长，并且被进水管包围，这样就用烟气的热量预热了冷水。

（13）其他

①出水管是连接热水的软管；②进水管是连接冷水的软管；③进气接头连接进气管；④调水旋钮可以调节进水流量；⑤点火器相当于调试器；⑥点火针的前面很尖，电离空气产生火花从而点燃燃气（点火针头部折弯短，针尖离火排稍远，便于高压拉弧放电）；⑦感应针前部折弯较长，靠近火排的喷嘴，作用是检测火焰是否正常。

（二）燃气热水器的基本工作原理

燃气热水器的工作原理（图23-2）为：打开热水器开关，冷水进入热水器再经过水量传感器流向热交换器中的加热水管；当水量传感器感应到水流经时，它内部的磁性转子开始转动，位于水量传感器外部又紧邻转子的霍尔集成元件发出电子脉冲，送至控制电路（即微电脑程序）；当水量传感器中转子的转速到达一定值后，电脑控制的燃烧风机开始启动，当风机的转速到达设定值时，燃气主气阀及燃气比例阀都将打开，燃气进入燃烧器。同时点火器让点火针擦出火花放电而点火，这时候位于燃烧器上部的火焰检测棒检测出火焰的信号，通过控制电路让燃烧指示灯点亮，并使燃烧保持下去；流过热交换器中加热水管的水，被火焰的高温加热后，从热水阀流出。

反过来，关闭热水阀门后，水流停止，水量传感器中的转子也停止转动，脉冲信号消失。电脑通知燃气主气阀及燃气比例阀关闭，燃烧器中的火焰熄灭，但燃烧用风机继续运转大约70s后停止。

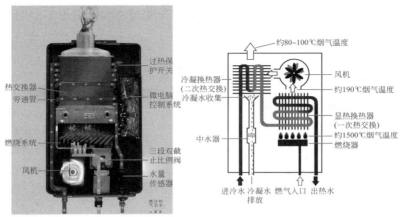

图23-2 燃气热水器结构原理图

目前市场的主流燃气热水器是强排式的。强排式是在烟道式的基础上增加了一个排烟气电动机，通过烟道将废气排到室外，运行时，烟气通过烟道被强制排到室外，但燃烧时所需的氧气仍取自室内。同时强排式又分为排风式和鼓风式。排风式：排风式强排热水器是把烟道式热水器的防倒风排气罩更换为排风装置，空气靠排风机从室内吸入，燃气在燃烧室内燃尽，高温烟气被换热器冷却后进入排风机被强制排向室外。鼓风式：空气被鼓风机直接从室内吸入，经鼓风机加压进入密封燃烧室，燃气在燃烧室内燃尽，高温烟气经换热器冷却后从排烟口被强制排向室外。简单地说，排风式就是在上面吸，鼓风式就是下面吹上面吸，增加吸入空气量使燃气燃烧更充分。

二、太阳能热水器

（一）太阳能热水器的结构组成

太阳能热水器主要由集热器、保温储水箱、水位自控器和上下环管、支架、智控系统（控制器）等组成。太阳能热水器的结构组成如图23-3所示。

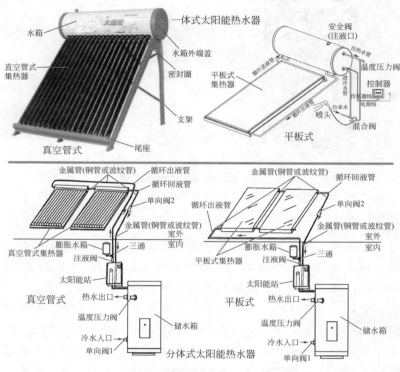

图23-3　太阳能热水器的结构组成

1.集热器

集热器是太阳能热水器的核心部件，是接收太阳能并将其转换为热能的核心部件，它又分为真空管式和平板式，其结构如图23-4所示。

2.储水箱

储水箱主要起到储存热水和保温的作用，由内胆、保温层和外壳组成，如图23-5所示。

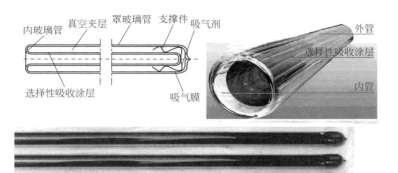

真空管式

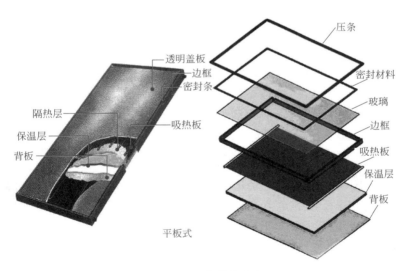

平板式

图23-4 集热器的结构

图23-5 保温储水箱的结构

3.支架

支架是支撑集热器和储水箱的架子，是太阳能热水器的重要组成部分，就像人的大腿一样，使水箱集热器站立面朝阳光。

4.管路

管路是连接用水点与太阳能热水器的部件，就像血管一样将热水送到用水点、冷水送到水箱。

5.智控系统（控制器）

控制器又称太阳能控制仪表、微电脑控制仪表、浴宝，它是整台太阳能热水器的"心脏"，是太阳能热水器运行的"司令部"，负责整个系统的监控、运行、加热、上水等功能。全智能控制器由主机、电磁阀和传感器三部分组成。主机内部主要由显示屏、变压器、记忆存储电池、漏电保护器、继电器、单片机、电阻、电容、二极管等组成，如图23-6所示。

（二）太阳能热水器的工作原理

太阳能热水器是将太阳光能转化为热能的装置，将水从低温加热到高温，以满足人们在生活、生产中的热水使用。其工作原理是：冷水通过管道进入太阳能热水器内，经过集热板（阳光照射到真空管上），集热板能收集太阳能（光能被真空管内管外壁上的选择性吸收涂层所吸收），将太阳能转化为热能，然后把内管里面的冷水加热；由于冷水的密度比热水的密度大，热水会自动往上升，然后形成一个循环动力，水就在集热板处逐渐升温，达到一定温度后就能进入储水箱，需要热水的时候就能供应热水。工作原理如图23-7所示。

图23-6　主机的内部结构（以雨林M-8型太阳能热水器仪表为例）

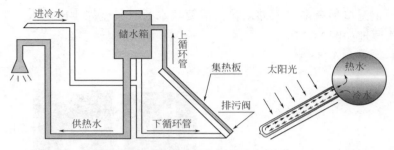

图23-7　太阳能热水器的工作原理

⚊⚋ 三、 电热水器

（一）电热水器的结构组成

1.储水式电热水器的结构组成

储水式电热水器主要由外壳、内胆（储水箱）、保温层、电热元件（加热管）、镁棒、控制系统（包括温控器和漏电保护器）、进出水系统等组成，如图23-8所示。

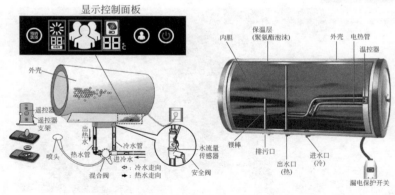

图23-8　储水式电热水器组成

（1）内胆　内胆是储水式电热水器的储水容器，它的好坏直接决定了热水器的使用寿命。

（2）镁棒　储水式电热水器中的镁阳极是一根金属镁棒，又可称为阳极棒，它安装在热水器内胆内，主要用来防止热水器内胆腐蚀和阻止水垢的形成。

（3）保温层　外壳与内胆之间的保温层起减少热损失的作用，一般采用聚氨酯泡沫、玻璃棉、纤维、毡和软木等组成。

（4）温控器　温控器除用于控制水温外（它处于常闭状态，当内胆内的温度达到设定值时，电路断开，停止加热；当水温下降到设定温度下5℃时，电路重新闭合，发热管继续加热，从而实现恒温功能），还兼有自动保温的功能。

（5）漏电保护器　在电热水器的漏电保护器中，将15mA确定为危险电流，正常的动作范围为15～30mA。

（6）发热管　发热管是电热水器的主要加热功能部件，它的好坏也直接影响着热水器的寿命和加热功率。

（7）进出水系统　进水出系统由进/出水管、混合阀、安全阀（泄压阀）和沐浴喷头等组成。

2.即热式电热水器的结构组成

目前市面上的即热式电热水器比较混乱，没有统一标准，主要是由外壳、加热系统、启动装置、恒温系统、电路控制系统、超温保护系统、漏电保护系统、进出水管等组成，如图23-9所示。

（二）电热水器的基本工作原理

电热水器是指以电作为能源进行加热的热水器，它有储水式和即热式两种。

1.储水式电热水器的工作原理

储水式电热水器的工作原理是：冷水经过安全阀从进水管处进入内胆底部，内胆中有加热管，采用温控器、定时器等控制加热管；当冷水慢慢加热后由于热水的密度比冷水小，因此内胆里面的水会出现明显的冷热分层，上层水温高，电热管加热面以下的水温都会较低；这时如果打开热水龙头，由于大气压力的关系，冷水就会进入内胆，热水从内胆顶部的出水管排出，再通过混水阀，将热水与冷水混合至适当的温度进行使用，如图23-10所示。

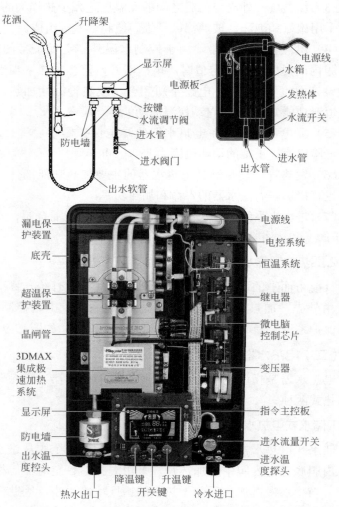

图23-9　即热式电热水器的外部与内部结构

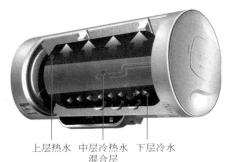

上层热水　中层冷热水　下层冷水
　　　　　混合层

图23-10　储水式电热水器的工作原理

2.即热式电热水器的工作原理

即热式电热水器，又称快速式电热水器或快热式电热水器，当水流过热水器时，热水器即利用电能将水加热到用户需要的温度，供用户直接使用，无需储水，无需等待。其原理是：利用电来加热水，里面发热的主要是一种导热性比较强的加热体，通过电力转化为热能，热能再把热量传递到水里，在高功率的状态下，短短几秒钟，强大的热量使进来的水温度迅速上升。即热式电热水器的工作原理如图23-11所示。

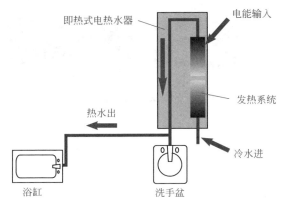

图23-11　即热式电热水器的工作原理

四、空气能热水器

(一)空气能热水器的结构组成

1.家用型分体式空气能热水器的结构组成

家用型分体式空气能热水器主要由主机和水箱等组成。

主机的构成：包括蒸发器、套管换热器、压缩机、控制主板、风机、水泵、电容等元器件，如图23-12所示。压缩机是空气能热水器的"心脏"，提供系统循环动力。

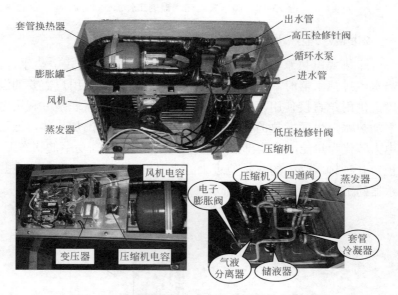

图23-12　家用型分体式空气能热水器的主机构成

室内水箱的构成：包括外壳、内胆、内外筒之间的保温层、感温控头、进出水口、排污口、安全阀（又称泄压阀）等，如图23-13所示。

2.整体式空气能热水器的内部结构

整体式空气能热水器主要由蒸发器、压缩机、过滤网、电控盒、温控器等组成，如图23-14所示。

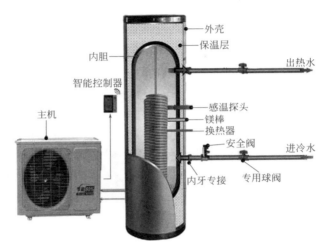

图23-13　家用型分体式空气能热水器的水箱组成

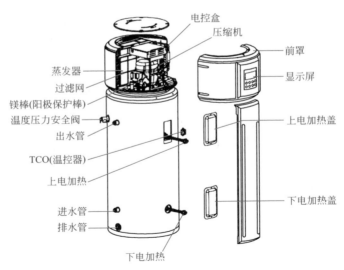

图23-14　整体式空气能热水器的内部结构

（二）空气能热水器的工作原理

空气能热水器又称热泵热水器、空气源热水器、恒温热水器等，是采用制冷原理从空气中吸收热量来制造热水的"热量搬运"装置。其原理是：把空气中的能量加以吸收，转变成热量，转移到水箱里面的水中，把水加热，同时把失去大量热量的空气排放到室外的环境中，这就是一般分体空气能热水器（又称为空气能冷气热水器）的原理；而一体式空气能热水器除了吸收空气中的热量加热热水，还能把失去大量热量的空气（即冷气）排放到厨房里，实现厨房制冷功能。图23-15所示为空气能热水器的工作原理。

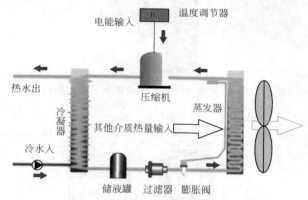

图23-15　空气能热水器的工作原理

空气能热水器是利用热泵原理，电能辅助，再通过热力循环从空气源中取得热量，由压缩机压缩后送到冷凝器释放后给水箱内的水加热。空气能热水器由压缩机、水热交换器、膨胀阀、空气热交换器等装置构成了一个循环系统，其具体工作过程是：压缩机将回流的低压低温的制冷剂气体压缩后，变成高温高压的气体排出；高温高压的制冷剂气体进入冷凝器与水交换热量，在冷凝器中被冷凝成低温高压的制冷剂液体而放出大量热量，水吸收其放出的热量而温度不断上升；然后低温高压的制冷剂液体经膨胀阀节流降压后，在蒸发器中吸收周围空气中的热量从而蒸发成低温低压的制冷剂气体，而后又被吸入压缩机压缩；如此反复循环，从而制取热水。工作过程示意如图23-16所示。

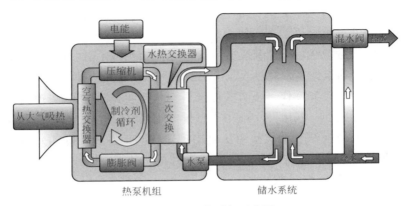

图23-16　工作过程示意图

　提示

制冷剂简称冷媒，俗称雪种，用于在制冷系统中通过自身的状态变化来传递热量。目前空气能热水器所用制冷剂的种类有R22、R407C、R417A、R410A、R142B等。

第二节　热水器的故障检修技能

一、电热水器

（一）电热水器的检修方法

检修电热水器时所用的几种常见方法如下。

（1）耳听法　听热水器本身有没有异常的响声出现；听温控元器件的动作声音是否正常；听用户对故障特征的描述等。

473

（2）观察法　看有无漏水及漏水部位；看周围环境；看电热水器的各种显示状态（对电脑板式电热水器更加重要）；当出水温度与显示温度不一致时，首先观察出水管是否过长、出水管是否为金属管、出水量是否均匀稳定。

（3）触摸法　所谓触摸法，就是用手去触摸相关组件，从中发现所触摸的组件是否过热或应该热的却不热，这是一种间接判断故障的方法。例如操作一下有关操作机构（如调温器旋钮）。摸时应注意防止烫伤，漏电时不能用手触摸，触摸时最好用手背敏感区。

（4）替代法　替代检查法是用规格相同、性能良好的元器件或电路，代替故障电器上某个被怀疑而又不便测量的元器件或电路，从而来判断故障的一种检测方法。例如，出水温度达到45～50℃时，就出现"HE"超温显示，怀疑是温控器或者温度传感器有问题，此时可用合格的温控器和温度传感器替代。

（5）比较法　将性能（包括功率、出水量、功能等）基本一样的合格的产品，与故障产品放在同一使用条件下，通过比较试验来发现故障原因。例如，对于温度上不去的故障现象，可使用同等性能的热水器在相同条件下工作，比较这两台热水器的出水温度，通过差异判断故障原因，如果合格产品出水温度与故障产品相当，那么就不是热水器的问题，而是使用条件的问题；如果温度存在很大的差异，则进一步检查故障产品。

（6）逐步分析法　对机器所产生的故障现象进行逐步分析，查出故障部位。例如：对于不加热的故障现象，首先通水、通电让机器正常工作，观察加热灯是否亮。若亮，则检查挡位是否较小、出水量是否太大，同时注意听开/关水时继电器是否吸合工作，若检查都正常，则再检查电热管是否开路、晶闸管是否正常；若加热灯不亮，则检查浮磁和干簧管是否正常，若没有问题，则检查电子主板是否正常。

（7）分段处理法　分段处理法就是通过拔掉部分接插件或断开某一电路来缩小故障范围，以便迅速查找到故障元器件的一种方法。此种方法适用于击穿性、短路性及通地性故障的检修。

（8）电压检测法　电压检测法是通过测量电路或电路中元器件的工作电压，并与正常值进行比较来判断故障电路或故障组件的一种检测方法。一般来说，电压相差明显或电压波动较大的部位，就是故障所在部位。在实际测量中，通常有静态测量和动态测量两种方式。静态测量是在电器不输入信号的情况下进行的测量，动态测量是在电器接入信号时进行的测量。电压检测法一般是检测关键点的电压值，根据关键点的电压情况，来缩小故障范围，快速找出故障组件。

（9）电阻检测法　电阻检测法就是借助万用表的欧姆挡断电测量电路中的可疑点、可疑组件以及集成电路各引脚的对地电阻，然后将所测值与正常值作比较，可分析判断组件是否损坏、变质，是否存在开路、短路、击穿等情况。这种方法对于检修开路、短路性故障并确定故障组件最为有效。

（二）电热水器常见故障的检修方法

1.在加热时突然跳闸

引起此故障的原因及处理方法如下。

① 发热管绝缘性能下降：修复或更换发热管。

② 其他带电元器件与机壳之间产生漏电：检查或更换元件。

③ 漏电保护插头与劣质插座接触不良：更换插座。

2.加热指示灯亮，但不能加热

引起此故障的原因及处理方法如下。

① 发热管接插端接触不良或断线：重新连接或更换。

② 发热管烧坏：更换发热管。

3.加热指示灯不亮且不能加热

引起此故障的原因及处理方法如下。

① 温控器接插端接触不良或断线：重新连接或更换。

② 温控器烧坏：更换温控器。

4.热水器指示灯一直不灭

引起此故障的原因是温控器感温面与电热管法兰面接触点少。应重新安装温控器，使感温平面接触。

5.无保温功能，一直加热下去，直到跳闸

引起此故障的原因是温控器动作温度过高或已烧坏短路。应更换温控器。

6.一直处于保温状态，不能重新加热

引起此故障的原因是温控器不能复位一直处于开路。应更换温控器。

二、燃气热水器

（一）燃气热水器的检修方法

① 检修时应掌握以下原则：由外而内、由表及里、先易后难、逐步排除。

② 维修现场的主要注意点：电源正常与否、水路正常与否、气路正常与否、使用环境规范与否。

③ 燃气热水器的故障原因可分为两类：一类是机外原因或人为故障；另一类则为机内故障。在分析处理故障时，首先应排除机外原因。排除机外因素后，又可将机内故障分为机械系统故障和电气系统故障两类，一般应先排除电气系统故障。电气系统故障可从以下几个方面来查找：电源是否正常，主板电路是否正常，传感器和控制器是否正常。

④ 燃气属于危险品，非热水器专业维修人员切勿自行维修燃气热水器。

（二）燃气热水器常见故障的检修方法

1.燃气热水器打不着火

打不着火是燃气热水器出现最多的故障现象，其表现一般

有：有排风扇电动机转动声，但没有电火花打火的声音；有电火花打火的声音，但不能打火；开启热水器后机内无任何反应，电源指示灯也不亮等情况。

检修时可分四部分（气路、电路、水路、机械）进行，其方法如下。

（1）气路　燃气热水器有使用天然气、液化石油气、人工煤气的，不管使用何种气，气路部分都包括进气嘴、电磁阀、水气联动密封圈、燃气分气管、燃气喷嘴、燃烧器等，当以上某部件存在堵塞或不通畅时均会造成燃气热水器打不着火。

（2）水路　当水路部分有问题时热水器出水量或水压会明显减小（水压低至燃气热水器的启动压力 0.02MPa 时就无法启动热水器），此时应检查进水口过滤网是否堵塞、水阀是否结垢、水箱铜管是否变形堵塞、水压是否较低。

（3）电路　电路部分是引起燃气热水器打不着火故障的核心部分，其主要包括漏电保护插头、热水器电源控制盒、脉冲点火控制器、电磁阀、风扇电动机启动电容、风扇电动机、风压检测开关、微动开关或水流传感器开关、点火针、火焰感应针、冷热水开关等。以上某一个部件存在问题均会使燃气热水器点不着火。

（4）机械　机械部分包括水气联动装置（由水阀内部水压提供动力，推动联动杆，同时打开电路部分和其中一级燃气密封通道）、风扇电动机（由风叶与电动机构成）。当水气联动装置出现问题时会引起热水器整机不能工作、不打火，风叶卡死或电动机转速有问题也会引起燃气热水器点不着火。

2.燃气热水器出水不热

出现此类故障时，应检查以下几个部位：①水流量是否太大（出热水温度与进水温度之差超过 25℃ 时，每分钟能够流出热水的升数就达不到它所标写的出热水升数，此时只能减小水流量，即关小水）；②热水管路是否太长；③燃气供气是否不足；④控制电路（电脑板）是否有问题；⑤脉冲点火控制器的高压输出导线是否破损或高压绝缘性能不好；⑥点火针是否损坏或点火针位置是否发生偏移及其连接到热水器燃烧器外壳的螺钉是否松动。

3.调节至高温位置水仍不热

引起此故障的原因及处理方法如下。

① 燃气的阀门没有全部打开：把燃气阀门全部打开。

② 燃气压力不合适或减压阀有问题：连续不停地开关热水直到着火为止或检修减压阀。

③ 水温调节方法错误：调节热水温度。

④ 水控制器有故障：更换水控制器。

4.打开水阀后脉冲不打火

出现此类故障时，先检查水压是否太低，若水压太低，则加增压水泵；若水压正常，则检查进水滤网、淋浴头是否被杂物堵塞。若是，则清除杂物；若不是，则检查电池正负极是否装反。若是，则重新安装电池；若不是，则检查电池电压是否太低或接触不良。若是，则重新安装或更换新电池；若不是，则检查进水口与出水口是否接反。若是，则重新安装进、出水管。

5.打开水阀后脉冲打火但不着火

出现此类故障时，先检查气管内是否有空气，若是则反复开关水阀排空气直至着火为止，若不是则检查电池电压是否不足；若电池电压足够，则检查气源开关是否未打开或进气滤网是否堵塞；若气源开关打开，且进气滤网未堵塞，则检查气种是否符合；若气种符合，则检查气门密封件是否被燃气腐蚀后发胀；若不是，则检查钢瓶减压阀输出压力是否过高或过低。

6.点着火后经常熄火

出现此类故障时，应检查以下几个部位：①水压是否过低或波动大，出水量是否太少，水温是否太高，过热装置是否起保护；②室内空气是否不足；③电池电压是否不足或存在接触不良；④排气烟道是否堵塞（排气烟道出口端应该有金属网或者网状结构，若没有金属网或网状结构，则异物易进入使烟道堵塞）；⑤供气是否不足或时有时无（燃气气压太低）；⑥控制电路中与点火有关部分是否有问题；⑦火焰检测回路是否有问题。

7.热水器着火后立即熄灭

燃气热水器着火后立即熄灭，应检查以下具体部位：①电池电量是否不足；②电磁阀是否损坏；③气源是否没有打开；④空气量是否过多或燃气压力是否过大，使燃烧器的火焰出现离焰现象，离子火焰感应针感应不到火焰；⑤离子火焰感应针是否损坏；⑥脉冲点火控制器是否损坏。

三 太阳能热水器

（一）太阳能热水器的检修方法

1.直观检查法

直观检查法就是用眼看、耳听、手摸等方法进行检查和判断故障部位，如：①用眼看真空集热管是否破损或硅胶圈脱落、管路接口是否松脱或堵塞；②用手去摸真空管，如果它的外部冰凉就表示其吸收效果好，热损失也是最少的；③当听到"嗡嗡"声时，检查排水阀是否堵住了。

2.电压测量法

电压测量法就是利用仪表测量相关部位的电压来进行判断，如检测控制仪解冻带接线端电压输出是否正常，若无电压输出则判断问题出在控制仪上。

3.电阻测量法

电阻测量法就是利用仪表（如万用表）检测怀疑有故障的部位的电阻值来进行判断，如将万用表拨在10 ～ 20kΩ挡，测量水温水位传感器导线的阻值，其中有一对阻值在7kΩ左右的是温度线，另外两条为水位线，温度线的阻值在5～10kΩ都可以断定正常，如超出这个范围则说明温度传感器有故障。

4.代换法

检修时用一个好的元件去代换未确定故障的元件来进行检查和判断故障部位的方法称为代换法，如对于电磁阀工作状态时好时坏的故障，一般很难用万用表测出连接导线的好坏，这时可以更换电磁阀或者更换导线试试。

（二）太阳能热水器常见故障的检修方法

1.不上水或溢水管不出水

当出现此类故障时，应检查以下几个方面：①自来水是否停水或水压太低；②上水管接口是否松脱或破损；③控制面板是否有问题；④电磁阀是否有问题（如损坏或电磁阀过滤网堵塞等）；⑤若是老式太阳能热水器，比如浮子式上水方式，室内无控制仪的，则检查浮子是否损坏；⑥有溢流管的，检查溢流管是否脱落，导致没有水溢出，感觉不上水；⑦真空管是否破损。

2.水温不高

出现此类故障的原因及处理方法如下。

① 采光不够充足（太阳能朝向不对或有遮挡物、烟尘污染等）：解决光照影响（使太阳能朝南，清除遮挡物、烟尘）。

② 环境温度太低：在晴天使用或使用辅助加热器。

③ 水里泥沙过多（如井水），沉积在真空管内影响集热和循环：用清洁剂、净水冲洗。

④ 真空管漏气：更换真空管。

⑤ 真空管上有遮盖物或采光不好：去掉遮挡物或者重新选择安装位置。

⑥ 真空管表面有灰尘：把真空管和聚光栅表面擦洗干净。

⑦ 集热器内积垢：清除污垢。

⑧ 上水阀或电磁阀关不严：更换上水阀或电磁阀。

3.太阳能热水器智能控制仪不显示温度、水位

出现此类故障时，首先检查传感器是否有问题，如查其连接线是否断裂或传感器本身是否损坏，必要时重新连接传感器或更换传感器；若传感器正常，则检查太阳能热水器智能控制仪是否损坏，必要时更换太阳能热水器智能控制仪。

4.水箱溢水

出现此类故障时，首先检查冷热水管道是否串联，导致冷水压力大，流进热水管道进入水箱，造成溢水；若是，则查看用户双联龙头、电热水器等阀门是否关好。若以上正常，则检查电磁阀是否失效，若电磁阀失效，则更换电磁阀；若电磁阀正常，则检查传感器是否失灵，只能显示低水位，造成始终上水的假象，若是则更换传感器。

四、空气能热水器

（一）空气能热水器的检修方法

（1）问　问用户什么时候发现问题的，之前是否使用正常，故障现象是怎样的。

（2）听　听用户讲述故障现象和热水器在运转时的异常噪声来判断故障，例如，压缩机在运转时有"嗡嗡"声（则为压缩机电动机不能正常启动，此时应立即关闭电源，查找故障原因）；风机缺油的"嗞嗞"尖叫声；膨胀阀中的制冷剂流动是否为正常工作时发出的液流声等。

（3）看　看就是观察热水器外形及各个部件的工作是否存在异常来判断故障，例如：看机器的安装环境、安装位置是否合理，水管路安装有无漏水、有无漏油；连接管接头处是否存在松动、

破裂；蒸发器和冷凝器是否有积尘、积油或被严重污染；风机运转方向是否正确，风扇电动机是否有停转、转速慢、时转时停现象；控制板上电阻、整流桥堆、电解电容、三极管等元器件是否存在炸裂、鼓包、漏液现象；印制电路板正反面上是否有水浸、腐蚀、脏物、短路烧损现象；是否有故障代码显示，有则可以根据代码来判断故障点。

（4）摸　摸就是在压缩机正常运行20～30min后，手摸压缩机、蒸发器、冷凝器、回气管等部位通过温度来判断故障。

（5）闻　闻制冷剂与冷冻油气味是否正常；电子元器件（线路板、三极管、继电器等）是否有烧焦的气味；风扇电动机或压缩机的机体内外接线柱或线圈是否有因温升高而发出的焦味；切开制冷管路后管路及压缩机排出的制冷剂和冷冻油是否带有线圈烧焦的气味或冷冻油污浊的气味。

（6）测　测一般是用仪器、仪表（如压力表、半导体点温计、钳形电流表、检漏仪、万用表等）等工具对热水器的参数和状态进行检测，如用钳形电流表检查电流、电压、电阻；用歧管表检测高、低压力；用检漏仪检查有无制冷剂泄漏；用万用表测量电源电压及运转电流等。

（二）空气能热水器常见故障的检修方法

1.风机不工作

出现此类故障的原因及处理方法如下。

① 风机电容器损坏：更换电容器。

② 风机电动机线圈烧坏：更换电动机。

③ 风机继电器损坏：更换继电器。

④ 风机接线存在断线或接触不良：重接或更换插头与插座。

⑤ 风机轴承缺油或卡死：加润滑油或更换轴承。

⑥ 风机没有电压输入：检查主机主板是否有问题。

⑦ 高压开关损坏：更换高压开关。

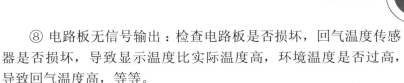

⑧ 电路板无信号输出：检查电路板是否损坏，回气温度传感器是否损坏，导致显示温度比实际温度高，环境温度是否过高，导致回气温度高，等等。

2.风机不运转，但有"嗡嗡"声

出现此类故障的原因及处理方法如下。

① 风扇电动机轴承卡壳：更换轴承。

② 电动机缺相：修复或更换电动机。

③ 风机电源线松脱：修复紧固电源线。

3.压缩机不停机

出现此类故障的原因及处理方法如下。

① 温控器安装位置不当或失灵：重新安放或更换温控器。

② 传感探头阻值失常或传感线已断：修复或更换传感探头。

4.压缩机有较大噪声

出现此类故障的原因及处理方法如下。

① 机内管路固定的部分松脱产生振动：紧固压缩机、管路。

② 热力膨胀阀开启过大：调整热力膨胀阀开启度。

③ 油压过低：检查原因并更换润滑油。

④ 消声器、吸排气阀门损坏：更换消声器、吸排气阀门。

5.压缩机有启动声，但不运转

出现此类故障的原因及处理方法如下。

① 电源电压过高或过低或相间不平衡：安装稳压器。

② 排气压力过高：检查压缩机，排放不凝性气体。

③ 压缩机电动机烧毁：更换压缩机。

④ 压缩机轴承缺油或卡死：加注润滑油。

⑤ 压缩机卡缸（曲轴、连杆打坏）：按压缩机卡缸处理。

⑥ 接线端子损坏：修复或更换接线端子。

6.机组运转，水温不升

出现此类故障的原因及处理方法如下。

① 压缩机线路有问题：检修压缩机线路。

② 制冷剂泄漏：检查制冷剂管路，修复后加制冷剂。

③ 冬季系统内可能出现冰堵或蒸发器积霜过厚的现象：重新抽真空加制冷剂并更换干燥过滤器或清除蒸发器的积霜，并将设置温度调高一点。

7.仪表不显示

出现此类故障的原因及处理方法如下。

① 室外控制板变压器损坏：更换变压器。

② 信号线断路：检查信号线。

③ 信号线插孔、连线端受潮短路或接触不良（水箱下侧面）：用吹风机烘干线重新插接。

第二十四章 <<<<<<<
电话机维修

第一节 电话机的结构组成与工作原理

一、有线电话机的基本结构

1.有线电话机的外形框架

目前有线电话机的外形主要有普通式、面包式、壁挂式和装饰式四种。

（1）普通式有线电话机 普通式有线电话机就是指常用的程控电话机，其外形如图24-1所示。手柄由送话器和受话器组成，通过四芯线与主体机相连。主体机由手柄搁床、叉簧开关、功能开关、功能输出键及内部电路组成，通过两芯线与用户电话线相通。

（2）面包式有线电话机 面包式有线电话机的外形近似面包，如图24-2所示。这种机型也具有一般程控电话机的功能，但它的功能键、功能开关及通话电路设计在手柄上，主体机只有振铃器、叉簧开关和手柄搁床三部分。

面包式电话机的手柄与主体机之间用三芯线连接，其主要优点是提机拨号比较方便。

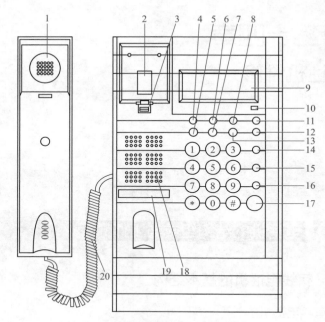

图24-1　普通式有线电话机的外形

1—手柄；2—叉簧钮；3—挂墙钮；4—设置键；5—音量键；
6—上查键；7—亮度键；8—下查键；9—液晶显示屏；10—工作指示灯；
11—去电键；12—保留键；13—删除键；14—暂停键；15—闪断（R）键；
16—重拨/回拨键；17—免提键；18—扬声器；19—号码纸；20—电话曲线

（3）壁挂式与装饰式有线电话机　壁挂式与装饰式有线电话机（又称工艺电话机）的功能键和功能开关均设计在手柄上，与面包式有线电话机相同，只是外形设计不一样，它的特点是：不但具有一般程控电话机的使用功能，而且造型美观，具有装饰作用，如图24-3所示。

图24-2　面包式电话机的外形

2.有线电话机的组成

有线电话机主要由手柄、手柄绳、叉簧开关、主体载机等部件组成。

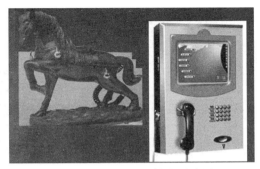

图24-3 壁挂式与装饰式有线电话机

（1）手柄　手柄上装有送话器和受话器，它通过手柄绳接通电话线，完成通话和挂机过程。

送话器可将语音信号转换成音频电流信号，再通过电话线传送给对方。受话器可将电话线输入的语音电流信号转换成语音，使接收者听到声音。

（2）叉簧开关　叉簧开关用于接通或切断电话机的工作电源，实现电话机工作和待机状态的转换。

（3）主体载机　主体载机与外线连接，并通过手柄绳与手柄相连。它包括电话线输入端口、P/T选择开关、铃声开关、工作指示灯、数字输入键盘等部件。电话线输入端口是与用户电话线直接相通的端口。

P/T选择开关即脉冲/双音频拨号选择开关，将此开关拨至P端时，电话机执行脉冲拨号；反之，若将开关拨至T端，则电话机执行双音频拨号。

铃声开关是用来控制铃声输出的，通过变动开关的位置，可控制振铃声音的大小。

工作指示灯即电源指示灯，电源正常时，提起手柄后，指示灯点亮，表示电话机进入了工作状态。

数字输入键盘即按键号码盘，一般设有"0～9"及"#""*"按键。

二、有线电话机电路的基本组成

由于有线电话机的种类繁多，因此它们的电路结构组成相差较大。但无论哪一种类型的按键式电话机，其基本电路组成都是相似的，主要包括五个部分：振铃电路、拨号电路、送受话电路、消侧音电路和极性保护电路。各个电路既相互独立，又相互联系。

1. 手柄式电话机电路的基本组成

手柄式电话机电路框图如图24-4所示，主要由叉簧开关、振铃电路、极性保护电路、拨号电路、通话电路和手柄部分等组成。

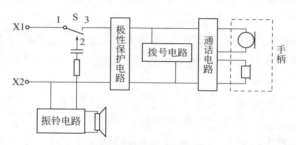

图24-4　手柄式电话机电路框图

（1）叉簧开关　叉簧开关S，主要用于完成电话机待机和通话功能的转换。当电话机摘机时，S的1、3触点闭合，可进行拨号和通话；当电话机挂机后，S的1、2触点闭合，则处于待机状态，随时等待呼叫（响铃）。

（2）振铃电路　振铃电路的功能是将交换机送来的25Hz的交流信号变成直流信号（对电子铃而言），然后通过电子振荡器产生两种不同频率的信号，经放大器放大后驱动受话器（或其他发声器件）发出电子铃声，完成呼叫任务。

（3）极性保护电路　极性保护电路又称定向电路，其实就是二极管整流电路。整流电路是将不固定极性的交流电变为固定极性的直流电，而定向电路则是将不固定极性的直流电输入变成固定极性的直流电输出。这样，用户可随意将外线接于X1、X2接线端，仍可确保拨号与通话电路所需电源的极性。

（4）拨号电路　拨号电路由拨号专用集成电路、键盘和外围电路组成。它的主要作用是：将键盘输入号码转变成相应的脉冲或双音频信号，并送到用户线路，与程控交换机取得联系，完成信号的发送任务。同时，它能发出静音信号来消除在拨号时受话器中产生的干扰信号。

（5）通话电路　通话电路作为电话机的终端部位，其功能是将送、受话的四线传输转换成二线传输或将用户的二线传输转换成四线传输，完成送/受话器的转能过程，实现双方通话。

（6）手柄部分　手柄集送话器和受话器为一体，其中送话器一般采用驻极体送话器，受话器大多采用动圈式发音器。手柄通过四芯传输线与电话机通话电路相连接，以实现送、受话功能。

2.免提式电话机电路的组成

免提式电话机电路是在电话机的基本电路中增设了一个免提通话电路，通过免提键和叉簧的控制进行免提和手柄两种通话功能的转换。

图24-5是免提式电话机电路的组成框图，其中图24-5（a）是免提通话电路与手柄通话电路并联的框图，图24-5（b）是免提通话电路与手柄通话电路串联的框图。

在免提电话机电路中，振铃电路、极性保护电路和拨号电路是共用的。

当用免提方式打电话时，无需提起手柄，只要按下免提开关就可以进行拨号和通话。在免提状态下，叉簧S1和免提键S2的1、2触点闭合，1、3触点断开，这时手柄通话电路被断开，如图（a）所示。如果用户需要由免提通话转变为手柄通话，只要将手柄提起就可以通话。在手柄通话状态下，叉簧S1的1、2触点闭合，1、3触点断开，免提键S2的1、3触点闭合，1、2触点断开。

图中（b）所示为免提振铃状态，当听到振铃声后，用户只要
按下免提键即可进行免提通话。在免提通话状态下，S1的1、2触
点接通，1、3触点断开，S3的1-3触点、S4的1-3触点接通，S5
和S6的触点均为常闭，这时免提通话电路便参与了工作。

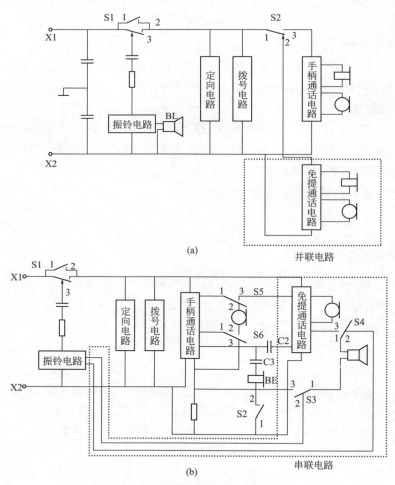

图24-5 免提式电话机电路的组成框图

三、有线电话机的基本原理简述

有线电话机的功能越来越多，但不管其功能如何增加，其基本工作电路还是主要有振铃、拨号和通话三个基本部分。图24-6为有线电话机的基本组成框图。

图24-6　有线电话机的基本组成框图

振铃电路是电话机中相对独立的电路，工作时它是与其他部分电路断开的。当有电话呼叫用户时，振铃器就会发出声音，告知用户去接听电话。

拨号电路的主要作用是把拨号键盘上的号码或符号变换成相应的脉冲信号或双音频信号送往外线，由交换机识别后连接通话的另一方。该部分电路主要由按键式拨号键盘、拨号集成电路及其外围电路组成，根据采用的集成电路可设计成脉冲拨号方式或双音频拨号方式。

通话电路包括手柄通话电路和免提通话电路，其作用是将语音信号送往外线，也把外线送来的语音信号送往受话器。为了提高受话质量，减小拨号时产生的信号干扰，通话电路还具有消侧音电路，以减少本机产生的信号反向馈回到受话器中。

另外，有线电话机还具有极性转换电路，其作用是将来自外线带有正、负极性的电源通过二极管组成的整流电路进行电流极性的固定，以确保拨号与通话电路所需的电源极性。也就是将不固定极性的直流电变成固定极性的直流电。

当电话线中同时含有语音信号时，极性转换电路输出电压为混有语音信号的脉冲直流电压，此时，在极性转换电路上还加有变容二极管组成的谐振电路。当语音信号的幅度改变使变容二极管两端电压随之改变时，其结电容产生与之相应的变化，谐振回路频率随之发生变化，形成频率调制载波信号。

当外线发来振铃信号时，从极性转换电路送来一个交流信号，振铃电路将该信号首先经过一个通交隔直电容分离出铃流信号，再经限流、滤波后，送到振铃集成电路。由于该信号不断地交替变化，振铃集成电路内部高、低频振荡器也交替轮换工作，送出一个音频信号，经放大后驱动受话器发出电子音乐铃声。

当电话机与外界进行通话时，来自外线的音频信号经过极性转换电路送到通话集成电路及其外围的消侧音电路和静噪电路，通过通话集成电路处理后，送出音频信号到手柄或免提送/受话器，从而实现语音交流。

同时包括手柄通话功能和免提通话功能的电话机，免提通话集成电路与手柄通话集成电路往往并联使用，再通过叉簧开关和免提键来实现手柄与免提方式的转换；同时，在送/受话电路中采用了平衡输入电路，以防产生啸叫或共鸣现象。

若本机对外拨号，则在用户摘机后，手柄启动电路或免提启动电路启动，将脉冲拨号或音频拨号方式开关打到一定的位置进行拨号。按键拨入的号码或符号信号经脉冲/双音频兼容拨号集成电路送到脉冲/双音频发送电路和液晶显示驱动电路。

第二节 电话机的故障检修技能

一、无电路图的电话机的检修

对于无电路图的电话机，可采用以下几种方法进行检修。

1.故障分类法

无论电话机的哪一部分电路出了问题，所表现出的故障现象都有其特点。维修人员可以根据故障特点，确定故障发生的范围，并在这个范围内对可疑元件进行检查（必要时可画出局部电路图进行分析），这样就可以减少检修时的盲目性，从而迅速地排除故障。

另外，电话机中各元件的排列都有一定的规律性。一般来说，振铃整流电路与极性保护电路做在一块印制电路板上，拨号集成电路周围是拨号形成及输出电路，通话及免提放大集成电路附近为通话输出部分和免提电路，很容易辨认。

2.电压测量法

电话机主要由集成电路和分立元件构成，而集成电路都有一定的工作电压范围。因此，通过测量集成电路各引脚的工作电压值，即可判断该集成电路工作是否正常，从而确定集成电路及其外围电路有无问题。

另外，在不同厂家或不同型号的电话机中，某些关键点的电压值都是大同小异的。例如驻极体送话器两端应有3V左右的电压才能送话，集成电路的工作电压一般在2.5 ～ 5V之间，过高和过低均不能正常工作。

3.短路、断路法

短路、断路法即通过制造交流或直流短路来检查电路故障的方法。所谓短路，对开关电路来讲，可直接用小镊子短接三极管的b、e极，迫使其截止；对于放大电路来讲，可在三极管的b、e极之间并上一只0.1μF左右的电容器，使交流信号短路。所谓断路，即可将元件的引脚焊开或在印制电路板上将印制电路割断。注意要割得很细，以便于以后用焊锡接通。

二、利用电话线路检测电话机故障

一般在电话机外接输出线路中均存在一定的直流工作电压（48V或60V），同时在电话机线路中还存在450Hz的电话机拨号音和25Hz的整流信号源，所以充分利用其工作电压与信号源，对于检测电话机的整机直流工作电压、振铃电路、拨号与通话电路均能提供方便。

1.检测电话机整机直流工作电压

一般当电话机出现工作不正常现象时，常用的方法是逐一检测机内各电路的工作电压是否正常。利用电话线路检测时可配合万用表进行，具体操作步骤如下。

① 将万用表置于10V直流电压挡，两表笔跨接在接线盒两端（即电话线和电话机相互连接处），测出其直流工作电压值。

② 将万用表调至100mA电流挡，再断开接线盒一端的连接线，然后将表笔分别串接在线的两端，测出电话机的直流电流。

③ 测出电话机的工作电压和工作电流后，再根据电话机电路原理图标注的技术数据，通过欧姆定律估算出直流电阻值，即可判断电话机有无问题。

2.检测电话机拨号和通话电路的故障

当电话机拨号和通话电路出现故障时，可利用电话线路进行检测判断，具体做法是：在电话机摘机状态下，用万用表10V电压挡分别检测拨号和通话集成电路各点的工作电压值，并对照电路图提供的标注数据加以分析，从而找出故障元器件和故障点。要注意的是，拨号和通话电路故障除了集成电路以外，还涉及晶振电路和相关的阻容元件，晶振元件一般可采用替代法加以判断。

三、电话机常见故障的处理方法

1.按键故障

按键故障主要包括两个方面的情况：一是按键全部失效；二是某一按键失效。下面分别介绍其处理方法。

（1）按键全部失效　首先检查叉簧接点是否接触良好，常见原因为叉簧接点氧化或严重脏污。若叉簧接点接触良好，则再检查有无按键被卡住而造成连续发号，使其他的按键全被锁住的现象。

（2）某一按键失效　这类故障大多是拨号键与机内印制电路板上的触点之间产生污物或导电橡胶失去导电功能所致。检修时，先拆开电话机后盖并取下整块导电橡胶块，然后用蘸有无水酒精的棉球仔细擦洗按键触点，并同时清洗印制电路板上的触点，晾干装回电话机即可。经此处理后，一般均能排除拨号键失灵的故障。若发现导电橡胶磨损严重，则应更换导电橡胶，保持按键与印制电路板之间的接触良好。

2.叉簧故障

叉簧故障不但会导致不能拨号，还会影响通话。检查时，可反复拍打叉簧，若叉簧明显弹不起或听不到任何声音，则说明叉簧不良。如果叉簧接触不良，可用酒精擦洗和调整簧片的位置，使其接触良好。

3.引线、电话机绳故障

通话时出现杂音，一般为电话机引线、电话机绳或接线盒等器件接触不良所致。检查时，可分别摇动电话机引线和电话机绳，同时监听杂音有无变化，如果杂音变大，则说明线绳、连接插卡或连接螺钉等器件有问题。

四、利用铃流信号维修电话机

维修电话机时，特别是当检修电话收铃电路故障时，经常需要用到铃流信号对收铃电路进行检测。获取铃流信号的方法主要有以下四种：一是采用电话机故障检测仪；二是使用铃流发生器；三是利用另一部电话拨打本机号码；四是应用程控交换机的新服务功能，如自动振铃检测和闹钟服务功能。

应用交换机的新服务功能获得铃流信号，能为电话检修提供非常方便的测试手段，但在具体应用上要注意以下几点。

① 应用交换机新服务功能时，首先应了解交换机有无该项服务功能。

② 交换机的新服务功能，要根据不同型号的交换机的具体设置而决定，交换机型号不同，其设置方法也不同。

③ 应用时，将故障机接在外线上，要保证故障机的拨号电路和通话电路均正常，且判断只是收铃电路有故障时才能应用此方法。

第二十五章 «««««

智能手机维修

第一节 智能手机的结构组成与工作原理

一、智能手机的结构组成

　　智能手机简单直观地说就是"掌上电脑＋手机"，它除了具备普通手机的全部功能外，还具备掌上电脑的大部分功能。智能手机和电脑等很多电子产品一样，由软件和硬件组成。

1.软件方面

　　软件方面就是操作系统。智能手机的操作系统是一种运算能力及功能比传统功能手机更强的操作系统，使用最多的操作系统有：Android（Android系统是由谷歌开发的、国内时下应用最多的操作系统）、iOS（苹果公司开发的操作系统）、Windows Phone（微软推出的操作系统）和BlackBerry OS（黑莓）等，它们的应用软件互不兼容。

2.硬件方面

　　智能手机的硬件由后盖、上下盖、电池、电路板、屏蔽罩、液晶显示屏、扬声器、摄像头、感应器、蓝牙、USB接口等组成，如图25-1所示。

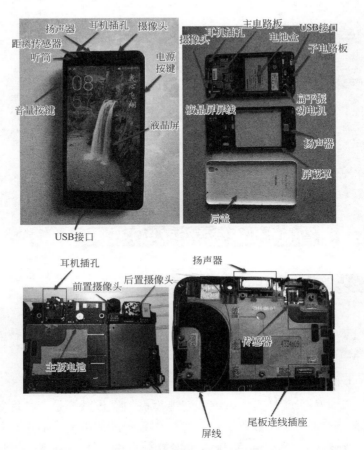

图25-1　智能手机的结构

（1）电路板　智能手机的主电路板是手机中最重要的部件，它位于智能手机的内部，与各部件之间通过数据软线或触点相连接。主电路板可以说是手机的核心部件，它负责手机信号的输入、输出、处理、手机信号的发送，以及整机的供电、控制等工作。智能手机的主电路板上安装的都是贴片元器件（有CPU、GPU、ROM、RAM、电源芯片及天线芯片等），排列十分紧密，并且电路板上的主要芯片都采用BGA形式焊接在电路板上，如图25-2所示。

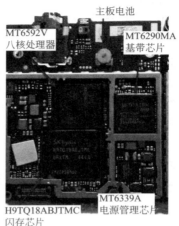

图25-2　智能手机的主电路板

①CPU　相当于手机的"大脑"，它是整台手机的控制中枢系统，也是逻辑部分的控制中心，它很大程度上决定了一款手机的速度。微处理器通过运行存储器内的软件及调用存储器内的数据库，达到对手机整体监控的目的。

②RAM　随机存储器，相当于电脑的内存，也叫作运行内存，简称运存，可读可写。RAM容量越大，手机运行速度就越快，多任务机制更流畅。

③ROM　只读存储器，一般等同于电脑硬盘，用于安装系统程序以及存储部分可输入的媒体文档，一般等同于电脑C盘。ROM容量越大，能存放的东西就越多。

④GPU　即图像处理单元（图形处理器），手机的显示核心，等同于电脑的显卡。GPU容量越大，针对高清电影的播放效果、拍摄能力、游戏效果会得到越好的提升。

⑤射频芯片（天线芯片）　手机里边有很多跟射频相关的芯片，主要包括射频发射芯片、GPS导航天线芯片、WiFi无线网络芯片、NFC近场传输芯片、蓝牙芯片等。这些芯片的数量和性能，

决定了手机通信手段的多少和通信能力的强弱。

⑥ 电源管理芯片　电源管理芯片就是控制能源的"大脑"，主要对电池进行智能充电管理，提供过压、过流、过温、短路保护，以及为手机内其他IC芯片提供多种电压的供电。原来手机中需要一些分立的电源管理芯片，现在智能手机中已经基本将其集成在一起。

提示

不同品牌的智能手机电路板的设计会有所不同，有的智能手机只有一块电路板，有的智能手机除了有主电路板外还有副电路板，副电路板一般连接接口、摄像头等附件。

（2）屏幕　智能手机屏幕的构造一共分为四层，即盖板玻璃、触摸屏、前面板、背板，如图25-3所示。

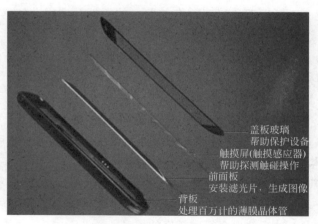

盖板玻璃
帮助保护设备
触摸屏(触摸感应器)
帮助探测触碰操作
前面板
安装滤光片，生成图像
背板
处理百万计的薄膜晶体管

图25-3　智能手机屏幕的构造

① 第一层　即最上面的盖板玻璃，其主要成分为二氧化硅，起到保护手机内部结构的作用，如手机屏幕摔碎了，但能看到手机显示屏的内容，则只是表面的盖板玻璃碎掉了。目前市场上的

手机盖板玻璃主要是"大猩猩"玻璃，但也有用蓝宝石材料替换玻璃材料的，Apple watch 就用到了蓝宝石材料，它的材质坚硬，在防刮花方面比玻璃更有优势，但其韧性比较差，对于可见光的透过率不到90%，容易让屏幕偏色等。

② 第二层是触摸屏（触摸感应器），又称为触控面板，是个可接收触头等输入信号的感应式液晶显示装置，当接触了屏幕上的图形按钮时，屏幕上的触觉反馈系统可根据预先编写的程序驱动各种连接装置，可用以取代机械式的按钮面板，并借由液晶显示画面制造出生动的影音效果。

触摸屏主要分为电阻式和电容式（目前智能手机采用的是电容式触摸屏，用户触摸屏幕时，由于人体电场的作用，用户和触摸屏表面形成一个耦合电容，而对于高频电流来说电容是直接导体）。这层的作用是探测触摸操作，若出现手机触摸不灵的现象，就是这层出了问题。目前石墨烯最有可能成为触摸屏的主流材料，石墨烯是最薄、最坚硬的纳米材料，它几乎是完全透明的，电阻率极低，电子迁移的速度极快，因此被期待用来制造更薄、导电速度更快的新一代电子元件或晶体管。

③ 第三层为前面板（液晶显示器），主要是用来安装滤光片、生成图像的。若手机被摔后液晶屏变黑不亮，就是这层掉了。

④ 第四层为背板，用来处理百万计的薄膜晶体管并照亮液晶显示屏。

提示

有些屏幕的结构不是这样的，但原理是一样的。比如三星公司的很多显示屏第一层是盖板，后面几层合在一起。有些国产显示屏也采用这种技术，如金立手机等。

（3）摄像头　摄像头主要用于拍照片、视频。摄像头比较重要的参数有两个：像素数和光圈大小。现在主流手机前、后置摄像头

分别达到800万、1300万等像素以上，光圈越大，拍摄效果越好。

（4）电池　电池最重要的参数就是容量，电池容量的大小标志着一款手机的续航能力。目前电池容量也成为手机制造业最难攻破的技术问题。电池容量也成为选购手机的一个起点标准。

（5）传感器（感应器）　手机里的传感器有距离传感器、加速度传感器、重力传感器、陀螺仪、气压计等。传感器就是手机的"耳鼻眼手"，能够采集周围环境的各种参数给CPU，使得手机具有真正智能的功能。陀螺仪用于导航和相机的防抖功能，此外还是各类游戏常用的感应器；重力传感器是将运动或重力转换为电信号的传感器，主要用于手机观看视频自动横屏、游戏等；距离传感器是感应距离的传感器，是在辅助摄像头和光线感应器之间的不明显的小长方形，当接通电话时，如果挡住距离感应器，屏幕会自动变黑，在节约电量的同时也可防止误操作。

二、智能手机的工作原理

智能手机同传统手机的外观和操作方式类似，不仅包含触摸屏手机也包含非触摸屏数字键盘手机和全尺寸键盘操作的手机。所谓的智能手机就是一台可以随意安装和卸载应用软件的手机，实际上就是一台能通话的小型电脑。

智能手机由硬件和软件两大部分组成，硬件部分主要包括显示屏、触摸屏、主板、电源、各种传感器、拾音器、扬声器、框架等。主板是手机的核心部件。以红米Note智能手机为例，其主板实物结构如图25-4所示。

红米Note智能手机的主板正面主要集成了SIM卡基座、MicroSD扩展存储卡槽、3.5mm耳机接口以及摄像头旁边的LED闪光灯等。主板背面主要是芯片集中的地方，内置了MT6592V八核处理器芯片、MT6166V基带芯片、尔必达RAM芯片2GB运行内存、MT6332GA电源管理芯片、Skyworks 7754射频信号芯片、ATMEL MXT336S触控芯片等。

MT6592V八核处理器芯片

Skyworks 7754射频信号芯片

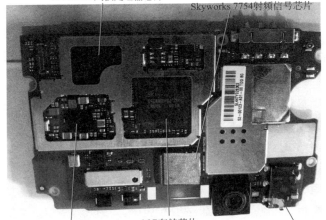

MT6332GA电源管理芯片　　16G存储芯片　　ATMEL MXT336S触控芯片

图25-4　红米Note智能手机的主板实物结构

　　传统手机使用的都是生产厂商自行开发的封闭式操作系统，所能实现的功能非常有限，不具备智能手机的扩展性。智能手机因为采用了具有扩展性的第三方操作系统，因而具备微型电脑的功能。

　　手机的最基本功能就是打电话，人的声音通过麦克风转化成

503

模拟的语音信号，模拟的语音信号转换成数字信号，通过内部电路再转换为射频信号，射频信号通过电磁波进行传输，在接收端将射频信号转换成数字信号，数字信号被还原成模拟的语音信号，模拟的语音信号通过扬声器转换成人能听到的声音。智能手机的一个显著特点是支持第三方应用程序对手机功能的扩展，软件通过手机硬件中的逻辑单元执行了软件的功能。

第二节 智能手机的故障检修技能

一、智能手机故障的基本检测方法

（一）智能手机的检修方法

1.询问法

询问法就是先询问用户，了解一些相关信息，这有利于建立修理思路、减少误判、少走弯路，从而快速判断故障的部位。这些信息包括以下几方面。

① 手机是否被修过，对于被修过的手机，注意芯片是否动过或调换过、元件有无装错等。

② 手机是否被摔过，对于摔过的手机应考虑手机芯片是否有虚焊、断点、元件脱落、线路板断裂等。

③ 手机是否进过水，进过水的手机应考虑电源模块是否损坏，铜箔及引脚是否生锈、腐蚀、断线。

2.直观法

对于有些表面故障，可通过直观法发现。该检修方法具体可用于如下方面：①当发现摔过的机器外壳有裂痕时，应重点检查线路板上对应被摔处的元件有无脱落、断线；②对于进水机，应观察进水机主板上有无水渍甚至生锈、引脚间有无杂物等；③对于接收按键不正常故障，应看按键点上有无氧化引起接触不良；④用吹气法判断送话和传声器是否正常；⑤检修主板时，应反复查看待修的板子各插头、插座是否歪斜，电阻、电容引脚是否相碰，表面是否烧焦，芯片表面是否开裂，主板上的铜箔是否烧断，还要查看是否有异物掉进主板的元器件之间。

3.比较法

检修手机时，对某些元器件的型号、位置、电压值、电流值和波形认为不正常时，可用同型号的正常手机印制电路板相对应的部位进行比较。如双三极管的位置是否正确，某电阻或电容是否装错，阻值是否正常，某两点是否连接等，通过比较可以很快查出故障。

4.代换法

代换法是用好的元器件或印制电路板代换故障机中相应的元器件或印制电路板，以判断故障点的一种方法。当怀疑某个元件有问题时，从正常手机上拆下相同的元件代换试验，如果代换后故障排除，则说明原元件已损坏；如果代替后故障仍然存在，则说明问题不在此元件，应继续查找。

5.短路法

短路法常用于缺少某些损坏元件的替换件时的应急修理。如天线开关、高放前后的滤波器、合路器、功放等元件损坏时，手边暂时没有替换件，可直接把输入端和输出端短路（天线开关短路后手机只能工作在一个频段），若短路后手机恢复正常，则说明该元件损坏。

6.断路法

断路法是对怀疑的电路或元件进行断开分离，若断开后故障消失，则说明问题就在断开的电路上。具体方法列举如下：①如加电时出现大电流，因为功放是直接采用电源供电的，可取下供电支路电感或电阻，若不再出现大电流，则说明功放已击穿损坏；②如不装SIM卡手机有信号，装卡后无信号，怀疑功放有问题，同样可断开功放供电或功放的输入通路，若有信号则证明功放已损坏。

7.清洁法

手机进水或进入灰尘后，使元件之间的绝缘电阻减小而引起故障，可用超声波清洗仪等进行清洗解决。如：①用毛刷轻轻刷去主板上的灰尘，另外主板上一些插卡、芯片采用插脚形式，常会因为引脚氧化而接触不良，可用橡皮擦去表面氧化层，重新插接；②检修摄像头打不开故障，如发现摄像头接口有进液痕迹，可用洗板水清洗前置摄像头连接器周边，并用热风枪驱潮，看能否排除故障。

8.信号法

常用于检修手机射频电路，用信号发生器输入固定的频率，检测在信号通路上有无正常的波形数据，判断故障部位。

9.补焊法

手机在使用过程中经常按键、挤压、被摔，容易造成元件或电路出现虚焊或接触不良引起多种故障。补焊法是排除智能手机故障常用的方法，检修故障时，先用放大镜观察，或用按压法判断出故障部位，再进行补焊解决问题。

10.飞线法

手机被摔或拆卸带有封胶的芯片时，焊盘掉点是经常的事，除空点外，有的掉点要用飞线法来解决。飞线法是维修智能手机比较常用的检修方法，检修时，通常是在掉点相连的引线上或元件上用细漆包线连接后，在焊盘的掉点处用镊子把去掉绝缘的引线头弯成焊点大小的圆圈，用绿油把引线固定，在紫光灯下（常用紫光灯验钞器）烤30min左右即可。

11.软件法

供电电压不稳定、吹焊存储器时温度不当、软件程序本身问题或存储器本身性能不良，易造成软件丢失或错乱，导致不开机、无网络或其他软件故障。通常用免拆机维修仪重写软件资料解决，若不联机可拆下硬盘或码片用编程器编程。如出现写不进或显示字库（硬盘）损坏的现象，则说明存储器本身损坏。

12.电阻法

在检修手机时，可根据某点对地电阻值的大小来判断故障。平时注意收集手机某些部位的对地电阻值，如电源簧片、供电滤波电容、SIM卡座、芯片焊盘、集成电路引脚等的对地电阻值。例如某一点到地的正常电阻是 $1k\Omega$，而故障机此点的电阻远大于 $1k\Omega$ 或无穷大，说明此点已断路，如电阻为零则说明此点已对地短路。电阻法还可用于判断线路之间有无断线以及元件质量的好坏等。

13.电压法

正常的手机，相应点电压是一个固定的数值，一旦手机损坏，故障处的电压值必然发生变化，通过检测电压值是否正常，可以很快找到故障发生部位。电压法是比较常用的检修方法，具体可用于如下方面：①如某处电压为零，则说明供电电路有断路；②如某处电压比正常值低，只要供电正常，就说明负载有问题；③在测量电压时，还要注意是连续的直流供电还是脉动直流供电。

14.电流法

手机出现故障，电流必然发生变化。维修电源上电流表显示的数值是手机工作时各单元电路电流的总和，不同工作状态下的电流基本上是有规律的，通过不同的电流值可以大致判断出故障的部位。具体方法列举如下：①如加电即有几十毫安的电流，则说明与电源正极连接的元件漏电；②若加电电流大于500mA，则说明CPU或电源、功放、电源滤波电容等元器件存在击穿短路故障。

15.波形法

手机正常工作时，电路在不同工作状态下的信号波形也不同。在检修故障时，用示波器测信号波形是否正常，可很快判断出故障发生的部位。具体方法列举如下：①检修无信号时，测有无正常的接收基带信号，以判断是射频电路还是逻辑电路的问题，若有正常的接收基带信号，则说明射频电路正常，问题在逻辑电路中；②检修不发射故障时，同样可以测有无正常的发射基带信号，来判断故障是在逻辑电路还是在射频电路中。

16.感温法

感温法常用于检测小电流漏电或元件击穿引起的大电流，主要可用于如下方面：①如手机加电即有几十毫安漏电，虽不影响使用，但电池待机时间大大缩短，则在检修时可提高供电电压，使漏电电流增大，用手或脸去接触发热部位，以查找发热元件，元件发热即为损坏；②也可用松香烟熏线路板，使元件涂上一层白雾，加电后观察，哪个元件雾层先消失，这个元件即为发热件；③如手机加电即有500mA以上大电流，则可调低电源电压，使电流不超过200mA（不扩大故障），通电后用以上方法查找出发热元件，予以更换。

17.按压法

按压法用于元件接触不良或虚焊引起的各种故障。例如手机有时能开机有时不能开机，怀疑快闪存储器（俗称字库）或CPU虚焊，可用大拇指和食指对应芯片两面适当用力按压，若按压某个芯片时可以开机，即为虚焊，补焊即可。

（二）智能手机软、硬件故障的检测方法

1.软件故障的区分及排除方法

智能手机维修工作中，习惯上常把手机逻辑部分（即单片机

系统）的程序资料紊乱或丢失等情况（不包括逻辑部分元件如CPU、字库、码片、暂存器的虚焊及物理性损坏）称为手机的软件故障。

　　软件故障引起的故障现象有许多，如不开机、"变砖"、触摸失灵、不入网、无发射、无显示等。类似软件故障可以通过对系统的升级、刷机等方法来排除。出错资料可以通过市售免拆机仪器经手机尾插或者编程器对拆下的字库、码片进行资料的重写。有些品牌的手机软件故障需采用厂家自己配备的专门软件维修盒才可完全修复，如诺基亚、松下等公司的有些机型。相对来说，软件故障较易解决，因为只要有相应的软件维修仪并通过为手机输入正确资料就能达到修复目的。

2.硬件故障的区分及排除方法

　　除上述定义的软件故障之外的其他故障，都可以称之为硬件故障，例如CPU、字库、码片、电源管理芯片、晶振等虚焊或损坏等。与软件故障相比，其处理方法有所不同，"硬件故障重思考，既要仪器又要脑"，硬件故障既需要利用万用表、示波器、频率计、频谱分析仪、射频故障速测仪等硬件故障维修仪器对手机进行测试，还要通过对测试的数据进行分析，才可以准确判断故障部位。要求维修操作者对硬件故障发生部位判断准确，处理迅速，并能熟练掌握万用表、示波器、频谱仪等硬件故障维修仪器在智能手机维修中的技巧。

3.软、硬件故障的区分及排除方法

　　往往一种智能手机故障现象有可能是软件故障造成的，也有可能是硬件故障造成的。如手机不开机或死机，有可能是软件资料紊乱（即软件故障）引起的，也有可能是CPU、字库、码片、电源管理芯片、晶振等虚焊或损坏（即硬件故障）引起的。

　　又如不入网、信号差、无发射等射频故障，有可能是软件的失控引起的，也有可能是射频电路本身的电源或信号不正常引起

的。对于此类故障，应根据手机软件故障和硬件故障的区分方法仔细判断手机的故障原因，有针对性地使用对应方法排除故障。

提示

① 智能手机刷机　就是给智能手机重装系统，一般Android手机刷机分为线刷、卡刷、软刷和厂刷四种。通过刷机可以使手机的功能更加完善，并且可以使手机还原到原始状态，解决Android手机系统被损坏造成的功能失效或无法开机等故障。

② 智能手机升级　就是通过对智能手机中的快闪存储器中的固件进行更新，从而可以针对手机功能进行一些增强，修正一些小错误，让手机程序运行更流畅、提高通话质量等。

③ 苹果越狱　就是针对苹果操作系统（iOS系统）限制用户存储读写权限的破解操作。经过越狱的iPhone拥有对系统底层的读写权限，能够让苹果智能手机免费使用破解后的App Store软件。

二 智能手机常见故障的检修方法

（一）刷机解决软件故障

对于软件故障，要找到具体故障原因进行具体检修往往比较烦琐，可通过手机管家进行故障检修和自动排除，对于不能排除的故障可通过恢复出厂设置进行排除，恢复出厂设置还不能解决的故障则只有通过重新刷机进行彻底排除。刷机又分为卡刷（图25-5）和线刷（如图25-6所示进入快速启动模式）。卡刷就是将刷机包下载到手机的TF卡，然后通过卡刷程序恢复手机的操作系统。线刷是比卡刷更为深层的刷机方法，需要与电脑通过USB口进行连接，刷机包放在电脑上，通过USB线进行刷机（当然有些线刷工具不用进入任何模式，只要用USB连接手机就能用COM接口进行线刷）。下面以YGDP线刷软件对手机线刷为例进行介绍。

图25-5　从手机SD卡卡刷选项

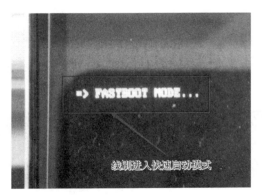

图25-6　线刷进入快速启动模式

1. 下载刷机包和刷机工具

在百度里搜索东海论坛，进入到东海论坛的首页并完成注册（图25-7）。或者在淘宝中购买手机刷机包，这些刷机包淘宝店主可免费提供自动升级，也很方便。

2. 在电脑中安装手机通用驱动程序和刷机工具

解压下载或购买的刷机包，里面有刷机工具、通用驱动和刷机注意事项。先安装手机通用驱动程序，安装文件分为64位系统（x64）和32位系统（x32），要先查看你的电脑系统是32位还是64位，右键点击"我的电脑"—"属性"，可以查看到相应信息（图25-8），根据电脑系统点击安装文件夹内.exe文件，开始安装。同时安装刷机工具软件，打开刷机工具软件（图25-9），输入密码（不同的软件密码不一样，在下载工具包时有相应的密码说明）。注意点选密码框下方的简体中文语言，不要选英文。

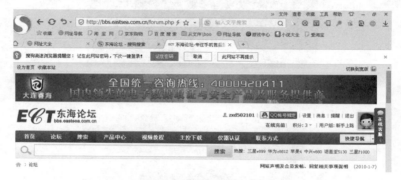

图25-7　东海论坛的首页

图25-8　查看你的电脑系统信息

打开刷机工具软件后，出现如图25-10所示对话框，点击"配置"。

图25-9　打开刷机工具软件

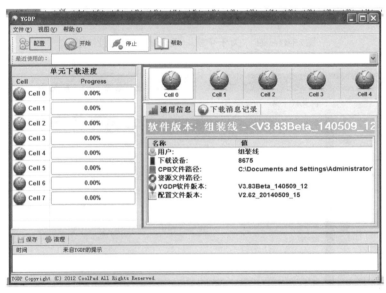

图25-10　刷机工具对话框

　　打开刷机软件后，选定手机对应机型和相应的刷机包（在手机"设置"的"关于手机"里可以查看到，如图25-11所示），注意有的手机有不同的硬件版本，一定要选择对应的硬件版本的.cpb文件）。选定后，选择刷机软件下方的"应用"按钮

（图25-12），会出现如图25-13所示的校验下载文件记录对话框。

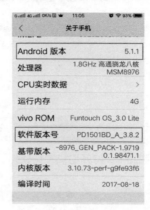

图25-11　在"关于手机"里查看手机刷机信息

图25-12　选定机型和刷机包

图25-13　校验下载文件记录对话框

　　校验完下载文件后，先点击"开始"按钮，同时按住音量+键、音量-键和电源键进入手机footboot（快速启动模式，不同的手机进入的方法可能不同）。接上标配数据线将手机连接至电脑，端口显示连接成功，升级工具显示检测到设备，即开始执行升级。

　　升级完成后，平台提示下载成功，进度条显示"100%"变成绿色状态栏表示刷机成功，移除手机，关闭手机电源，再重新开机即可。刷机后手机首次开机需要重新安装系统，需要一定的时间。

（二）不刷机解决软件故障

1.智能手机无蓝牙、无WiFi故障的检修方法

　　智能手机出现无蓝牙、无WiFi故障时，可按以下步骤进行

检修：

①首先确定软件是否正常工作；②如软件没有正常工作，则重焊或换新蓝牙/WiFi/FM无线控制芯片（图25-14）；③如软件能正常工作，则检查天线弹片是否和天线良好接触；④如天线弹片与天线接触不良，则保证两者正常接触即可；⑤如天线弹片与天线接触良好，则检查蓝牙/WiFi滤波器是否损坏；⑥如蓝牙/WiFi滤波器不良，则排除信号回路故障；⑦如蓝牙/WiFi滤波器良好，则检查蓝牙/WiFi开关是否损坏，如损坏则换新蓝牙/WiFi开关即可排除故障。

检查蓝牙/WiFi/FM无线控制芯片是否不良

图25-14　蓝牙/WiFi/FM无线控制芯片

2.智能手机整机不开机（有大电流）的检修方法

对于智能手机的主板损坏造成整机不开机的故障，可以通过使用外接电源供电、开机检测供电电流来判断故障的可能原因，可分为大电流、有小电流、没有电流三种情况。

当使用外接电源或者假电池供电时，按下开机键后出现大电流，可按以下步骤进行检修：①首先检查VBAT是否短路；②如测得VBAT短路，则检查电池接插件电路元件是否存在短路；③如电池接插件电路元件正常，则检查充电芯片、射频PA、射频

GSM PA 和开关等元件是否虚焊或断路，如上述元件异常，则对相应元件重焊或换新即可；④如测得 VBAT 未短路，则检查电池电压 VPH_PWR 是否短路；⑤如测得 VPH_PWR 短路，应重点检查 VPH_PWR 充电管理芯片是否正常；⑥如充电芯片不良，换新即可排除故障。

提示

出现大电流一般是电源供电电路短路导致的，当使用直流电源供电时，电流大约为 500mA 或以上（一般可以达到外接电源输出保护值），主要是 VBAT 和 VPH_PWR 对地短路导致的。

3. 智能手机整机不开机（有小电流）的检修方法

当使用外接电源或者假电池供电时，按下开机键后出现小电流，但是不开机，可按以下步骤进行检修：①首先检查电源管理芯片各组输出是否正常；②如电源管理芯片各组无输出，则重焊或更换电源管理芯片；③如电源管理芯片各组输出正常，则检查晶振是否正常；④如晶振正常，则检查DC/DC转换器及DC/DC稳压芯片是否正常；⑤如果上述部件均正常，则可尝试用"OmapFlash_mDDRtest"工具检查内存是否正常；⑥如果运行"OmapFlash_mDDRtest"工具检测到内存有问题，则重焊或换新内存即可排除故障。

提示

按下开机键后出现小电流一般是电源管理芯片有部分短路损坏，或者系统没有正常启动从而保持一定的电流数值。没有启动可能是主芯片问题导致系统无法引导，电流范围从20mA到几百毫安不等。

4.智能手机整机不开机（无电流）的检修方法

当使用外接电源或者假电池供电时，无电流不开机，可按以下步骤进行检修：①首先检查开机键FPC是否正常；②如开机键FPC不良，则按紧或者更换电源键FPC；③如开机键FPC正常，则检查电池接插件是否正常；④如电池接插件不良，则重焊或者更换电池接插件；⑤如电池接插件正常，则检查充电MOS管是否损坏；⑥如充电MOS管也正常，则检查电源管理芯片是否正常，确诊后，对相应元器件换新即可排除故障。

无电流一般是供电通道没有建立或者虚焊以及开机键相关电路有故障导致的。